低维稀土分子纳米磁体
设计、构筑和性能调控

李磊磊 刘双 著

Low-Dimensional Lanthanide Molecular Nanomagnets:
Design, Construction and Performance Modulation

化学工业出版社
·北京·

内容简介

本书结合作者多年从事低维稀土分子纳米磁体的设计、构筑和性能调控研究所积累的知识和经验，深入浅出地介绍了稀土分子纳米磁体的起源、发展和基础理论，并附带了丰富的具有代表性的研究实践例子。特别是对三价稀土离子电子结构的推导及对分子纳米磁体基础理论和实验研究方法的介绍，是本书的显著特色，在一定程度上填补了本领域中文图书的空白。

本书可作为涉及稀土配合物、分子磁性、分子纳米磁体等领域的研究人员参考书使用，也可供相关领域的研究生学习使用。

图书在版编目（CIP）数据

低维稀土分子纳米磁体设计、构筑和性能调控/李磊磊，刘双著．—北京：化学工业出版社，2023.9

ISBN 978-7-122-44312-0

Ⅰ.①低…　Ⅱ.①李…②刘…　Ⅲ.①稀土永磁材料-纳米材料　Ⅳ.①TM273

中国国家版本馆CIP数据核字（2023）第190542号

责任编辑：林　洁　仇志刚　　　装帧设计：史利平
责任校对：边　涛

出版发行：化学工业出版社
（北京市东城区青年湖南街13号　邮政编码100011）
印　　装：北京科印技术咨询服务有限公司数码印刷分部
787mm×1092mm　1/16　印张13¾　字数288千字
2024年3月北京第1版第1次印刷

购书咨询：010-64518888　　　售后服务：010-64518899
网　　址：http://www.cip.com.cn
凡购买本书，如有缺损质量问题，本社销售中心负责调换。

定　　价：98.00元　　

前言

21世纪是名副其实的“信息时代”，高速互联网和各类智能终端的普及，极大地改变了人们的工作和生活方式，人们每天都在创造和传播着大量信息，这对信息存储材料的存储密度提出了越来越高的要求。铁磁记录材料是当前人类所采用的最重要的信息存储材料之一，但超顺磁效应的存在使得铁磁颗粒在被切割至低于一定尺寸后，无法保持磁化状态的稳定，存储密度已经接近上限。研究者迫切希望开发出新的具有超高密度信息存储能力的材料。分子纳米磁体作为一种在分子尺度上展现出磁体特征的新型磁性材料，在理论上具有极高的信息存储密度，有望代替传统磁体使超高密度信息存储成为现实，且这类材料展现出的量子相干特性，还使它们在分子自旋器件和量子计算等众多高科技领域具有潜在的应用前景，因此受到了国内外众多研究者的关注，已经成为涉及化学、物理、信息和材料等学科的热门交叉研究领域。尤其是稀土离子突出的磁学特性，使得稀土分子纳米磁体具有比过渡金属纳米磁体更为突出的磁学性能，有望更早实现从实验室到实际应用的突破，已经成为分子纳米磁体研究领域中的重中之重。

在此背景下，作者基于多年在稀土分子纳米磁体研究中积累的知识和经验，编写了本书。其目的在于及时总结和展示本领域的研究动态，供相关领域的专家学者了解和参考，并希望借此吸引更多的研究者关注或投入到稀土分子纳米磁体的研究中来，以进一步推动本领域的快速发展。

本书共分7章，第1章重点介绍了稀土分子纳米磁体的起源及研究现状，第2章介绍了稀土元素的配位化学和三价稀土离子的电子结构，第3章从基础理论和实验层面对分子纳米磁体的慢磁弛豫动力学进行了阐述；第4章至第7章为部分具有代表性的低维稀土分子纳米磁体的研究实例，其中，第4章介绍了零维的五角双锥构型单离子磁体，第5章和第6章分别为基于氮氧自由基配体的零维体系和一维体系，第7章为基于水和羟基桥联配体的一维体系。目前，分子纳米磁体领域出版的中文图书较少，本书与它们的不同之处，在于采用更多篇幅更加详细地介绍了稀土纳米磁体的起源、发展和基础理论，可以提供给有意向投入本研究领域的学者更多的学习与参考价值。

本书的第3章至第6章由李磊磊撰写，第1、2、7章由刘双撰写，全书由李磊磊和刘双共同统稿。本书部分研究内容得到了南开大学程鹏教授、师唯教授和天津大学崔建中教授、高洪苓教授等专家的指导与支持，在此向诸位老师致以真挚的谢意。西安石油大学王文珍教授给予作者诸多建议，在此表示感谢。本书在撰写过程中参考了较多国内外的文献资料，在此向相关作者表示衷心感谢。本书的出版得到“西安石油大学优秀学术著作出版基金”和西安石油大学化学化工学院的联合资助，在此向关心本书出版的西安石油大学科技处、化学化工学院的各位领导和同事表示衷心感谢。

鉴于分子纳米磁体是一门多学科交叉的研究领域，限于作者的研究水平，书中难免存在不足之处，敬请专家和读者谅解，并给予批评指正。

著者

2023 年 9 月

目录

第1章

从传统磁体到分子纳米磁体

1.1 物质磁性的根源

磁学是一门古老的科学，早在先秦时代，我国劳动人民就发现某些天然矿物具有吸引铁制品的性质，并将其命名为“慈石”，《管子·地数》中记载：“上有慈石者，其下有铜金”，《吕氏春秋》中记载：“慈招铁，或引之也”，其中“慈石”即“磁石”，即现在我们所说的“磁体”或“磁铁”。磁体吸铁的独特性质吸引了我国古代人民对其进行更加深入的研究，并发现了磁体能够指南北的性质，由此制成了我国古代四大发明之一的指南针。但限于科技发展的水平，古代人民并不清楚磁体之间相互作用的机理，以及为什么只有少数矿石具有磁性。这些问题随着近代科学的发展，尤其是物质结构学科和量子力学的发展，逐渐被人们解决。

1.1.1 安培分子电流假说

丹麦物理学家奥斯特（Osersted H. C.）于 1820 年公布了著名的奥斯特实验，证明了电流周围存在磁场，即电子的运动产生磁场，从而首次将电与磁两个重要的物理学领域联系起来。在此基础上，法国物理学家安培（Ampère A.-M.）提出了著名的“分子电流假说”[1]，他认为在磁体的内部存在大量的环形电流—分子电流，每一个分子电流使得该部分成为一个微型磁体，并在周围产生磁场，在被磁化之前［图 1.1(a)］，这些微型磁体的磁极朝向杂乱无章，产生的磁场被相互抵消，整体并不显示磁性，但被磁化之后，它们的取向变得一致［图 1.1(b)］，从而展现出了宏观的磁性。分子电流假说能够很好地解释铁等软磁性材料在磁化前后的磁性变化，并且从微观层面解释了磁性的

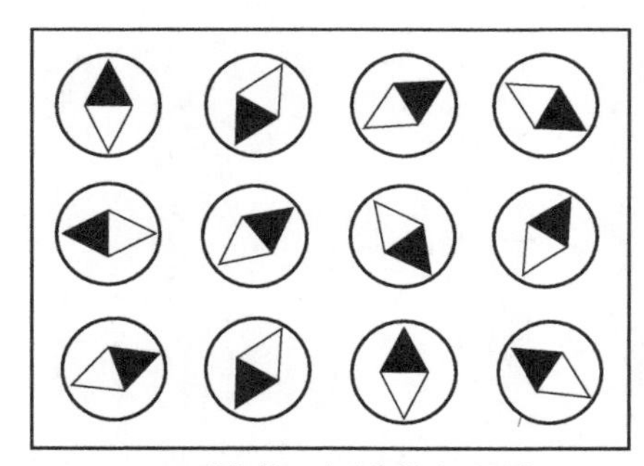

(a) 磁化前，分子电流杂乱无章

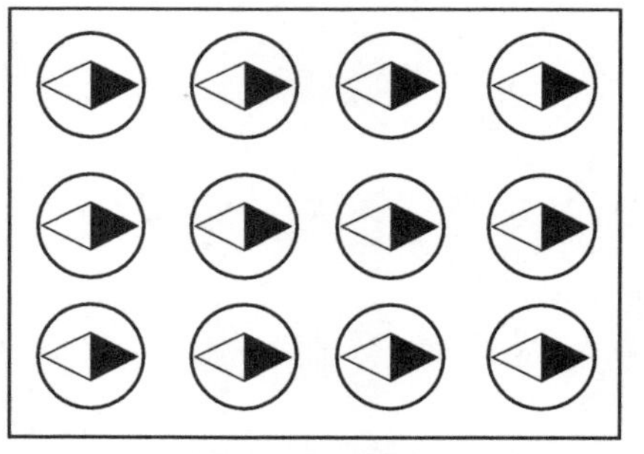

(b) 磁化后，分子电流取向一致

图 1.1 安培分子电流假说示意图

起源，成为电磁学领域的重要理论之一。但在安培生活的年代，科学家对于物质结构的认识还停留在道尔顿的原子学说层面，即原子是组成物质的不可分割的最小单元，对于原子的内部结构则完全不清楚，而且电子也是直到 1896 年才由汤姆逊发现，因此，安培无法解释“分子电流”的本质。

1.1.2 磁性的量子力学解释

随着物理学的不断发展，科学家认识到原子是由带正电的原子核和带负电的电子组成，而原子核又是由带正电的质子和电中性的中子组成，并且对质子和中子的构成也有了清楚的认识。尤其是量子力学的创立与不断完善，使得科学家对于这些微观粒子的结构、性质和运动状态有了更加准确的认识，从而为磁性的微观起源给出了合理的解释。

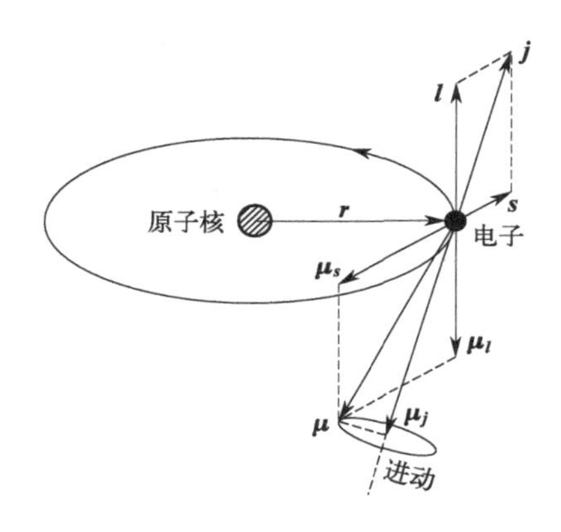

图 1.2　核外电子的轨道磁矩与自旋磁矩

现代科学研究表明，原子是由带正电的原子核和带负电的电子组成的，电子在一定的原子轨道上围绕原子核运动。尽管电子真正的运动形式只能用量子力学中的波函数描述，并不是经典力学中的圆周运动，但正如借助经典力学圆周运动的玻尔原子模型可以很好地解释类氢原子的光谱，该模型也可以用于解释原子磁性的根源。如图 1.2 所示，按照经典力学和玻尔原子模型，电子围绕原子核做圆周运动，会形成电流和轨道磁矩 $\boldsymbol{\mu}_l$，磁矩的大小与轨道角动量 $\boldsymbol{l}$（注：在本书中，粗体标识的物理量为矢量）成正比，方向与 $\boldsymbol{l}$ 相反，两者之间的关系可表示为：

$$\boldsymbol{\mu}_l=-(q/2m)\boldsymbol{l} \tag{1.1}$$

其中 q 与 m 分别为电子的电量与质量。在经典力学中，$\boldsymbol{\mu}_l$ 是上述系统的全部磁性来源，但在原子中，情况却不同。量子力学表明，电子不仅具有轨道运动，还具有自旋运动，产生自旋角动量 $\boldsymbol{s}$ 和自旋磁矩 $\boldsymbol{\mu}_s$。需要注意的是，自旋并不是经典力学中的自转，它是纯粹的量子力学效应，是微观粒子的一种内禀性质，并不与任何宏观运动形式相对应。$\boldsymbol{\mu}_s$ 与 $\boldsymbol{s}$ 之间的关系可表示为：

$$\boldsymbol{\mu}_s = -(q/m)\boldsymbol{s} \quad (1.2)$$

因此，一个电子的总磁矩等于它的轨道磁矩和自旋磁矩的矢量和，记为 $\boldsymbol{\mu}$。

由于 $\boldsymbol{\mu}_l$ 和 $\boldsymbol{\mu}_s$ 与相应的角动量的比值不同，因此电子的总磁矩 $\boldsymbol{\mu}$ 与总角动量 $\boldsymbol{j}$ 不共线，其中 $\boldsymbol{j}$ 是 $\boldsymbol{l}$ 和 $\boldsymbol{s}$ 的矢量和。但总磁矩 $\boldsymbol{\mu}$ 会绕总角动量 $\boldsymbol{j}$ 所在的方向快速进动[2]，使得垂直于 $\boldsymbol{j}$ 方向的磁矩分量消失，仅保留平行分量 $\boldsymbol{\mu}_j$，且 $\boldsymbol{\mu}_j$ 与 $\boldsymbol{j}$ 之间的关系：

$$\boldsymbol{\mu}_j = g_j(q/2m)\boldsymbol{j} \quad (1.3)$$

其中，g_j 被称为朗德因子，它代表了电子总磁矩与总角动量之间的比值关系。

与单电子类似，多电子原子也具有相应的轨道磁矩 $\boldsymbol{\mu}_L$ 和自旋磁矩 $\boldsymbol{\mu}_S$，而原子的总磁矩 $\boldsymbol{\mu}_J$ 与它的总角动量 $\boldsymbol{J}$ 之间的关系与单电子也类似，即：

$$\boldsymbol{\mu}_J = g_J(q/2m)\boldsymbol{J} \quad (1.4)$$

其中，g_J 为整个原子的朗德因子，也称 g 因子，它是量纲为 1 的物理量。

若原子的轨道角动量 $\boldsymbol{L}$ 完全淬灭，如 Gd^{3+}，磁矩全部来源于自旋磁矩，则 $g_J = g_S = 2.0$。相应地，若原子的总自旋角动量 $\boldsymbol{S}$ 为零，磁矩全部来源于轨道磁矩，则 $g_J = g_L = 1.0$。若 $\boldsymbol{L}$ 与 $\boldsymbol{S}$ 均不为零，则轨道磁矩和自旋磁矩均存在，此时的 g_J 可以通过 $\boldsymbol{\mu}_L$、$\boldsymbol{\mu}_S$、$\boldsymbol{\mu}_J$、$\boldsymbol{L}$、$\boldsymbol{S}$ 和 $\boldsymbol{J}$ 之间的取向关系推导出来，对于三价稀土离子 Ln^{3+}：

$$g_J = 1 + [J(J+1) - L(L+1) - S(S+1)]/[2J(J+1)] \quad (1.5)$$

其中 J、L 和 S 分别为原子的总量子数、角量子数和自旋量子数。

对于原子，其总角动量 $\boldsymbol{J}$ 的大小为

$$|\boldsymbol{J}| = \sqrt{J(J+1)}\frac{h}{2\pi} \quad (1.6)$$

其中，h 为普朗克常数。将上式带入式 1.4，可得原子磁矩的大小为

$$\mu_J = g_J(q/2m)\sqrt{J(J+1)}\frac{h}{2\pi} \quad (1.7)$$

在磁学上，令

$$\beta = \frac{q}{2m} \cdot \frac{h}{2\pi}$$

β 被称为玻尔磁子（9.27×10^{-24} J/T），它是原子磁矩的基本单位，在部分文献中也记作 μ_B。由此可以得到原子磁矩的等价表达式：

$$\mu_J = g_J\sqrt{J(J+1)}\beta \quad (1.8)$$

实际上，除了电子具有磁矩外，部分原子的原子核还具有核磁矩，这是因为组成原子核的质子和中子均具有自旋磁矩，而质子作为带电粒子还具有轨道磁矩，因此，一个离子或分子的总磁矩等于其内部所有电子的磁矩和原子核磁矩的矢量和，但由于核磁矩相对于电子磁矩微不足道，因此通常所说的原子磁矩一般指的是核外电子的磁矩。

1.2 物质磁性的类型

1831 年，英国的迈克尔·法拉第发现了电磁感应现象：动电生磁和动磁生电，并于 1845 年首次提出了顺磁性和抗磁性的概念。19 世纪末，法国的皮埃尔·居里发现磁性物质会因温度的增加而导致磁性的减弱。在此基础上，法国的皮埃尔·外斯于 1907 年提出了分子场自发磁化假说，并推导出了居里-外斯定律。1928 年，德国的维尔纳·海森伯格提出了铁磁体的自发磁化来源于量子力学中交换的理论模型，从此揭开了现代磁学研究的新篇章。磁性是所有物质都具备的一种基本物理属性。随着磁学研究的迅速发展，新的磁学现象不断被发现。本节将对物质磁性现象进行分类介绍。

1.2.1 磁化强度与磁化率

当将物质置于外磁场 $\boldsymbol{H}$ 中时，原子磁矩与外磁场的作用使得物质被磁化，产生磁化强度 $\boldsymbol{M}$，它是物质内部所有原子或离子的磁矩 $\boldsymbol{\mu}$ 的矢量和，即净磁矩。在当前的磁化学研究中，一般定义 $\boldsymbol{M}$ 为单位物质的量的物质的净磁矩，即摩尔磁化强度，在后文中，$\boldsymbol{M}$ 均默认为摩尔磁化强度。

除 $\boldsymbol{M}$ 外，磁化率 χ 也是描述物质磁性的一个重要物理量，它是物质磁化强度与外磁场强度（弱场）的比值，即：

$$\chi=\boldsymbol{M}/\boldsymbol{H} \tag{1.9}$$

显然，χ 是物质对外磁场响应的定量量度。χ 越大，说明物质对外磁场的响应越“积极”，容易被磁化；χ 越小，则物质对外磁场的响应越小，难以被磁化。而既然 $\boldsymbol{M}$ 为摩尔磁化强度，得到的 χ 也相应为摩尔磁化率，也可以表示为 χ_M。需要注意的是，对于各向同性磁性系统，如基于各向同性离子 Mn^{2+} 或 Gd^{3+} 的配合物，或从宏观上消除各向异性的粉末样品，χ 为标量；而各向异性系统的 χ 则为二阶张量。

为了研究的方便，磁学领域的物理量通常采用 cgs 单位制，而非 SI 制。在 cgs 单位制中，磁场强度 $\boldsymbol{H}$ 的单位为奥斯特（Oe），磁感应强度 B 的单位为高斯（Gauss，可缩写为 G），但很多文献会将它们与 SI 制中磁场强度单位特斯拉（T）混用，可认为 1T＝10000Oe。体积磁化率是无量纲的数值，但是能表示为 emu/cm^3（注：emu 是电磁单位的缩写），因此可以认为 emu 的单位为 cm^3。相应地，摩尔磁化率 χ_M 的单位便为 emu/mol 或 cm^3/mol。将 χ_M 代入式(1.9)，可推导出 $\boldsymbol{M}$ 的单位为（emu·G)/mol 或（cm^3·G)/mol。当然，由于 $\boldsymbol{M}$ 的本质是磁矩，它的单位也可用 Nβ 表示，其中 N 为阿伏伽德罗常数，而（cm^3 · G)/mol 与 Nβ 的换算关系为：1Nβ＝5585（cm^3 · G)/mol。

1.2.2 抗磁性与顺磁性

从 1.1.2 节可知，物质的磁性来源于核外电子的轨道运动和自旋运动，而既然所有物质都是基于原子或离子构成的，是否也都具有磁性呢？实际上，如果按是否与磁场发生作用来确定物质是否具有磁性，那么所有的物质确实都具有磁性，即磁性是物质的一种基本属性。但实际上，按与磁场作用的两种截然不同的方式，可以将物质分为抗磁性与顺磁性两大类，而后者才是通常所谓的具有磁性的物质，也是磁学研究的主要对象。尽管如此，抗磁性却是所有物质都具有的一种基本属性，在磁学的研究中通常也必须考虑。

（1）抗磁性

抗磁性（diamagnetism）是所有物质的一种基本属性，它是物质被磁场排斥的一种现象，也被称为反磁性。尽管经典力学在一定程度上能够解释抗磁性的产生，但它本质上是一种量子力学效应，源于电子的轨道运动与外磁场的相互作用，这种作用使得电子的轨道角动量发生变化，产生了一个与外磁场反向的附加磁矩，使得通过物质内部的磁场减弱，磁力线变稀疏，因此抗磁磁化率 χ^D 总是负的。对绝大多数物质，χ^D 的数值总是相当小，一般在$-1\times10^{-6}\sim-100\times10^{-6}cm^3/mol$之间。虽然任何物质都具有抗磁性，但因抗磁性很弱，在磁学的主要研究对象——顺磁性物质中通常会被顺磁性掩盖，只有在抗磁性物质中才会被直观地观察到。

从结构上来看，抗磁性物质的典型特征是：不含未成对电子，即组成它们的原子或离子的所有电子亚层均为全充满状态。根据泡利不相容原理，这些原子或离子具有：$L=S=J=0$，无法产生固有磁矩，仅能表现出抗磁性。惰性气体、大多数无机小分子化合物、绝大部分有机物和部分金属（Cu、Au 和 Bi 等）等均为抗磁性物质。但需注意的是，部分具有未成对电子的物质也可能属于抗磁性物质，如 Eu^{3+} 及其配合物，Eu^{3+} 的 4f 亚层尽管具有未成对电子，但其基态的 L 与 S 相等，使得基态的总量子数 $J=L-S=0$，基态角动量完全猝灭，因而只能表现出抗磁性。

抗磁性的另一个重要特征是：χ^D 与温度和磁场强度均无关，因此它具有加和性，即系统总的抗磁磁化率等于组成它的各部分的抗磁磁化率之和。在处理顺磁原子密度不是很大的体系时，如本书的研究对象——稀土配合物，必须要扣除 χ^D 对总的 χ 的贡献，这个过程被称为抗磁校正。需要注意的是，抗磁校正既要考虑物质本身的抗磁性，也要将磁性测量中涉及的样品杆和样品容器所产生的抗磁性包括在内。虽然 χ^D 可以通过实验方法进行精确测定，但由于它对总的 χ 的贡献较小，因此物质自身的 χ^D 可以用帕斯卡常数（Pascal constant）或直接根据下式进行估算：

$$\chi^D \approx K \times Mr \times 10^{-6} cm^3/mol \tag{1.10}$$

式中，K 是一个常数，取值范围在 0.4～0.5 之间；Mr 为化合物的分子量。而样品容器等其它测试器件的抗磁性则需通过测试得到。在温度较低或磁场较强时，顺磁性的贡献远远超过抗磁性，此时可不进行抗磁校正。

（2）顺磁性

顺磁性（paramagnetism）是含有未成对电子的物质的一种基本属性，由于具有未充满的壳层，顺磁性物质的基本磁性单元具有非零的总角动量和固有磁矩。在理想的顺磁性物质中，顺磁中心间是完全不存在相互作用的，因此在没有外加磁场时，所有自旋呈随机排列，磁矩相互抵消，对外不显示宏观磁性；只有将顺磁性物质置于磁场中时，磁场与物质磁矩之间的作用才会使得原来取向杂乱无章的磁矩趋向磁场方向排列，从而产生非零的净磁矩，且被磁场所吸引，这个过程即通常所谓的磁化；但当外加磁场被移除时，顺磁性物质内部的磁矩取向又会迅速变得杂乱无章，净磁矩恢复为零，这种磁矩取向完全依赖于外磁场且会随着外磁场方向改变而改变的性质即为顺磁性。在实际的磁性材料中，顺磁中心间总是存在一定的相互作用，这种相互作用会影响它们的磁矩相对取向，使其偏离完全的顺磁性。显然，完全的顺磁性物质就如理想气体一样，是一种理想模型，但对于实际的磁性材料，当温度足够高时，磁相互作用对磁矩的取向作用会因剧烈的热振动而变得无效，从而表现出顺磁性。

在配合物中，过渡金属离子和稀土金属离子通常是材料顺磁性的来源，但如果所涉及的配体属于有机自由基类分子，则它也可以为材料带来顺磁性。顺磁性物质的磁化率 χ 包含抗磁性 χ^D 和顺磁性 χ^P 两部分贡献，可表示为：

$$\chi = \chi^D + \chi^P \tag{1.11}$$

顺磁性是与外磁场相同的方向诱导出的磁化强度，因此其值总是正值。在本书的研究对象——稀土配合物中，χ^P 的数值一般约为 10^{-5}～$10^{-3} cm^3/mol$，其贡献要比 χ^D 大得多，且在一定温度下会随着温度的降低而迅速升高，使得 χ^D 通常可以被忽略。由于配合物的顺磁性才是磁学领域的主要研究对象，因此一般所说的 χ 即指 χ^P，而不须再特别强调。

顺磁性物质在磁场强度较弱且温度较高（H/kT 较低）的情况下，其磁化率与温度成反比，即遵循居里定律[3]：

$$\chi = Ng^2\beta^2/3kT \cdot S(S+1) = C/T \tag{1.12}$$

其中，k 和 T 分别为玻尔兹曼常数和绝对温度。在 cgs 单位制中，$N\beta^2/3k = 0.12505$。显然对于顺磁性物质或物质处于顺磁态时，其磁化率与温度的乘积（χT）应该为一常数，即

$$\chi T = 0.12505 g^2 S(S+1) \tag{1.13}$$

居里定律可变换为 $\chi^{-1} = C^{-1} \cdot T$ 的形式，通过 χ^{-1} 对 T 的关系曲线可以确定出居里常数。

实际上，居里定律要求磁场较弱和温度较高是为了保证：①磁性单元间的相互作用可以忽略，彼此孤立；②粒子在 S 多重态所包含的（$2S+1$）个微态上具有同等的布

居。而任何导致这两个因素改变的条件都会引起系统的磁化率偏离居里定律。

在实际体系中，磁性离子之间总是存在一定大小的磁相互作用，尤其在低温下，这种磁相互作用使得磁性离子的行为出现一定的协同性，物质的磁化率将偏离居里定律，但在较高温度区间服从居里-外斯定律：

$$\chi=\frac{C}{T-\theta} \tag{1.14}$$

式中，θ 为外斯常数，单位为 K。$\theta<0$，表示磁性离子之间的磁相互作用为反铁磁性耦合；$\theta>0$，表示磁性离子之间的磁相互作用为铁磁性耦合。

对于稀土离子配合物，居里或居里-外斯定律仅对于没有轨道角动量的 Gd^{3+} 是适用的。对于其它具有轨道角动量的各向异性稀土离子来说，它们的变温磁化率即使在高温下也会偏离居里定律，具体原因将在第三章讨论。

1.2.3 磁相互作用

在顺磁材料中，顺磁中心之间会通过空间、直接接触或配体的桥联作用产生相互作用，即磁相互作用或磁耦合。磁相互作用会影响磁中心的磁矩相对取向，使它们的磁行为产生一定的协同性，在磁性材料的磁学行为中扮演着重要的角色，因此对磁相互作用的研究，一直是磁化学领域的研究重点。

磁相互作用从来源上可分为偶极-偶极相互作用（dipole interaction）、交换作用（exchange interaction）和超交换作用（super-exchange interaction）三种类型。偶极相互作用是磁中心之间通过空间产生的相互作用，它的强度虽然较小，且会随着磁中心间距的增大而迅速衰减，但偶极相互作用相对于交换或超交换作用却是一种长程磁作用，如在稀土配合物中，即使间距达到 10Å（$1Å=10^{-10}$m，下同）左右，稀土离子间依然存在一定的偶极相互作用。交换作用和超交换作用则均是纯粹的量子力学效应，起源于电子间的库伦排斥作用和泡利不相容原理，当磁性中心直接接触而发生原子轨道的重叠时，产生的作用即为交换作用，交换作用主要存在于金属和合金中。在金属配合物中，两个顺磁中心的磁轨道通过与抗磁性桥联配体的轨道发生重叠来产生间接的交换作用，这种作用被称为超交换作用。超交换作用是一种短程相互作用，一般认为只存在于通过桥联配体直接相连的顺磁离子间，比偶极-偶极交换作用要强 2～3 个数量级。超交换作用是多核配合物和具有一维、二维和三维结构的配位聚合物中磁相互作用发生的主要方式，对分子磁性材料的构筑非常重要。需要注意的是，由于稀土配合物体系中不存在交换作用，经常会将其中的超交换作用简称为交换作用，在没有特别强调时，本书后文的交换作用一般均指超交换作用。

对磁性体系来说，两个各向同性的自旋中心 A、B 的磁交换作用本质是静电的，可用唯象性的哈密顿算符（Hamiltonian）来描述：

$$\hat{H}=-J\hat{S}_A\hat{S}_B \tag{1.15}$$

式中，$\hat{H}$ 为系统的哈密顿量；$\hat{S}_A$ 和 $\hat{S}_B$ 分别为磁中心 A 和 B 的自旋算符；J 为各向同性相互作用参数，为标量。J 代表 $\hat{S}_A$ 和 $\hat{S}_B$ 相互作用的本质和大小，当 $J>0$ 时，自旋倾向于相互平行，而反平行排列方式则成为激发态，此时交换作用为铁磁相互作用（ferromagnetic interaction）；而当 $J<0$ 时，磁中心之间自旋倾向于反平行排列，此时交换作用为反铁磁相互作用。这个唯象性算符首先在 1926 年由 Heisenberg 引入，接着 Dirac 和 Van Vleck 进行了深入研究，因此被称为 Heisenberg-Dirac-Van Vleck Hamiltonian，简称 HDVV 算符。

对于大多数稀土离子，轨道角动量和旋轨耦合的存在使它们具有较强的单离子磁各向异性，在这样的体系中，除了各向同性的磁耦合外，还存在各向异性交换作用和反对称的交换作用贡献，式(1.15) 需要扩展成：

$$\hat{H}=-J\hat{S}_A\hat{S}_B+\boldsymbol{D}\hat{S}_A\hat{S}_B+\boldsymbol{d}\cdot(\hat{S}_A\times\hat{S}_B) \tag{1.16}$$

式中，$\boldsymbol{D}$ 为张量，$\boldsymbol{d}$ 为矢量。等式右侧第一项为各向同性磁相互作用项，与式(1.15) 右侧等同，它倾向使自旋处于平行或反平行排列；第二项是各向异性磁相互作用项，该作用倾向于使自旋朝向特定的方向；第三项为反对称的各向异性磁相互作用，也被称为 *D-M*（Dzyaloshinskii-Moriya）相互作用，倾向于使自旋呈相互垂直排列。在大部分情况下，各向同性磁耦合占主导，其它两项只是起到微扰的作用，但 *D-M* 作用在强磁各向异性体系中经常会导致自旋偏离平行或反平行排列，形成自旋倾斜和弱铁磁性，使得体系经常能展现出不平凡的磁学行为和功能。需要注意的是，*D-M* 相互作用仅存在于低对称性的结构中，当配合物具有对称中心或比 C_{nv}（$n\geqslant 2$）更高的对称性时，*D-M* 相互作用将消失。

1.2.4 长程有序磁性

现在我们将磁相互作用扩展至实际固体的三维晶格中，且令体系温度降低至一定程度，使磁相互作用对磁矩的取向作用显著超过热能作用，则固体中所有的自旋中心都将按照磁相互作用的性质有序排列，材料便由顺磁态转变为相应的长程有序态。基于磁相互作用性质的不同和材料中顺磁中心的种类，长程有序磁性又可分为铁磁性、反铁磁性、亚铁磁性和弱铁磁性等主要类型。

(1) 铁磁性

如图 1.3(a) 所示，若固体中相邻的顺磁中心间为铁磁耦合，则在一定的温度下，所有顺磁中心的磁矩都会自发指向同一方向，发生自发磁化，形成的有序状态被称为铁磁态。铁磁性材料由顺磁态到铁磁态的转变温度为居里温度（T_c）。当温度低于 T_c 时，物质自发磁化，呈现铁磁性；当温度高于 T_c 时，由于热扰动，物质内部只呈现出短程的铁磁相互作用，宏观表现为顺磁性。

虽然铁磁性物质与顺磁性物质具有类似的磁化饱和状态，但它们在磁性方面具有显著的不同：一方面，铁磁耦合作用对相邻磁矩的取向作用使得铁磁性物质在很小的磁场作用下就能被磁化至饱和，具有更大的磁化率，而顺磁性物质则需较大的磁场才能达到磁化饱和，磁化率较小；另一方面，在被磁化并移除外加磁场后，铁磁性材料的磁化状态会出现一定程度的退化，但仍会保留一定的磁化强度，而顺磁性物质在移除外加磁场后会迅速地完全退磁。如铁单质在室温下被磁铁磁化后，即使移除磁铁后，它仍能保留“吸铁”的性质，就是因为它是铁磁性物质，且 T_c 高于室温。除铁以外，常见的铁磁性单质还有过渡金属钴和镍以及镧系金属钆、铽、镝、钬、铒和铥等。

（2）反铁磁性

在反铁磁性材料中，相邻顺磁中心之间的磁相互作用是反铁磁性的，因此在温度低至材料达到有序态后，所有的磁矩在三维空间内呈反平行交错有序排列［图 1.3(b)］，且由于磁矩大小相等，因而相互抵消，在无外磁场时，单位体积中净磁矩为零，宏观上不呈现磁性。一般只有在外磁场中才出现微弱的沿磁场方向的合磁矩，反铁磁性物质的磁化率数值和顺磁性物质相近，约为 $10^{-5} \sim 10^{-2} cm^3/mol$，属于弱磁性物质。

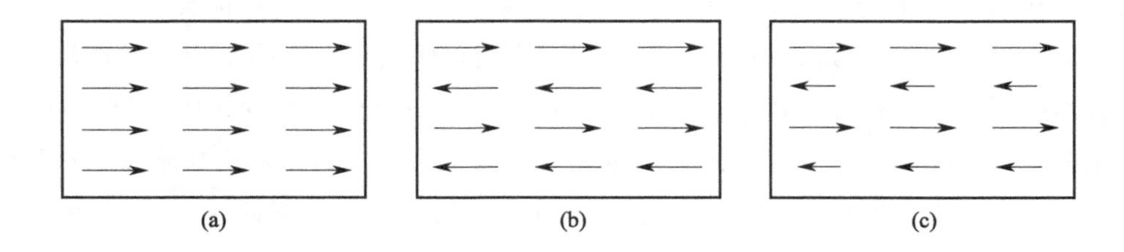

图 1.3　铁磁性（a）、反铁磁性（b）和亚铁磁性（c）的自旋排列示意图

反铁磁性物质从高温顺磁性到低温反铁磁性转变的临界温度被称为奈尔（Neél）温度（T_N）。当 $T > T_N$ 时，χ 与 T 的关系与正常顺磁性物质相似，服从居里-外斯定律，即 χ 随 T 减小而增大；当 $T < T_N$ 时，磁矩自发地反平行排列，呈现反铁磁性质，χ 随 T 的降低反而减小，并逐渐趋于定值，所以在 T_N 温度时，χ 对 T 的曲线出现峰值，这是反铁磁性物质的一个典型特征（图 1.4）。

需要注意的是，虽然反铁磁性物质和抗磁性物质的宏观磁矩均为零，但它们是两类完全不同的磁性：①抗磁性物质的 χ 为负值，被磁场排斥，而反铁磁物质的 χ 为正值，被磁场微弱的吸引，当磁场足够强时，反铁磁物质中的反平行排列的磁矩可以被强制转变为平行排列，从而显示出很高的磁性；②抗磁性物质的基本组成单元均没有永久磁矩，反铁磁物质的基本组成单元则是具有永久磁矩的顺磁中心；③绝大多数抗磁性物质在任何温度下都只能呈现出抗磁性，但反铁磁物质在 T_N 之上会转变为顺磁性。

（3）亚铁磁性

亚铁磁性物质的宏观性质与铁磁性物质相同，仅仅是磁化率和饱和磁矩低一些，一

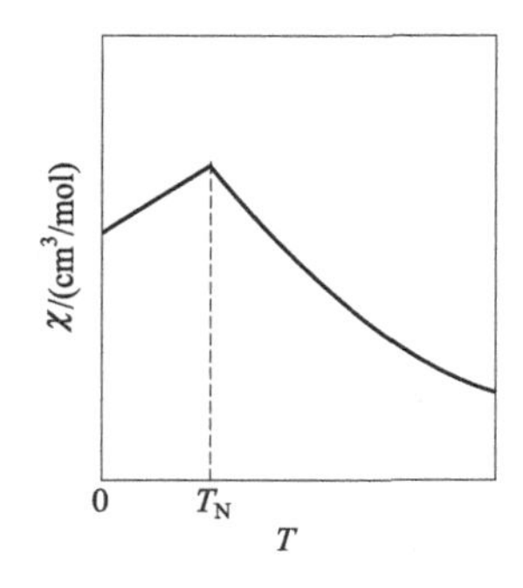

图 1.4　反铁磁性物质的 χ 随 T 的变化示意图

般的亚铁磁物质的磁化率约为 $1\sim10^3 cm^3/mol$ 范围内。它们与铁磁性物质的最根本区别在于内部磁结构的不同，亚铁磁性物质的内部存在反平行排列且自旋大小不等的两个子晶格［图 1.3(c)］，它们的磁矩不会完全抵消，依然具有净磁矩，因此从本质上来看，亚铁磁性实际上是反铁磁性的一种特殊情况，但在宏观性质上却类似于铁磁体。在 T_c 温度以下，亚铁磁性物质和铁磁性物质一样，具有较大的净自发磁化强度，磁化强度也随着外磁场的增大很快达到饱和，但由于磁矩反平行，所以其饱和磁化强度为两个子晶格的磁矩之差。如果磁场足够大，能克服其中的反铁磁作用，亚铁磁性物质也可以达到顺磁态。值得一提的是，亚铁磁体的自旋之间为反铁磁作用，故一般具有比铁磁作用强的磁交换，因此有可能获得更高的有序温度 T_c。利用亚铁磁体策略来构建高 T_c 的分子基磁体，是分子磁性研究中的一个重点方向。众所周知的磁铁矿 Fe_3O_4 就是典型的亚铁磁性物质。

(4) 弱铁磁性和自旋倾斜

弱铁磁性一般特指反铁磁自旋体系表现出类似铁磁性的行为。在弱铁磁体中，不同子晶格上的自旋完全相等，但两个子晶格中的自旋并非完美的反平行排列，而是如图 1.5 所示的相互倾斜并具有一定的夹角，此现象被称为自旋倾斜（spin canting)。若只包含两个亚晶格，自旋倾斜会在几乎垂直于自旋排列的方向产生较小的净磁矩，使体系具有弱的自发磁化，表现出弱铁磁性。其实“弱”铁磁性并不一定很弱，只要具有较大的倾斜角，它也能产生很大的净磁矩。产生自旋倾斜的原因有两种：①反对称的 D-M 交换作用的存在，D-M 交换作用倾向于使自旋呈垂直取向排列，它与反铁磁耦合的共同作用使得自旋排列偏离完美的反平行，从而保留了一定大小的净磁矩，D-M 交换作用与顺磁中心的各向异性和结构的对称性均有关，体系的各向异性越强，倾斜作用就越重要；②单离子的各向异性，即顺磁中心自身的磁各向异性，它的存在使得自旋在无外加磁场时也会自发指向于晶体的特定方向，晶体中不同结构取向的顺磁中心便具有不同的磁矩取向，从而使得磁矩在特定方向上抵消，并在特定的方向上产生净磁矩。

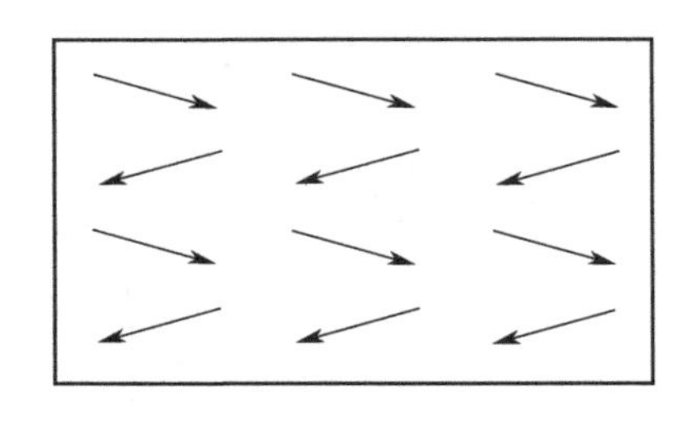

图 1.5　自旋倾斜材料的自旋排列示意图

1.3　从铁磁性到超顺磁性

在以上所介绍的几类主要磁性材料中，只有铁磁性和亚铁磁性材料属于强磁性物质，在居里温度以下且不受特定的剧烈刺激的情况下，它们在磁化后能够长期保留磁性，也即通常所说的磁体。磁体在日常生活和工业生产的许多领域中具有非常丰富且重要的应用，在信息存储中，以磁体的双稳态特性为基础的磁存储材料发挥着关键作用。在本部分，我们将重点介绍磁体的双稳态特性及其在磁存储中的应用与所面临的困境。由于亚铁磁材料和铁磁材料在宏观磁性上的相似性，我们在下文中将仅以铁磁体为代表来介绍它们的特性。

1.3.1　铁磁体的磁畴与磁滞

（1）磁畴

铁磁体在居里温度之下，能够发生自发磁化，但并不是在居里温度下就一定能展现出宏观的磁性，如铁的居里温度为 770℃，但在常温下，大部分铁制品并不会表现出宏观磁性，只有被磁化后，才能展现出磁体的性质，这种现象可以用磁畴理论来解释。磁畴理论[4] 认为，当铁磁体的尺寸较大时，所有自旋都平行排列会使得体系的总能量处于较高的状态，为了降低体系的总能量，铁磁体在自发磁化过程中会在其内部形成很多相对独立的区域，即磁畴。如图 1.6(a) 所示，在每个磁畴内，所有原子的磁矩呈平行排列，而不同磁畴的磁矩朝向不同，因此总体的磁矩为零，不显示宏观磁性。在相邻的磁畴之间，还存在具有一定厚度的过渡区域——畴壁，在畴壁内部，自旋载体的磁矩朝向并不是一致的，而是从与一个磁畴朝向相同的方向逐渐过渡至与另一个磁畴朝向相同的方向。畴壁的存在会进一步降低体系的总能量，这是因为，如果没有畴壁的存在，相邻磁畴界面上的磁矩朝向会偏离平行排列很多，从而引起体系能量的显著升高，这种能量被称为交换作用能，畴壁的存在使得磁矩在磁畴交界处平缓转变，从而将交换作用能降到最低。铁磁体在被完全磁化后，所有磁畴的磁矩取向才会排列一致，畴壁也随之消失，如图 1.6(b) 所示。

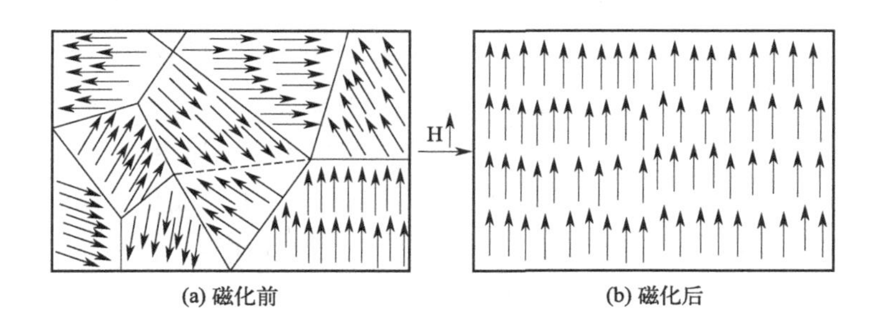

图 1.6　铁磁体被完全磁化前后的磁畴结构示意图

磁晶各向异性是铁磁体的另一个重要特征，当铁磁体发生自发磁化时，每个磁畴的磁矩朝向并不是完全随机的，而是朝向一个或多个特定的方向，沿着这些方向使磁体达到磁化饱和所需要的磁场较小，因此，这些方向的晶轴被称为易磁化轴，简称为易轴。与易轴相对应的是难轴，沿着难轴方向使磁体达到饱和磁化需要更大的磁场。当从任意方向来对磁体进行磁化并撤去外磁场后，磁矩都会向最近的易轴方向偏转，这是因为磁矩位于易轴方向上会使体系的能量处于较低状态。

（2）磁滞

磁滞现象简称磁滞，指的是铁磁体在磁化和退磁过程中的不可逆性，即当逐渐增大外磁场 H 以使铁磁体被磁化后，再逐渐减小 H，铁磁体会发生一定程度的退磁，但磁化强度 M 在 H 的增大与减小过程中的变化是不可逆的，M 的改变总是滞后于 H 的变化，这种现象即为磁滞。磁滞反映了铁磁体能够保留磁化状态的特性，通常以图 1.7 所示的磁滞回线来表示，它是磁场按照“$0\to+H\to-H\to+H$”的循环变化过程中的 M 的变化曲线，其中“$+H$”和“$-H$”代表大小相等但方向相反的磁场，磁滞的存在使得所得的曲线不能按相同的路径可逆地重复，而是呈现出开口的环形，即为磁滞回线。在磁滞回线中，M 在“$0\to+H$”阶段的变化曲线也被称为初始磁化曲线（0→A→B→C）。

铁磁体在磁滞回线测量过程中的变化分为以下几个阶段：①在初始磁化过程中，随着 H 的逐渐增大，一方面各个磁畴的磁矩会向外磁场方向偏转，另一方面，畴壁发生移动，使得磁矩与外磁场方向较一致的磁畴体积增大，其它磁畴则逐渐收缩，伴随着这两种作用，铁磁体的净磁矩逐渐增大，当 H 增大到足够大时，所有畴壁都会消失，铁磁体成为单畴结构，且磁矩取向与外磁场相同，铁磁体达到饱和磁化状态，此时的 M 被称为饱和磁化强度 M_s，而相应的 H 为饱和磁场强度 H_s；②在达到饱和磁化后，逐步减小外磁场的强度，为了降低系统的总能量，铁磁体内部会重新分化出若干磁畴，且各磁畴的磁矩会不同程度地偏离外磁场方向，使得 M 随之减小，但由于被磁化后，铁磁体的内部产生了较强的内磁场，阻碍了磁矩的偏转和磁畴的生成，M 并不会沿着初始磁化曲线逐渐减小，而是出现一定的“滞后”，因此，在 H 减小至零时，铁磁体仍保留了一定大小的磁化强度，称为剩余磁化强度，简称剩磁 M_r；③为使铁磁体的 M 减小到零，必须加一个反向磁场 $-H$，使铁磁体被反向磁化，在反向磁场增大到特定的大小时，M 将减小为零，对应的磁场大小被称为铁磁体的矫顽力场，用 H_c 表示；④进一步增大反向磁场的大小，直至达到 $-H_s$ 时，铁磁体被反向磁化至饱和，相应的磁化强度为 $-M_s$；⑤此后将反向磁场减小至零，并再次增大正向磁场至 H_s，可以使铁磁体再次退磁并随后又达到正向的饱和磁化状态，得到的 M 对 H 的变化曲线则与②～④步骤所得曲线关于原点对称，并最终形成一条中部开口的闭合曲线，即为磁滞回线。

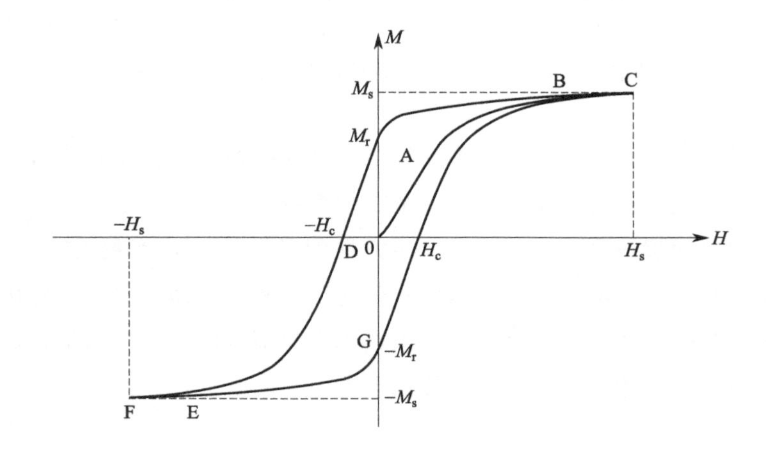

图 1.7　铁磁性材料的磁滞回线

能够在居里温度下展现出磁滞回线，是铁磁体的典型特征。在磁滞回线中，相同的 H 可以对应多个不同的 M，表明铁磁体的磁化状态不仅与磁场有关，也与磁化历史有关。

1.3.2　铁磁体的分类

在磁滞回线中，饱和磁化场强 H_s、矫顽力场 H_c 和剩磁 M_r 均是反映铁磁材料磁体性能的重要参数，它们分别反映了使铁磁体达到磁化饱和状态的难易程度、使铁磁体完全退磁的难易程度和铁磁体的磁性强弱。H_s、H_c 和 M_r 三者均与铁磁体自身的组成和磁相互作用有关，因此并不是相互独立的，而是具有一定的内在联系，因此也常采用 H_c 和 M_r 这两个参数来表示磁体的性能，而按照它们的大小，可以将铁磁材料分为三种主要类型：

① 永磁材料，也被称作硬磁材料，是指在被磁化后能够长期保留较强的磁性且不易受到外界干扰而失去磁性的磁体，它们具有高 M_r 和高 H_c，如天然磁石。永磁材料

能够长期在其周围维持较强的磁场，在通信、自动化、音像、计算机、电机、仪器仪表、石油化工等技术领域得到了广泛应用。

② 软磁材料。软磁材料的 H_c 很低，M_r 一般也较低，既容易受到外加磁场的磁化，又容易受到外界干扰而失去或改变磁性，其中最典型的软磁体是电磁体，调节电流的开关和强弱，便可以有效地控制磁性的有无与强弱。软磁材料主要用于需要频繁改变磁场强弱和方向的场合，可以用于制造发电机和电动机的定子和转子；变压器、电感器、电抗器、继电器和镇流器的铁芯；计算机磁芯；磁记录的磁头与磁介质等。它们是电机工程、无线电、通信、计算机、家用电器和高新技术领域的重要功能材料。

③ 矩磁材料。矩磁材料具有近矩形的磁滞回线，剩磁比——剩磁磁化强度与饱和磁化强度的比值 M_r/M_s 接近于1，且一般具有适中的 H_c。矩磁材料的磁化方向容易被外加磁场改变，但在去掉外磁场后，能够近乎完全保留磁化饱和的状态。矩磁材料的特性使得它可以充当磁存储材料，在信息技术领域具有广泛且重要的应用。

1.3.3 铁磁体在信息记录中的应用

（1）信息的二进制记录与存储

诸如文字、图片、声音和视频等一切可以代表一定内容的对象，都可以被称为信息。信息的产生、记录与存储、传播和处理是人类社会发展的重要基石，可以说，信息的丰富程度、信息记录与存储的可靠稳定性和信息的传播与处理效率在很大程度上决定了人类社会发展的快慢。而在信息的生命历程中，信息的记录与存储起着承上启下的关键作用，信息记录与存储的方式、存储密度和稳定性一方面制约着人类社会的信息产量与多样性，更快捷高效的记录方式和更高的存储密度可以极大地缩短信息从产生到被记录存储的时间跨度，从而给予人类更多时间来创造新的更加丰富多样的信息。另一方面，信息的记录与存储方式及可靠性决定了信息被传播和处理的效率和结果的可靠性，而后者则直接关系到人类社会的运行效率。

在人类社会发展的漫长历史中，信息的记录与存储方式发生了多次革命性的变革，到被称为“信息时代”的21世纪，几乎所有的信息形式都可以以二进制的方式记录与存储，信息的记录与存储方式发生了根本性的变化。二进制的基本单元是“0”和“1”，将特定的文字、符号、像素的亮度与色彩和声波的频率与振幅等信息以特定的多位二进制数字编码表示，就可以以一系列的二进制数字来表示任何复杂完整的语言、图像、声音和视频等信息。二进制的优点一方面在于存储的易实现性，任何具有两种容易被检测出且能在一定条件下转换的稳定物理状态的材料，都可以用于充当二进制存储的介质，这样的材料被称为双稳态材料，它的两个稳态分别代表“0”和“1”，将双稳态材料以点阵的形式密集排列于特定的基底上，就可以实现高密度的信息存储；另一方面，二进制的运算规则简单，在电子电路中，可以通过简单的逻辑运算元件实现大规模高速且可靠地计算，从而极大地提高信息的处理效率，而这实际上正是现代计算机技术得以实现和发展的基础。此外，信息的二进制数字化使得它们可以被方便可靠地传输和复制，这也推动了高速互联网技术的发展，使得信息的传播效率和传播范围得到了极大的提高。因此可以说，信息的二进制化记录与存储是现代信息技术发展的基石，它的实现已经彻底地改变了人们的生活和工作方式，极大推动了人类社会的发展。

（2）铁磁体在信息存储中的应用

利用物质的磁性来记录信息的技术——磁记录技术在信息存储领域具有极其重要的地位，它是将一切能转变为电信号的信息（如声音、图像、数据和文字等），通过电磁转换以剩磁强弱或磁化方向的形式记录和存储于铁磁性介质上，并通过反向流程来提取相应信息的技术。根据记录信息的形态，磁记录可以分为模拟式磁记录和数字式磁记录两大类[5]。

模拟式磁记录是最早被开发的一种磁记录技术，它的发展已经有 100 多年历史。早在 1898 年，丹麦工程师波尔森就利用可磁化的钢丝来记录声音，这是人类利用铁磁体来记录信息的首次实践。1930 年，德国的弗劳伊玛提出将铁磁性的 Fe_3O_4 粉末涂在塑料基底上来代替体积大且难以操作的钢丝，并在 1936 年推出了首个磁带录音机，成为现代仍在采用的磁带的雏形。在此之后，在美国无线电公司、飞利浦和索尼等公司的研发下，磁带所采用的铁磁材料的加工工艺和录放机的设计制作工艺得到了不断的改进和提升，磁带作为声音存储器的应用不断成熟，并在 20 世纪 60 年代后在全世界范围内得到了广泛的应用。与此同时，磁带作为图像记录工具也被开发应用，最典型的代表便是录像带，它可以同时记录声音与图像信息。虽然磁带在这一段时间内得到了多次技术革新，但它的基本原理并没有改变，都是将声波信号或图案信号转变为变化的电流信号，变化的电流产生强度不同的感应磁场，从而通过磁化在磁带的不同位置上留下大小不同的剩磁，将声波与图案信息以剩磁的形式记录下来，随后再通过相反的过程，将这些信息提取出来，因此它实际上是一种信息的模拟记录方式。在当前的大多数领域，模拟式磁记录方式已经被二进制的数字式信息记录方式所取代。

铁磁体作为二进制信息的记录载体最早可追溯至 1932 年 IBM 的工程师古斯塔夫·陶斯切克发明的磁鼓存储器，铁磁颗粒被涂覆在圆柱状的铝鼓表面，在使用中，大量固定的接触式磁头按照需要将铁磁颗粒磁化为两种相反的磁化状态，以代表二进制中的“0”或“1”，但它只能作为单层存储，存储容量不到 100KB。1956 年，IBM 公司利用铝制圆盘代替铝鼓，发明了世界上首个计算机硬盘（注：本书中的硬盘专指机械硬盘，固态硬盘是基于闪存技术的新型计算机硬盘，它不采用磁记录方式），被称为 RAMAC 硬盘，它是由 50 个直径为 24 英寸的表面涂有 Fe_3O_4 颗粒铝制磁盘和其它控制设备构成的，体积约相当于当前的双开门冰箱，相比于磁鼓存储器，RAMAC 硬盘只需一个读写磁头，在工作时，磁盘会高速旋转，磁头移动至特定盘面的特定位置进行读写，RAMAC 硬盘的存储容量达到 5 MB。1973 年，IBM 又推出了首个温彻斯特硬盘，它的磁头和盘片都更加小型化，且磁头不需直接与盘片接触，而是像飞机一样悬浮于盘片表面进行读写，这个技术性的革新，让硬盘的物理稳定性和读写速度都大大提高，成为所有当代硬盘的技术标准，但它的体积仍然较大，相当于一台小型冰箱，且价格依然昂贵。伴随着制造技术的提高，计算机硬盘在 1980 年被希捷公司革命性地缩小至 5.25 英寸，又在 1983 年被 Rodime 公司缩小至 3.5 英寸，存储容量也达到了 10MB，从而确定了现代计算机硬盘的标准尺寸，而成本的大幅降低也让计算机硬盘在企业应用中得到普及。计算机硬盘发展至今，其所采用的铁磁材料的类型和加工工艺已经得到多次更新换代，使得硬盘的存储密度和容量得到了极大的提高，当前主流硬盘的存储密度已经达到 1TB 每平方英寸以上，是 RAMAC 硬盘的数亿倍，且还在继续增长。而得益于技术的发展，现代计算机硬盘具有成本低、存储稳定性高、读写速度快、使用方便、易于保存和适合次数极多的重复写入等特点，使得它成为计算机领域采用最为广泛的存储工具。可以预计在今后相当长的一段时间内，磁记录仍将在计算机外存储领域发挥主导作用。

适合的铁磁性材料是磁记录技术得以大规模应用的基础与关键。当前计算机硬盘所采用的主流磁记录介质是钴铂铬硼（CoPtCrB）合金，之所以被广泛采用，是因它具有以下特点：①较高的剩磁，在被磁化后，较高的剩磁可以保证它在读写磁头中产生较高的磁通量和较强的感应电流，输出信号强；②它是一种矩磁材料，具有接近于 1 的剩磁比，写入数据时，磁场只需略高于矫顽力场即可使其达到饱和磁化，记录效率高且耗能低；③具有较大且适中的矫顽力场，在受到环境磁场或其它干扰时不易退磁，保证数据存储的可靠性和稳定性，但同时矫顽力场也并未过大，保证了能够较方便地对数据进行擦除和改写，而较大的矫顽力场也能保证在被分割至尺寸更小的颗粒时，仍然具有适中的矫顽力场，从而可以保证具有高的信息存储密度。除此之外，钴铂铬硼合金还具有良好的热稳定性和机械加工性能等特性，保证了它在计算机工作温度下的存储稳定性以及方便被加工为合适的形状和尺寸。随着人们对信息存储质量和密度的需要不断提高，研究者也在对现有的钴-铬合金进行不断地改性处理或提升加工工艺，并尝试用诸如铁-铂合金等材料来代替钴-铬合金，以不断提升磁记录方式的性能。

根据铁磁颗粒的磁化方向在磁盘表面的取向，数字式磁记录技术经历了水平磁记录模式、垂直磁记录到最新的叠瓦式磁记录[6]，见图 1.8 和图 1.9：

① 水平磁记录。水平磁记录通常采用环形磁头与具有纵向磁各向异性的记录介质相组合的形式，记录介质中的剩磁方向平行于介质平面。这种技术对加工工艺要求较低，但具有显著的缺点：比较浪费磁盘面积，磁记录的面密度小。因为如果磁性颗粒太小，相互靠得太近，水平取向的剩磁容易在磁性颗粒的过渡区域相互干扰，从而影响记录的可靠性。

② 垂直磁记录。为了解决水平磁记录在高密度记录时所遇到的困难，日本的岩崎俊一于 1977 年提出了垂直磁记录的概念。垂直磁记录将水平放置的磁性颗粒垂直放置，同时将磁头的磁感应方向也变为垂直方向。它和水平磁记录相比的优点是：有效地增加了单位面积磁盘的信息储量，3.5 英寸的单碟容量可达 1TB 以上。目前，大部分硬盘都运用了垂直磁记录技术。

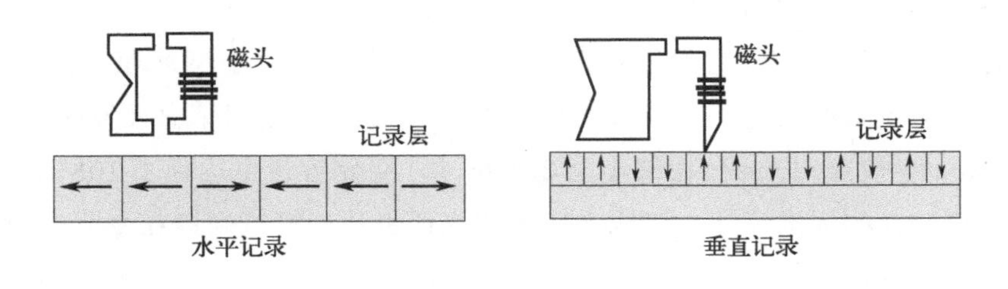

图 1.8　水平磁记录和垂直磁记录的磁性颗粒排列方式

③ 叠瓦式磁记录。在水平磁记录和垂直磁记录中，磁盘进行读写操作的时候，是通过读磁头和写磁头分别进行操作的。如图 1.9 所示，写磁头的宽度比读磁头更宽，而两者要在同样的磁道内进行操作，就导致磁道宽度必须以较宽的写磁头的宽度为准。然而实际上存储颗粒所占用的宽度很小，导致磁道的一部分宽度其实是没有被利用起来的。另外，为了防止铁磁颗粒的相互干扰，在磁道和磁道之间还保留有保护空间，这导致磁盘上用于存储信息的空间占比其实很小。叠瓦式磁记录将磁道之间没有被利用的空间重叠起来，就像瓦片一样相互叠起来，磁道密度和信息存储密度因此得到大幅提升。然而这样做的代价是，由于磁道的间距过于狭窄，写磁头要对某一磁道信息进行修改，势必会影响相邻磁道的数据。为了解决这个问题，在修改数据时，需要先将相邻磁道的数据备份出来，等本磁道数据修改完毕，再把相邻磁道的信息放回去。这就导致叠瓦式磁记录硬盘通常需要高达 256 MB 的大缓存，而一般的磁盘的缓存只有 64 MB。

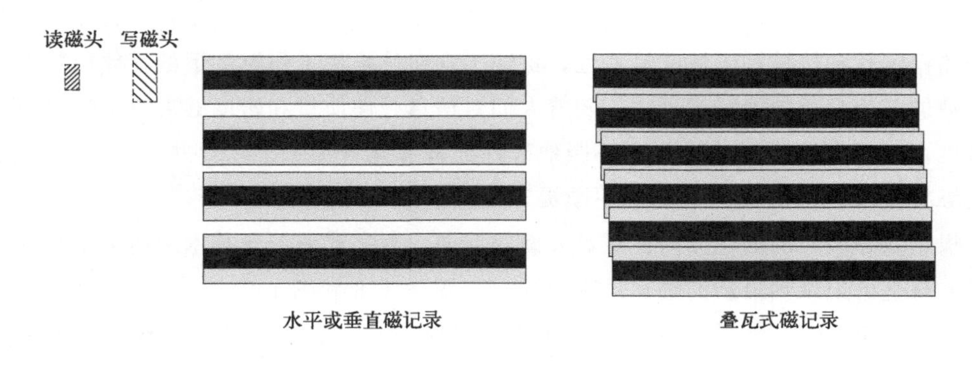

图 1.9　传统磁记录和叠瓦式磁记录中磁道排列方式示意图

（磁道中的黑色区域代表磁性颗粒所占区域）

实际上，除了硬盘外，数据记录磁带也是当前在特定领域采用的磁记录设备，此处的磁带并非上文介绍的仅能用于记录声音的紧凑式磁带，而是专门用于记录二进制数据的一种磁带。数据记录磁带具有与紧凑式磁带相似的样式，但记录原理则与硬盘相似。最新的数据记录磁带同样具有很高的存储容量，且成本更低，存储稳定性更高，但限于连续式的带状构造，它的读写速度较慢，反复读写易造成物理磨损，且读写设备价格较高，因此一般仅为企业备份数据采用，而在大众的日常工作生活中则极少应用。

1.3.4 铁磁信息记录材料的瓶颈与超顺磁性

随着信息技术的不断发展，磁记录技术在全领域各行业的应用广度和深度都在不断提升，除了工业、农业、教育、国防、航天、气象等专业领域外，互联网的发展和个人信息终端的普及，更是让每个人每天都在制造和传播着大量信息，全球信息数据总量的增长日益迅猛，这对信息存储器件的存储密度提出了越来越高的要求。

以计算机硬盘为代表的磁记录设备作为当前信息存储领域的中流砥柱，如何继续提升它的信息存储密度，以满足社会发展的需求，一直是信息技术领域的研究重点。我们知道，磁记录技术以铁磁颗粒为基本单元和载体来存储二进制信息，要提高它的存储密度，就必须让铁磁颗粒在基底上排列得更加紧密，并将铁磁颗粒切割至更小尺寸。对于前者，研究者已经开发出了垂直式和叠瓦式磁记录技术来代替传统的水平磁记录方式，且已得到了广泛应用，在一定程度上提高了硬盘的存储密度，但铁磁颗粒的排列紧密程度从根本上仍然受限于自身的尺寸，因此从根本上来说，还是要将铁磁颗粒切割至更小尺寸，才能继续提升磁记录技术的存储密度。然而超顺磁效应的存在使得铁磁颗粒在被切割至一定尺寸时无法稳定保持其磁化状态，成为磁记录技术在继续提高存储密度道路上必然会遇到的瓶颈。

超顺磁效应是铁磁体在被不断切割过程必然会面临的一种效应。对于尺寸较大的铁磁体，为了降低体系的总能量，内部会自发分化出多个磁畴和畴壁，但当铁磁颗粒的尺寸被减小至与畴壁厚度相当时，畴壁内自旋的不一致排列引起的交换能成为体系能量上升的主要原因，颗粒内将不再分化出磁畴，成为单畴结构[7]。单畴铁磁颗粒在 T_c 下仍会发生自发磁化，且磁矩指向易轴方向，而抵抗外界热扰动以维持其磁矩指向的能量是它的磁各向异性能 A，A 的大小取决于材料自身的性质和颗粒的体积，可以表示为：

$$A=KV \tag{1.17}$$

其中，K 为材料的各向异性常数，V 为颗粒的体积。现在我们假设单畴铁磁颗粒具有最简单的磁各向异性——单轴各向异性，也称伊辛（Ising）型各向异性，则自发磁化的磁矩会平行或反平行于唯一的各向异性轴，此时体系的能量最低，即体系具有磁矩取向相反但能量相等的双重简并基态，如图 1.10 所示。而随着磁矩与易轴偏离程度的增大，体系的能量会不断上升，且在磁矩垂直于易轴时，达到最高，该能量最高状态与基态的能量差值即为 A。要使磁矩在两个基态之间转换，就必须先经过能量最高的状态，因此也将 A 称为各向异性势能垒。

当单畴铁磁颗粒的尺寸较大时，各向异性能较大，环境提供的热能 kT 不足以使粒子跨越各向异性势能垒，无法使它的磁矩翻转，单畴铁磁颗粒仍然能在零磁场下保留磁化状态，宏观表现与多畴铁磁体相同。但继续减小颗粒的尺寸至某特定临界值后，各向异性能将减小至与热能相当，此时，在热扰动的作用下，单畴颗粒便可以跨越各向异性势能垒，使磁矩取向从一个稳态转向另一个稳态，这种现象被称为慢磁弛豫，它所需的

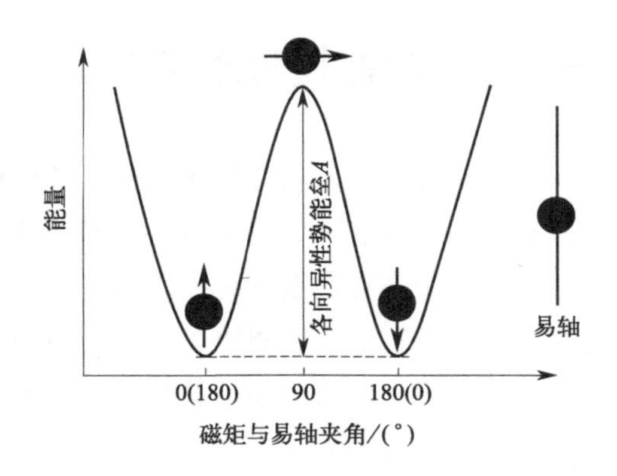

图 1.10　单轴各向异性磁性体系的能量与磁矩取向的关系

时间为弛豫时间 τ。由于体系的两个稳态在零磁场下具有相等的能量，因此当时间足够长时，处于两个稳态的颗粒数量将达到相等，体系不展现宏观磁性。但在外加磁场下，两个稳态会由于塞曼效应而不再简并，能量下降的稳态将具有更高的布居，磁矩不再抵消，体系被磁化，这样的性质与顺磁体较为类似。但由于在单畴铁磁颗粒中，大量的自旋会以整体为单位对外磁场作出响应，使得体系具有比顺磁体显著更高的磁化率，因此被称为超顺磁体。

显然，单畴铁磁颗粒只有在临界尺寸下才能展现出超顺磁效应，但由于环境提供的热能正比于温度，因此温度越高，热能就越可能突破各向异性能的壁垒，使得单畴铁磁颗粒的磁矩发生翻转，展现出超顺磁效应。也就是说，当尺寸一定时，温度也是影响单畴铁磁颗粒是否会产生超顺磁效应的因素，与临界尺寸相对应，其中也存在特定的临界温度，使单畴铁磁颗粒在该温度之上展现出超顺磁效应，该临界温度被称为阻塞温度，用 T_B 表示，且 T_B 低于 T_c。单畴铁磁颗粒在 T_c 以上为顺磁态，T_B 与 T_c 之间处于超顺磁态，在 T_B 以下，则转变为铁磁态。此外，从超顺磁性产生的原理上可以看出，单畴铁磁体展现超顺磁性的临界尺寸和临界温度是相互依赖的，并非相互独立的，尺寸越大，对应的临界温度就越高；或者说，温度越高，对应的临界尺寸就越大。单畴铁磁材料展现超顺磁效应的临界尺寸一般都在纳米级别，典型尺寸处于 10～100nm 之间，如室温下，Fe、Fe_3O_4 和 γ-Fe_2O_3 颗粒的临界尺寸分别为 15nm、30nm 和 40nm[8]。

超顺磁体的一个重要特征是它们的静态和动态磁学行为显著依赖于测试技术，典型代表包括磁滞回线、场冷却（FC）与零场冷却（ZFC）磁化曲线和交流磁化率曲线等，而测试技术主要是指所采用的变场速率、变温速率、收集数据的速率及采用的交流磁场频率等。如对于反映磁体特性的磁滞回线，在同一温度下，测试采用的变场速率的不同会导致磁滞回线的开口大小不同，甚至是开口与完全闭合的区别，这是因为：超顺磁体在不同的磁场下具有不同的平衡磁化强度，每次改变磁场后，超顺磁体均需要通过慢磁弛豫达到新的平衡态，若变场速度较慢，测试所需的时间将大于弛豫时间，则每次记录的磁化强度数据都等于平衡磁化强度，相同的磁场对应相等的磁化强度，得到的磁滞回线没有开口；反之，若变场速度很快，测试所需的时间小于弛豫时间，则在系统达到平衡态前，数据便已经被记录，某一特定的磁场对应的磁化强度将依赖于此前的磁化状态及测试完成的时间，则得到的磁滞回线将呈开口状，且开口的大小与变场速度有关。

超顺磁体的特性使它们在理论上仍然可以作为磁记录材料，但这需要它们具有足够大的各向异性能，以保证它们在工作温度下的弛豫时间超过应用所需的数据保存时间。但遗憾的是，当前磁记录领域所采用的铁磁材料的磁各向异性还远远达不到要求，在尺寸被减小至产生超顺磁效应后，室温的热扰动便可以使它们进行极其快速的弛豫，磁滞回线几乎完全闭合，这意味着它们不能在零磁场下保留原有的磁化状态，也就无法用于磁记录。因此，超顺磁效应的存在是传统铁磁材料在提升磁记录密度道路上不可逾越的瓶颈，要突破这一瓶颈，就必须开发新的、磁各向异性更强的超顺磁材料，或转向其它非磁的信息存储技术。

1.4 分子纳米磁体的起源与发展

1993 年，Sessoli 等人惊奇地发现仅含 12 个顺磁性 Mn^{3+}/Mn^{4+} 的簇基配合物 $Mn_{12}Ac$ 在液氦温度下能够展现出超顺磁行为[9]，且具有矫顽力场达 1T 的磁滞回线，颠覆了研究者对于超顺磁行为仅限于单畴铁磁颗粒的认知，大大拓展了超顺磁体的研究对象，开启了超顺磁体研究的新篇章。随后的研究发现 $Mn_{12}Ac$ 的这种特性并非个例，凡是具有双重简并基态且具有一定磁各向异性的配合物均可能展现出超顺磁性，而由于这些配合物处于分子级别，又具有磁体的典型特征，因此研究者将它们命名为分子纳米磁体（molecular nanomagnets）。相比于一般要由数千甚至更多金属离子构成的单畴铁磁颗粒，分子纳米磁体大多仅含数个甚至一个金属离子，具有更小的物理尺寸，且金属离子在晶体场中可展现出更高的磁各向异性，使它们有望在工作温度下仍能展现出足够长的弛豫时间，从而可以充当超高密度的磁记录材料，理论存储密度可达当前铁磁材料的数百倍以上，为破解当前磁存储领域面临的瓶颈问题提供了解决办法。此外，分子纳米磁体还展现出了量子相干效应，在量子计算和分子自旋器件等领域也具有潜在的应用前景，加上它们所具有的丰富的物理学现象，一经发现，就吸引了来自化学、物理、材料和计算机等领域研究者的广泛关注，已经成为一个热门的涉及众多领域的交叉学科研究课题，具有重要的基础研究价值和广泛的应用前景。

1.4.1 分子纳米磁体分类

按照不同的标准，分子纳米磁体可以分为不同的类型，在分子纳米磁体研究领域，常用的分类方法包括按金属离子、按维度或弛豫机理进行分类。

按金属离子的类别，可以将分子纳米磁体分为：

① 过渡金属分子纳米磁体。它们所含的金属离子绝大多数都是3d金属离子，包括Mn^{3+}/Mn^{4+}、$Fe^{+}/Fe^{2+}/Fe^{3+}$、Ni^{+}/Ni^{2+}、Co^{+}/Co^{2+}、Cr^{2+}、Cu^{2+}/Cu^{3+}等，而4d和5d金属离子的相关研究则仅限于Re^{4+}等极少数金属。由于分子纳米磁体的构建要求金属离子必须具有磁各向异性，因此如Mn^{2+}等无轨道角动量的金属离子无法支持超顺磁行为的产生。在3d金属离子中，Fe^{+}、Fe^{2+}和Co^{2+}由于可产生强的单离子磁各向异性，是构建过渡金属分子纳米磁体的理想选择。

② 稀土金属分子纳米磁体。稀土金属包括Sc、Y和15种镧系金属，它们的三价离子配合物稳定性高，而绝大多数二价稀土离子配合物则极不稳定，因此，相关的研究主要集中在三价稀土离子。且由于Sc^{3+}、Y^{3+}和镧系金属中的La^{3+}、Gd^{3+}、Eu^{3+}和Lu^{3+}的基态为抗磁性或磁各向同性，只有剩余的镧系金属可以用于构建分子纳米磁体，因此本研究领域的稀土金属一般特指这些镧系金属，后文将不再特别说明。三价稀土金属离子的未成对电子位于4f电子层，对配位键的贡献较少，在配体场中保留了大部分轨道角动量，具有比大多数过渡金属离子更强的单离子各向异性，成为构建分子纳米磁体的优良选择。尤其是Dy^{3+}、Tb^{3+}、Ho^{3+}和Er^{3+}等具有大的基态自旋和强磁各向异性的稀土离子，更是构建高性能分子纳米磁体的首选，相关的研究报道十分丰富。

③ 过渡-稀土异金属分子纳米磁体。这类分子纳米磁体中同时含有顺磁性的过渡金属离子和稀土金属离子，且过渡金属离子一般为3d离子，因此也称为3d-4f分子纳米磁体，但也有少数4d-4f和5d-4f体系被开发研究。虽然设计的本意是利用过渡金属离子来提供强的磁耦合，来产生更大的基态自旋并抑制某些负面的慢磁弛豫机理，但体系的复杂性往往使得最终的收效甚微。

④ 锕系金属分子纳米磁体。由于放射性和成本等原因，锕系金属很少被用于构建分子纳米磁体，少数的报道集中于U^{3+}/U^{5+}、Np^{4+}和Pu^{3+}等金属离子，目前所报道的锕系金属分子纳米磁体性能远不及过渡金属和稀土金属体系，潜力有待开发。

按照维度和弛豫机理，可将分子纳米磁体分为：

① 单分子磁体（single molecule magnets，SMMs）。如果超顺磁行为是基于单个离散的配合物分子或离子而存在的，这样的体系就是单分子磁体。在分子纳米磁体的研究中，单分子磁体的研究开展最早，研究成果最为丰富。如果按照配合物的核数，还可以将单分子磁体分为单核、双核、三核、四核等类型，但随着核数的增多，对金属离子所处的配位环境的控制变得越困难，因此高核单分子磁体的性能往往远不及低核体系。

② 单离子磁体（single ion magnets，SIMs）。单离子磁体实际上是单分子磁体中特

殊的一类，指的是基本单元仅含一个顺磁性金属离子的单分子磁体。单离子磁体的结构虽然最为简单，但这也使得精确控制其配位构型和单离子各向异性变得更加容易，因此单离子磁体的性能反而是分子纳米磁体中最优的一类，且在近些年来不断刷新着分子纳米磁体的性能上限，成为分子纳米磁体研究中最热门的领域。

③ 单链磁体（single chain magnets，SCMs）。单链磁体是具有超顺磁行为的一维链状金属配合物。在单链磁体中，磁矩的翻转不仅要克服各向异性势能垒，还要突破链内磁相互作用的限制，因此在理论上可以展现出更高的超顺磁性能。但同时控制单离子各向异性与链内磁相互作用具有相当大的难度，对结构的设计和合成具有相当高的要求，因此目前所报道的单链磁体在数量上远不及单分子磁体，大多数单链磁体的性能也并未超越单分子磁体，但它们的高潜力仍然吸引了不少研究者的关注。

1.4.2 单分子磁体的研究发展

1993 年，Sessoli 和 Gatteschi 在 Nature 上发表了对簇合物 $[Mn_{12}O_{12}(CH_3COO)_{16}(H_2O)_4]\cdot 2CH_3COOH\cdot 4H_2O$（图 1.11，简称 $Mn_{12}Ac$）的磁学研究结果[9]，直流和交流磁化率测试均表明它在液氦温度下具有超顺磁行为，有效能垒 $U_{eff}=44cm^{-1}$，阻塞温度 T_B 为 2.1K[10]。$Mn_{12}Ac$ 是由立方烷结构的 $[Mn_4^{IV}O_3]$ 内核和外围的八个 Mn^{3+} 通过 μ_3-O 连接形成的，八个 Mn^{3+} 的自旋取向与四个 Mn^{IV} 离子取向相反，使得分子具有大的基态自旋 $S=10$，且磁学表征显示该单元具有近 Ising 型各向异性，这也是它能展现出超顺磁行为的关键。

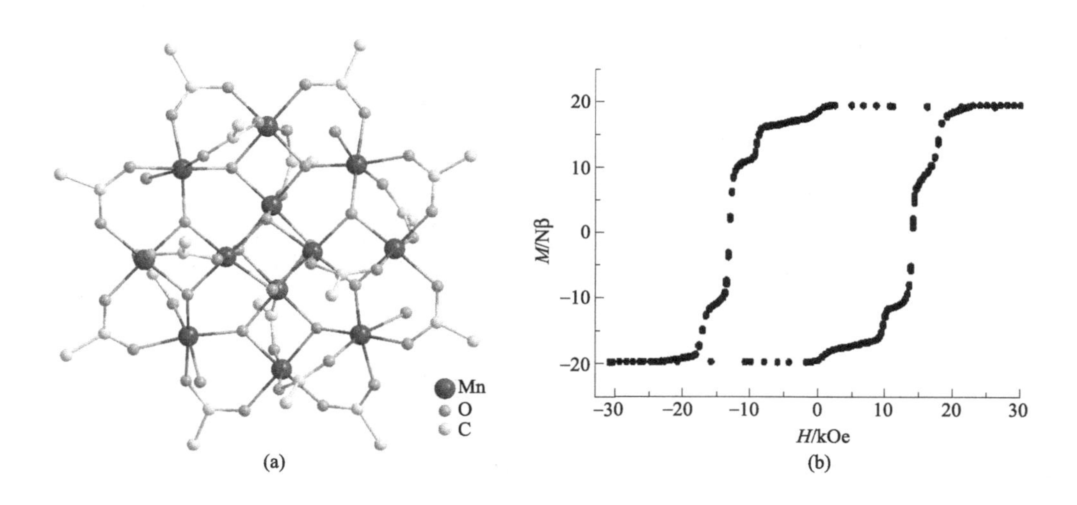

图 1.11 $Mn_{12}Ac$ 的分子结构（a）和它的单晶在 2.1K 下的磁滞回线（b）

$Mn_{12}Ac$ 中超顺磁行为的发现，在物质磁性的研究中具有里程碑式的意义，它将超顺磁体的范围突破性地扩展至分子级别，引起了来自物理、化学、磁学和材料等领域的研究者的极大关注。除了继续探索 $Mn_{12}Ac$ 中的物理学现象外，研究者也开始探索超顺磁行为在分子级别配合物中是否普遍存在，而 $Mn_{12}Ac$ 的成功，使得研究者在早期一直专注于在过渡金属配合物中寻找这种性质。

对于过渡金属配合物，其各向异性能垒可以用 $U_{eff}=|D|S^2$（S 为整数）或 $U_{eff}=|D|(S-1/2)^2$（S 为半整数）来表示，其中 D 为轴向零场分裂参数，S 为基态自旋值，因此要得到具有高势能垒的单分子磁体，就必须提高 $|D|$ 与 S 的值。3d 金属离子间有效的磁耦合为合成具有大的 S 值的体系提供了可能，因此这一时期的研究主要集中于多核配合物中，大量的多核 Mn^{3+} 和 Fe^{3+} 单分子磁体相继见诸报道[11,12]。然而事实证明，这种策略并不成功，它们大多数只展现出很小的有效能垒。例如，84 核的 $[Mn_{84}O_{72}(O_2CMe)_{78}(OMe)_{24}(OH)_6(MeOH)_{12}(H_2O)_{24}]$[13] 只有较小的自旋基态 $S=6$，且交流磁化率在零场下没有峰值出现；$[Mn(\mathrm{III})_{12}Mn(\mathrm{II})_7(\mu_4\text{-}O)_8(\mu_3,\eta^1\text{-}N_3)_8(HL)_{12}(MeCN)_6]Cl_2 \cdot 10MeOH \cdot MeCN$ [H_3L=2,6-二(羟甲基)-4-甲基苯酚] 具有高达 83/2 的基态自旋[14]，然而它自身的高对称性使得锰离子的各向异性相互抵消，U_{eff} 只有 $4cm^{-1}$（$D\approx 0cm^{-1}$）。$Mn_{12}Ac$ 家族所具有的较高势能垒直到 2007 年才被 Brechin 等人所报道的 $[Mn(\mathrm{III})_6O_2(sao)_6(O_2CPh)_2(EtOH)_4]$（$H_2sao$=水杨醛肟）[15] 所打破，这个铁磁耦合的六核结构具有 $S=12$ 的基态自旋，势能垒达到 $62cm^{-1}$（$D=-0.43cm^{-1}$），磁滞开口温度约为 4.5K。

2008 年，Koga 等人报道的卡宾自由基配体桥联的双核 Co^{2+} 配合物呈现出了更高的势能垒 $68cm^{-1}$[16]，且其矫顽场达 10kOe，使人们意识到了 Co^{2+} 可能比 Mn^{3+} 和 Fe^{3+} 更适合构筑单分子磁体。2013 年高松报道了一例具有“星形”结构的配合物 $\{Co(\mathrm{II})Co(\mathrm{III})_3\}$[17]，势能垒达 $76cm^{-1}$，分析表明该结构中 D_3 对称性的配位构型使 Co^{2+} 保留了大部分轨道角动量，进而通过旋轨耦合产生了较大的单轴各向异性（$E/D\approx 1/40$，E 为横向零场分裂参数），而外围的三个抗磁 Co^{3+} 减弱了晶格中顺磁 Co^{2+} 的磁交换和耦合作用，从而削弱了偶极相互作用引起的量子隧穿。与多核体系相比，虽然此处 Co^{2+} 只有较小的自旋基态 $S=3/2$，但它却有相当高的轴向零场分裂 $D=-107cm^{-1}$，使研究者意识到：在构建高性能单分子磁体中，提高各向异性是比提高基态自旋更有效的途径。

2013 年，Long 报道的一系列线性二配位的 Fe^{2+} 配合物[18]，在外加直流场下均展现出慢磁弛豫行为，最大能垒达到 $181cm^{-1}$，使过渡金属单分子磁体的 U_{eff} 有了突破性的提高。随后 Long 又报道了一例线性二配位的 Fe^{+} 配合物 $[K(crypt\text{-}222)][Fe(C(SiMe_3)_3)_2]$[19]，其结构和变温交流磁化率虚部如图 1.12 所示，它在 4.5K 以下能观察到磁滞回线，有效能垒 U_{eff} 达 $226(4)cm^{-1}$。从晶体结构上看，这类线性二配位的 L-Fe-L 配合物均具有准 $D_{\infty h}$ 的对称性，从头计算分析得出：轴向的弱配体场使得 Fe^{I} 的轨道角动量几乎全部保留，旋轨耦合使得 ^4E 基态能级分裂为 4 个双重简并的 m_J 能级：$m_J=\pm 7/2$，$\pm 5/2$，$\pm 3/2$，$\pm 1/2$，基态和激发态的能级差为 $240.67cm^{-1}$。

过渡单分子磁体的研究表明：由于未成对电子处于过渡金属离子的最外层，在大多

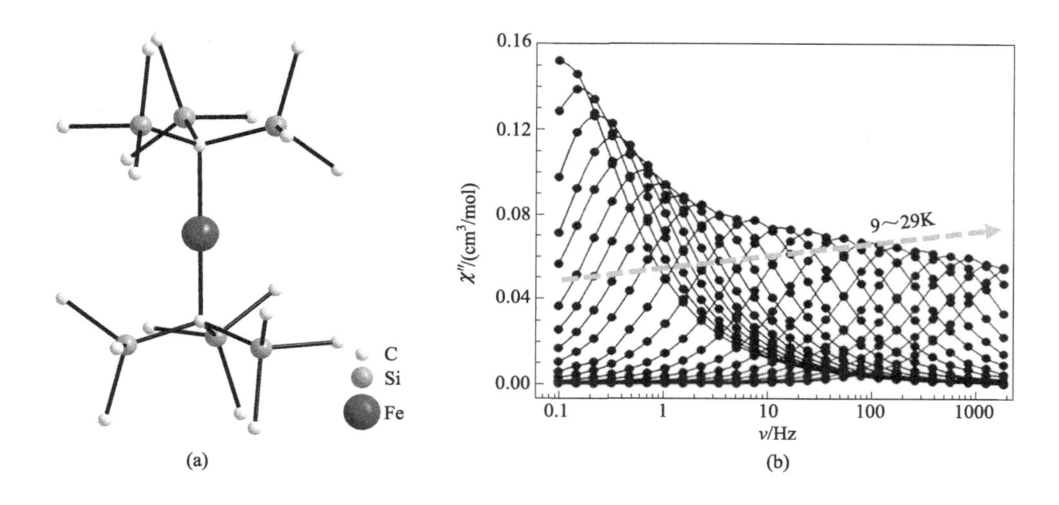

图 1.12 ［$Fe(C(SiMe_3)_3)_2$］$^-$ 的分子结构（a）和变温交流磁化率虚部（b）

数构型的晶体场中，过渡金属离子的轨道角动量都容易因为强烈的离子-配体相互作用而淬灭，使它们难以展现出高的单离子磁各向异性，而要保留轨道角动量，配位构型的配位数必须很低，但这使得相应的配合物变得极不稳定，阻碍了过渡金属单分子磁体的研究。相比于过渡金属离子，稀土离子的未成对电子处于原子的内层 4f 轨道，与配体之间轨道相互作用极弱，使得轨道角动量几乎完全保留，更容易展现出强的磁各向异性，因此随着对单分子磁体的研究的深入，稀土单分子磁体逐渐吸引了更多研究者的关注。

稀土单分子磁体的重要突破始于 2003 年，日本 Ishikawa 课题组报道的一系列具有双层夹心型结构的单核稀土配合物［$LnPc_2$］$^-$ · TBA^+（Pc 为酞菁二负离子，Ln＝Tb，Dy，Ho，Er，Tm，Yb）[19]，其分子结构见图 1.13（a），其中 Tb^{3+} 和 Dy^{3+} 配合物表现出了慢磁弛豫行为，而通过引入抗磁性 Y^{3+} 进行稀释研究，确定了这种慢磁弛豫行为来源于单个［$LnPc_2$］$^-$ 单元。其中 Tb^{3+} 配合物的能垒高达 230cm^{-1}，是同时代单分子磁体中最高的。作为单分子磁体，稀土酞菁化合物的独特对称性结构和高势能垒，吸引了化学家们对其及其衍生物进行了大量的修饰和研究[20,21]。2013 年，Coronado 课题组研究了一系列不同类型取代基对双酞菁铽配合物的慢磁弛豫性质的影响[22]，研究表明：Pc 上连接有给电子取代基的配合物具有更高的能垒和阻塞温度，其中 Pc 上连有八个叔丁基苯氧基的配合物展现出了高达 652cm^{-1} 的有效能垒，是当时单分子磁体中最高的。

虽然双酞菁稀土配合物展现出了优异的单分子磁体性质，但由于缺乏更多的实践结果和理论依据，它并没有使研究者意识到晶体场对单离子各向异性的重要影响，化学家们依然期望通过合成具有多核结构的稀土配合物，获得具有更高各向异性和更大自旋基态的体系。这一期间的研究涌现出了大量的从 Ln_2、Ln_3、Ln_4、Ln_5、Ln_6 到 Ln_{30} 的

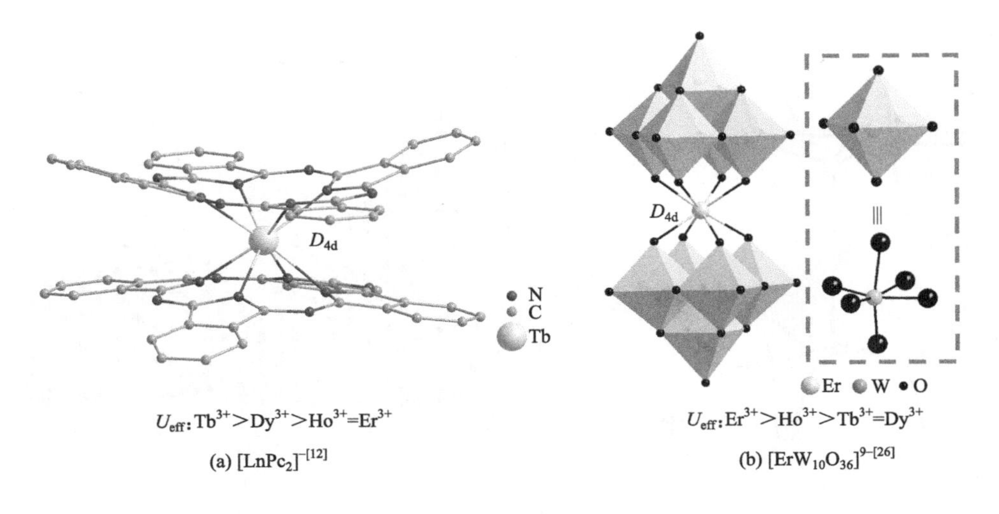

图 1.13　具有近理想 D_{4d} 对称性配体场的分子纳米磁体的分子结构

稀土单分子体系[23]，然而与过渡金属相似，高核稀土单分子磁体的表现远远低于研究者的预期。从稀土离子的类型分析，多核稀土单分子磁体绝大部分都是基于 Dy^{3+} 的，而 Tb^{3+}、Ho^{3+}、Er^{3+} 的记录只占极小的比例[23]。从势能垒的大小来看，它们中大多数配合物的 U_{eff} 都在 50cm^{-1} 以下，尤其是当核数越多时，它们的势能垒一般也越低。然而其中也有个别体系呈现出了高的 U_{eff} 或特殊的单分子磁体性质，对于它们的研究也是具有重要意义的，例如由 Powell 课题组首先报道的三角形结构 Dy_3 配合物（图 1.14）[24]，三个 Dy^{3+} 占据三角形的三个顶点，易轴均位于三角平面内且相互呈约 120° 夹角，使得它们的磁矩相互抵消，最终呈现抗磁基态，但这种抗磁基态可以通过激发态从左（右）旋变成右（左）旋，从而在这两种自旋手性状态间弛豫，开创了一类具有环形磁矩的单分子磁环的研究领域。

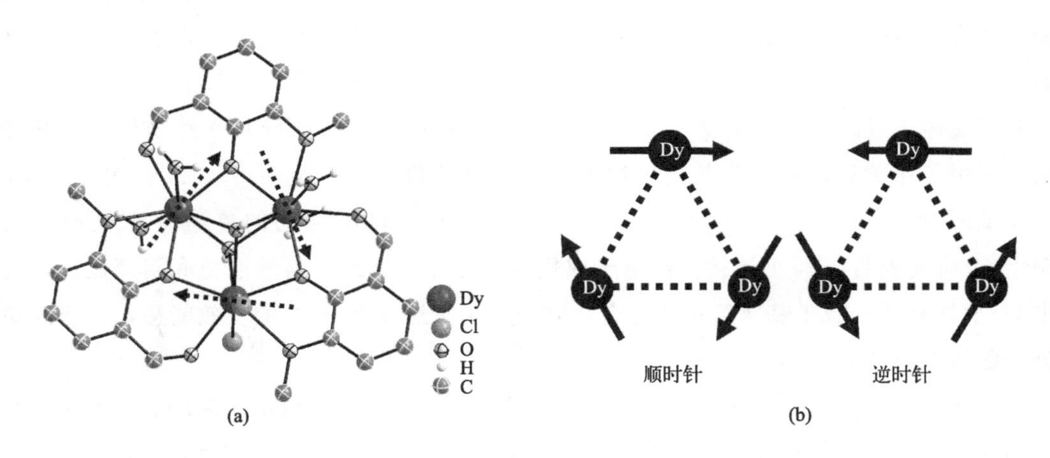

图 1.14　$[Dy_3(\mu_3-OH)_2(ovn)_3Cl_2(H_2O)_4]^{2+}$ 的分子结构（a）及环形磁矩的两种相反取向的基态示意图（b）[24]

2008 年，基于杂多酸配体的 $[ErW_{10}O_{36}]^{9-}$ 的报道使研究者的眼光重新回到稀土单离子磁体上来[25]。如图 1.13(b) 所示，在该配合物中，Er^{3+} 离子与两个 $[W_5O_{18}]^{6-}$ 配位形成类似 $[TbPc_2]^-$ 的三明治夹心结构，杂多酸的高对称性使 Er^{3+} 的配位构型非常接近理想的 D_{4d} 构型（Er—O 键长最大差值 0.048Å），虽然它的 U_{eff} 只有 $38cm^{-1}$，却是首个基于单核 Er^{3+} 的单分子磁体。但令研究者感到疑惑的是，在交换稀土离子后，$[TbW_{10}O_{36}]^{9-}$ 和 $[ErPc_2]^-$ 虽仍保持了 D_{4d} 构型，却没有呈现单分子磁体行为[26,27]，对两者晶体结构的分析发现：$[LnW_{10}O_{36}]^{9-}$ 和 $[LnPc_2]^-$ 中的 Ln—O(N) 平均键长分别为 2.367Å 和 2.516Å，中心 Ln^{3+} 距离上下面中心的距离分别为 1.265Å 和 1.529Å，前者更偏向于轴向压缩，而后者则是轴向拉长，或许正是这微小的差别，导致它们提供的晶体场的性质完全改变了，但在当时并没有给出更加深入的理论解释。

经过这一段时间的大量实验结果积累，研究者逐渐认识到：相比于多核体系，单核体系可能具有更优良的超顺磁性质，而晶体场构型对稀土离子的各向异性影响要比耦合作用等其它因素更重要。稀土单分子磁体的研究重点也逐渐转移至构建高对称性的配合物上。2010 年，高松利用 β-二酮得到一例 Dy 单离子磁体 $[Dy(acac)_3(H_2O)_2]$（acac＝乙酰丙酮），中心离子也具有近 D_{4d} 对称性的配位构型，但由于 acac 与 H_2O 的差别[28]，此处的配位构型偏离理想构型的程度比 $[LnW_{10}O_{36}]^{9-}$ 和 $[LnPc_2]^-$ 更大，但它的 $U_{eff}=47cm^{-1}$ 在当年已经报道的 Dy^{3+} 单分子磁体中仍然是排名靠前的，使研究者再次确认了对称性在配位构型中的重要性，而 D_{4d} 对称性在当时的分子纳米磁体研究中也颇受关注。此外，由于 β-二酮配体具有高度的可修饰性和扩展性，且很容易与 Ln^{3+} 形成 3∶1 的螯合物，变换不同类型的 β-二酮和端基配体便可方便地调节 Ln^{3+} 的晶体场，因此这一时期涌现出了大量此类稀土单分子磁体的报道[29]。

稀土单分子磁体的研究在 2011 年取得了突破性的进展。当年，Winpenny 报道的四方锥结构的 Dy_5 化合物 $[Dy_5O(OiPr)_{13}]$ 将 Dy^{3+} 单分子磁体的势能垒记录大幅提高至 $367cm^{-1}\pm7.5cm^{-1}$[30]，在它的晶体结构中（图 1.15），五个 Dy^{3+} 均处于由六个氧原子形成的具有准 C_{4v} 对称性的扭曲八面体场中，对称性显著低于 D_{4d}，但从头计算结果表明 5 个 Dy^{3+} 的基态能级（$m_J=\pm15/2$）和第一激发态（$m_J=\pm13/2$）均具有理想的 Ising 各向异性，且易轴均指向端基的 Dy—O 键方向，而端基的 Dy—O 键长（1.95～2.15Å）要略小于其它的 Dy—O 键长（2.27～2.66Å），使得晶体场产生了明显的极性，表明：相比于对称性，晶体场的极性或许才是中心离子产生强磁各向异性的关键。

2011 年，高松课题组将金属有机化学引入到稀土单分子磁体的构筑中，报道了一例具有高势能垒的 Er^{3+} 单离子磁体：$(Cp^*)Er(COT)$（Cp^*＝五甲基环戊二烯负离子，COT＝环辛四烯二负离子）（图 1.16）[31]，它具有三明治夹心型结构，但它的上下面是不等同的且呈现 8.0°的倾斜角，Er^{3+} 与 Cp 和 COT 面中心的距离分别为 2.271Å

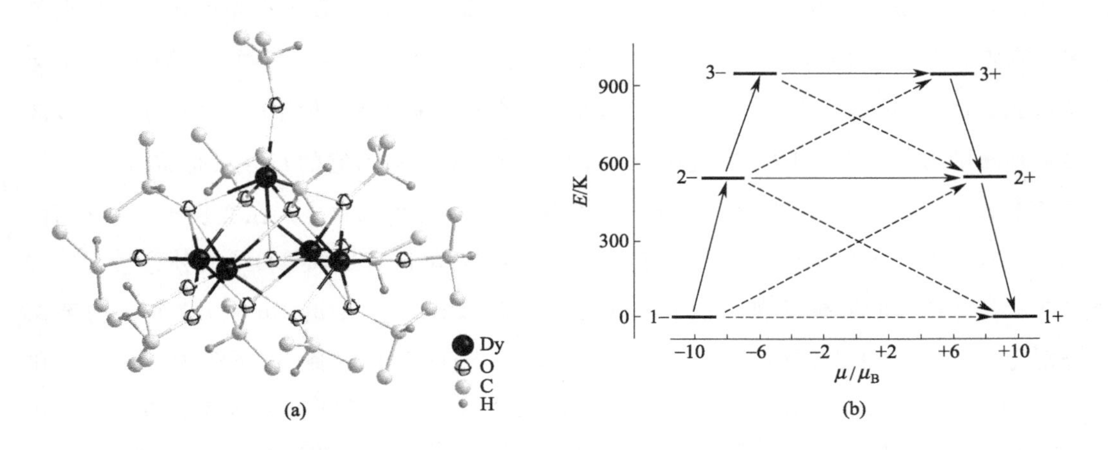

图 1.15 [$Dy_5O(OiPr)_{13}$] 的分子结构 (a) 及弛豫机理图 (b)[30]

[在 (b) 中，黑色横线代表克拉默双重态，实线箭头表示热辅助的量子隧穿过程，虚线箭头表示奥巴赫弛豫过程和基态间的量子隧穿过程]

和 1.662Å，配位构型只有 C_s 对称性，但它的势能垒（$224cm^{-1}$ 和 $137cm^{-1}$）却刷新了 Er^{3+} 单分子磁体的记录，使得研究者再次怀疑对称性在决定稀土离子各向异性中所发挥的作用。将 (Cp^*)Er(COT) 的中心离子换为 Tb^{3+}、Dy^{3+} 或 Ho^{3+} 时，只有后两者表现出了慢磁弛豫行为[32]，但其性质都不理想。在这之后，很多化学家开始关注这类双茂稀土单分子磁体研究[33~36]，极大地推动了稀土单分子磁体的研究进展。

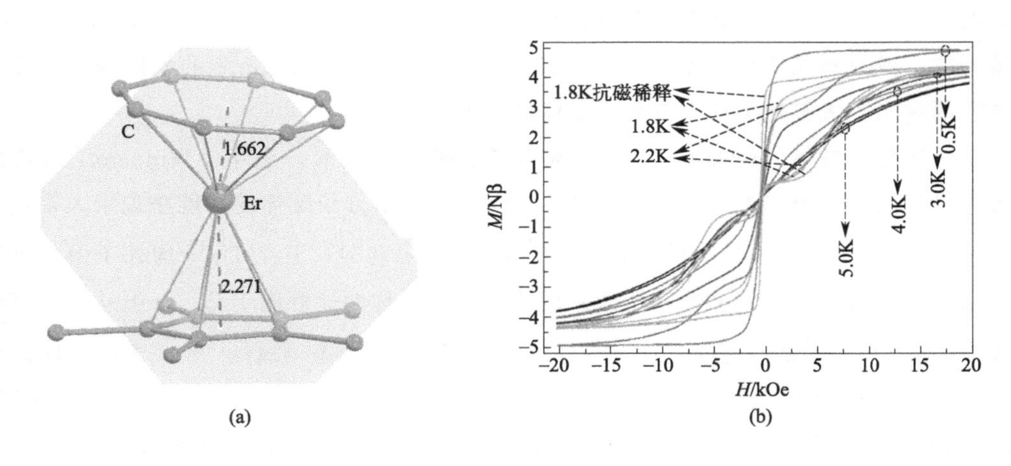

图 1.16 [(Cp^*)Er(COT)][31] 的分子结构 (a) 及磁滞回线 (b)

基于大量的实验和理论结果，Long 在 2011 年从理论层面系统地分析研究了晶体场构型对 Ln^{3+} 各向异性的影响，提出了决定稀土离子磁各向异性的静电排斥模型，指出：稀土离子 4f 电子云与晶体场的排斥作用是决定其磁各向异性的根本，针对 Dy^{3+}、Tb^{3+}、Ho^{3+} 等基态电子云呈扁椭球形的离子，应该选用强轴向弱赤道面型的晶体场；

而针对 Er^{3+}、Tm^{3+}、Yb^{3+} 等基态电子云具有长椭球形的离子，应该选用弱轴向强赤道面型的晶体场构型，不仅对已报道的稀土分子纳米磁体的性质给出了合理的解释，更为后续稀土分子纳米磁体的合理设计提供了指导和依据，在稀土分子纳米磁体的研究中具有里程碑式的意义。

在静电排斥模型的指导下，唐金魁课题组利用金属有机方法合成了 Dy^{3+} 配合物 DyNCN [图 1.17(a)][37]，从晶体结构上看，Dy^{3+} 的配位构型具有近五角双锥的高对称性，轴向被两个 Cl^- 占据，但理论计算表明它的基态与第一激发态能级的易轴均指向 Dy-C 键方向，从该方向看，晶体场的对称性只有 C_{2v}，说明配位构型的对称性与晶体场的对称性不一定一致，由于 Dy-C 提供了强晶体场，而其它方向的 Cl^- 和胺 N 原子与稀土离子结合较弱，构成了强轴向弱赤道面的晶体场构型，使得该配合物具有较高的 $U_{eff}=233(4)cm^{-1}$。此外，他们还报道了一例单核三配位 Er^{3+} 配合物 $[Er(N(SiMe_3)_2)_3]$[38] [图 1.17(b)]，三个配位 N 原子构成了近平面三角形的配位构型，形成了强赤道面弱轴向的晶体场，使得它展现出了较高的 U_{eff} ($85cm^{-1}$)。而在另外一个赤道面配体场相似的配合物 $[Er(NHPhiPr_2)_3(THF)_2]$ 中，轴向被两个四氢呋喃分子占据，使得轴向的晶体场得到了一定的增强，最终得到的势能垒只有 $24cm^{-1}$，这些实例很好地验证了静电排斥模型的合理性。

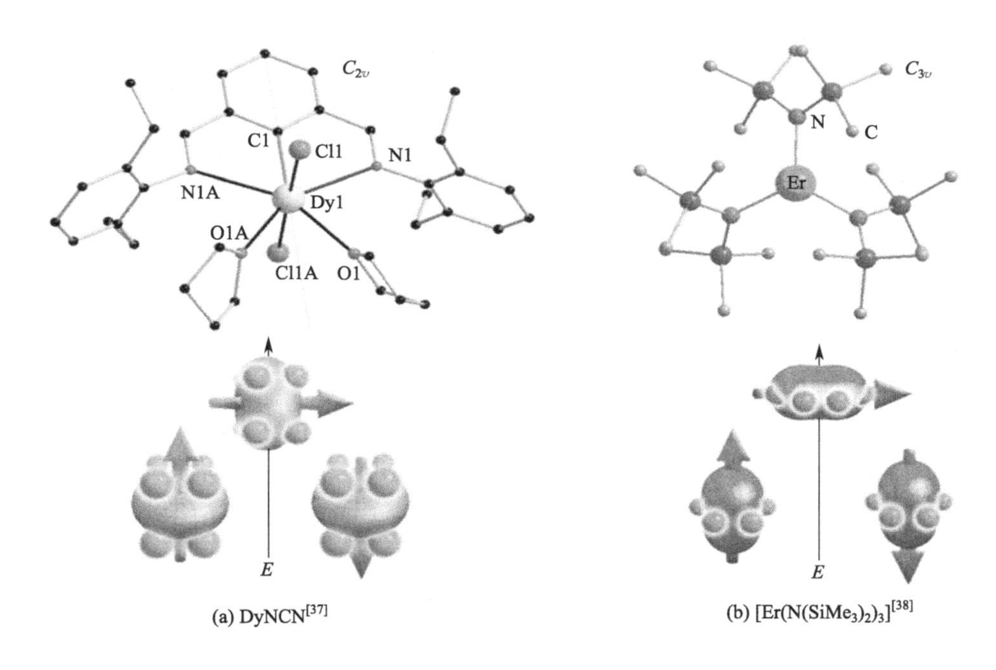

图 1.17 分子结构及在磁矩翻转过程中的 4f 电子云与配体场作用示意图

中山大学的童明良教授深入研究了配位构型对称性对 Ln^{3+} 单离子各向异性的影响，指出当 Ln^{3+} 处于具有 $C_{\infty v}$、$D_{\infty h}$、$S_8(I_4)$、D_{4d}、D_{5h} 或 D_{6d} 对称性的配体场中时，由配体场造成的量子隧穿可以被完全抑制，从而使 Ln^{3+} 具有更高的弛豫能垒和阻塞温度[39]。在该理论的指导下，一系列具有五角双锥构型的高性能稀土单离子磁体被相继合成报道[39～47]，并多次刷新稀土单分子磁体的性能记录，如童明良于 2016 年报道的以酚氧负离子为轴向配体的 [Dy(bbpen)Br] (U_{eff}=1025K)，将稀土单分子的 U_{eff} 首次提升至 1000K 以上[40]；同年，他又首次报道了以三环己基氧化膦 $Cy_3P=O$ 和水分子分别为轴向和赤道面配体的 $[Dy(OPCy_3)_2(H_2O)_5]Br_3 \cdot 2(Cy_3PO) \cdot 2H_2O \cdot 2EtOH$[42]，将稀土单分子磁体的 T_B 记录提升至 20K；郑彦臻随后又通过将轴向配体替换为负电荷密度更高的叔丁醇负离子 $^tBuO^-$ （图 1.18)，赤道面配体则替换为与稀土离子结合更弱的吡啶 py，再一次刷新了稀土单分子磁体的 U_{eff} 记录 (1815K)，在该配合物中，轴向 Dy—O 键的键长只有 2.112Å，是所有五角双锥构型稀土单分子磁体中轴向键长最短的，极大地增强了轴向的晶体场强度，从而使中心离子展现出了更高的单轴各向异性。

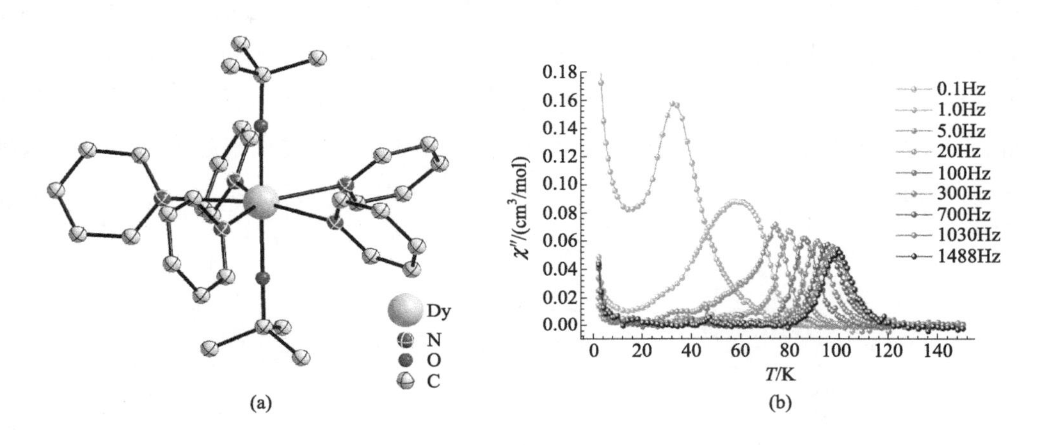

图 1.18　$[Dy(^tBuO)_2(py)_5]^+$ 的分子结构 (a) 和变温交流磁化率的虚部 (b)

迄今，在所有已报道稀土单分子磁体研究中，性能最优的当属基于双环戊二烯基负离子配体的双茂镝类配合物。2014 年，Long 在对 $[DyCp^*_2(BPh_4)]$[48] (U_{eff}=463K) 的研究中，发现由两个 Cp^{*-} 与 Dy^{3+} 形成的弯曲夹心形的配位构型，可以产生相当强的轴向晶体场，轴向 Cp^*_c—Dy—Cp^*_c 的夹角为 134.0°（c 为芳环平面中心），但赤道面上配位的 BPh_4^- 仍引起了一定的横向磁各向异性。随后，高松和 Long 又分别用其它更弱的配体取代 BPh_4^-，以降低赤道面的晶体场强度，得到了 U_{eff} 更高的双茂镝配合物：$[Cp^*_2DyI(THF)]$[49] (U_{eff}=603K) 及 $[Cp^*_2Dy(NH_3)_2]$[50] (U_{eff}=786K)。通过在 Cp^- 中引入位阻较大的异丙基或叔丁基，Mills、Layfield 和 Long 在 2017—2018 年相继报道了一系列不含赤道面配体的双茂镝单离子磁体，它们的 U_{eff} 和 T_B 分别：$[Dy(Cp^{ttt})_2]^+$[51, 52] (U_{eff}=1837K，T_B=60K)、$[(Cp^{iPr5})Dy(Cp^*)]^+$[53] (U_{eff}=2219K，T_B=80K，Layfield) 和 { $[Dy(Cp^{iPr4})_2]^+$，U_{eff}=1850K，T_B=17K；$[Dy(Cp^{iPr4Me})_2]^+$，U_{eff}=2114K，T_B=62K；$[Dy(Cp^{iPr4Et})_2]^+$ U_{eff}=1987K，T_B=59K；$[Dy(Cp^{iPr5})_2]^+$ U_{eff}=1921K，

T_B=56K，Long}[54]，较大的位阻效应使它们的配位构型更加接近线性（∠Cp_c—Dy—Cp_c=147.2～162.5°），Dy-Cp_c 间距也更加小，使得轴向晶体场的强度得到了进一步地提高，尤其是赤道面配体的移除，极大地削弱了基态及激发态能级的横向磁各向异性，有效地抑制了量子隧穿等非奥巴赫弛豫过程，从而展现出了远远高于其它稀土单分子磁体的阻塞温度，其中 $[(Cp^{i\,Pr5})Dy(Cp^*)]^+$ 具有目前所有已报道的分子纳米磁体中最高的阻塞温度（图 1.19）。

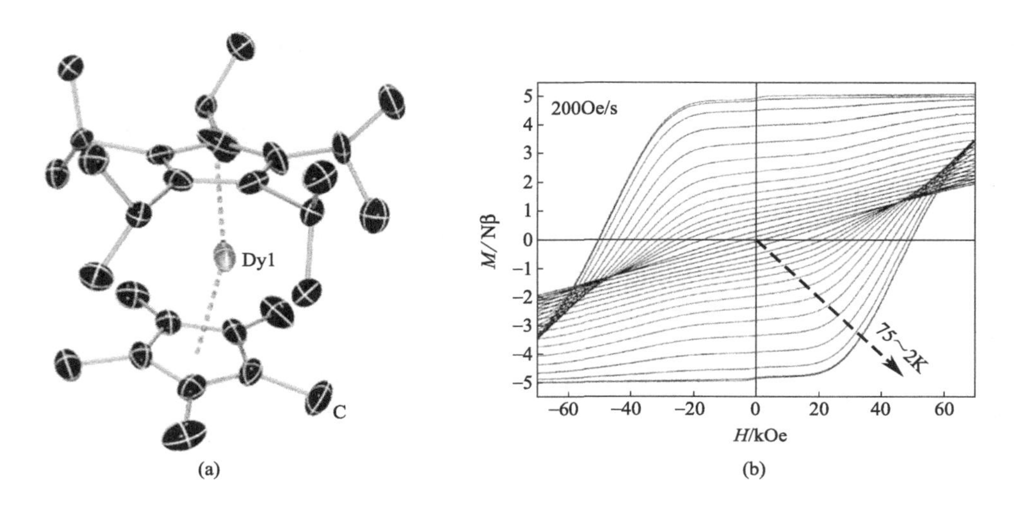

图 1.19　$[(Cp^{i\,Pr5})Dy(Cp^*)]^+$ 的分子结构（a）及磁滞回线（b）[53]

1.4.3　单链磁体的研究发展

单链磁体是指具有超顺磁行为的一维 Ising 链，它们的磁化强度在低温下弛豫缓慢，伴随着磁滞现象，因此也有望应用于高密度信息存储材料。2001 年，Gatteschi 课题组报道了一例具有慢磁弛豫行为的一维 Co^{2+} 自由基配合物 $[Co(hfac)_2(NIT\text{-}PhOMe)]_n$[55]。磁性研究表明，它的慢磁弛豫行为是基于一维亚铁磁链进行的，也是第一例真正意义上的单链磁体，证实了 Glauber 在 1963 年对于一维链体系的慢磁弛豫行为的预测。时隔近四十年，人们才在实际的一维体系中观察到慢磁弛豫行为，这主要是因为，相对于基于零维结构的单分子磁体，构筑单链磁体所需要的条件更加苛刻：①自旋载体必须具有强的单轴各向异性，并形成类似 Ising 链的结构，链内呈铁磁或亚铁磁相互作用；②链内磁耦合要远大于链间磁相互作用（链内和链间磁相互作用之比大于 10^4），即链内具有强的磁耦合，而链间的磁相互作用很弱，以免形成三维长程有序。

对于单链磁体，它的有效能垒可以表示为：$U_{eff}=U_A+2U_\xi=|D|S^2+8JS^2$[56,57]，其中 U_A 为自旋载体自身的各向异性势能垒，主要由自旋载体自身的性质和其所处的晶体场决定；U_ξ 为由链内耦合作用决定的相关能垒，主要由桥联配体的性质和连接方式

决定。单分子磁体部分的总结已经表明，特定的晶体场可以使中心离子具有更大的各向异性能垒，这在单链磁体中也很重要。而对于链内的磁耦合（J），它的大小对于一维链的能垒同样具有重要影响。而要增加链内磁耦合，桥联配体的选择非常重要。

目前已报道的单链磁体基本采用三原子长度以内的桥联配体，如-μ-O—、CN^-、—SCN^-、—O—C—O—、μ-N_3^-、ox^{2-}（即 $C_2O_4^{2-}$）、PO_4^{3-} 等[58,59] 或顺磁性的自由基（Rad），这些配体或减小了自旋载体之间的间隔，或提供了离域的单电子，最终都有效地传递了耦合作用。按构成单链磁体的自旋载体，它们可以分为异自旋体系和同自旋体系两类。其中异自旋体系报道较多，它包括 3d-Rad、4f-Rad、3d-4d、3d-5d、3d-4f、3d-4d-4f 和 3d-3d′-4f 等；而同自旋体系分为过渡金属单链磁体和稀土金属单链磁体。其中过渡金属单链磁体主要是基于 Co^{2+}、Fe^{2+} 或 Mn^{3+} 体系构筑的[56,60]。而同自旋稀土单链磁体目前只有一例报道，即 2009 年 Powell 等人报道的醋酸镝化合物[61]，该化合物是由羧基桥联形成的一维链，它的直流磁化率展现出了类 Ising 链行为，零直流场下的交流磁化率表现出了频率依赖性，单晶 micro-SQUID 测试表明它具有温度依赖的磁滞回线，从而证明了它的单链磁体行为。

过渡金属离子的未成对电子位于离子最外层，对配位键的贡献很大，也容易通过超交换作用产生强的磁耦合，因此目前所报道的单链磁体大部分集中于过渡金属体系。在 Dunbar 报道的单链磁体 $[Co(H_2L)(H_2O)]_\infty[L=4\text{-Me-}C_6H_4\text{-}CH_2N(CPO_3H_2)_2]$[62] 和 Sessoli 报道的单链磁体 $[Mn(TPP)O_2PHPh]\cdot H_2O$[63] 中，链内的磁耦合均为反铁磁，但单离子的各向异性使其展现出了自旋倾斜和弱铁磁行为，成为单链磁体行为产生的关键。Zhang 在 2012 年报道的两例羧基桥联的 Mn^{3+} 单链磁体[64]，直流磁化率测试表明其中存在交替的铁磁和倾斜反铁磁相互作用。2015 年，Wang 等人报道了氰基桥联的 Fe^{2+} 单链磁体[65]，它同时展现出了自旋倾斜、反铁磁有序和变磁行为。在所有已报道的过渡金属单链磁体中，Ishida 课题组报道的基于氮氧自由基配体的 $[Co(hfac)_2\cdot BPNN]$ 拥有最强的链内磁耦合[66]，如图 1.20 所示，其在 6K 下的矫顽力场达 52kOe，是目前报道的化合物中矫顽场最高的（商业化的永磁体 $SmCo_5$ 室温下的矫顽场为 44kOe，$Nd_2Fe_{14}B$ 室温下的矫顽场为 19kOe），同类型的 $[Co(hfac)_2PyrNN]_n$ 在 8K 下表现出较大的矫顽场（32kOe）[67]，阻塞温度达 14K，是已报道的单链磁体中最高的，表明以自由基分子为配体是产生强链内耦合作用的有效方法。

相对于过渡金属，稀土金属单链磁体的报道则相当少见，这是由于稀土离子的 4f 电子受外层 5s 和 5p 电子的屏蔽效应，难以产生有效的相互作用，使得稀土离子之间的磁耦合非常弱，而有效的磁耦合是构筑单链磁体的必要条件之一。相对于传统的抗磁性配体，顺磁性的自由基配体可以有效地克服这一困难，增强稀土离子间的耦合作用，从而得到一维铁磁或亚铁磁链，这就是为什么目前报道的稀土单链磁体基本集中于稀土-自由基一维链体系。Gatteschi 在 2006 利用氮氧自由基配体（NITR）合成了首个稀土单链磁体：$[Dy(hfac)_3NITPhOPh]_n$[68]，自由基的引入有效地克服了稀土离子间磁耦

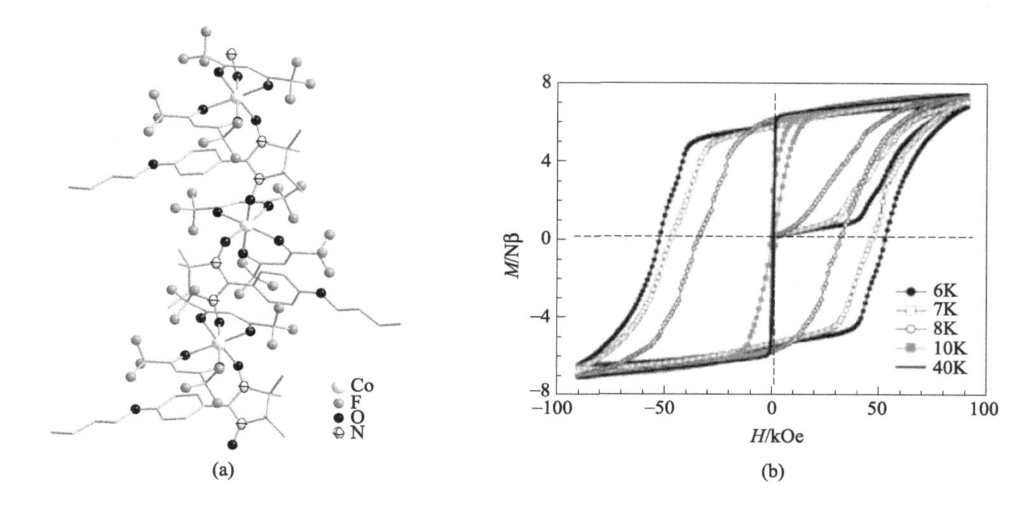

图 1.20　[$Co(hfac)_2$ · BPNN] 的一维链结构（a）及磁滞回线（b）

合极弱的缺点，使它们能够真正成为通过磁耦合作用连接的一维链。

2013 年，程鹏利用 NIT-5-ThienPh 与 $Dy(hfac)_3$ 组装了一例稀土单链磁体（图 1.21）[69]。当处于不同溶剂中时，它可以在零维的 $Dy(hfac)_3$（NIT-5-ThienPh）$_2$ 和一维链 [$Dy(hfac)_3$（NIT-5-ThienPh）]$_n$ 之间相互转化，前者没有展现出任何的慢磁弛豫性质，而后者的直流和交流磁化率结果共同表明，它是一个单链磁体，在 2.0K 下展现出了矫顽力场为 99Oe 的磁滞回线，在高温部分的 U_{eff} 为 $68cm^{-1}$。而从中心离子所处的配位环境分析，它们的配体场均只具 D_{2d} 对称性，中心离子的磁各向异性可能只有微小的差别，这也表明一维链的弛豫过程主要是基于链内耦合进行的。

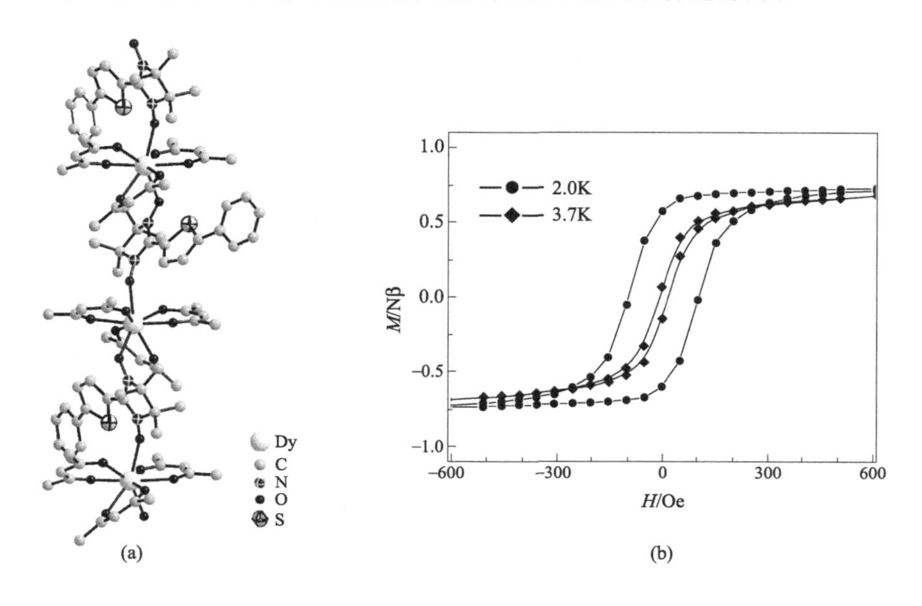

图 1.21　[$Dy(hfac)_3$(NIT-5-ThienPh)]$_n$ 的分子结构（a）和磁滞回线（b）[67]

虽然目前稀土-氮氧自由基体系依然是构筑稀土单链磁体的主导体系，基于此体系的单链磁体的进展却十分缓慢。从 2005 年第一例单链磁体 $[Dy(hfac)_3NITPhOPh]_n$ 的报道到当前，它的势能垒只从 $48cm^{-1}$ 提高到 $68cm^{-1}$，提高了 41.7%。我们认为它发展缓慢的原因主要是它们的结构较为单一，在其中，稀土离子均与来自三个 $hfac^-$ 的六个氧原子和两个氮氧自由基的两个氧原子配位，这种配位构型形成的晶体场限制了中心离子的各向异性，使得单离子各向异性能垒对总的慢磁弛豫能垒的贡献过小。而如何构建新的一维稀土链体系，并兼顾单离子各向异性与链内磁耦合，是提高稀土金属单链磁体的超顺磁性能的关键所在，但鉴于稀土离子的磁耦合极弱的特性，这个任务具有相当大的挑战性。

参考文献

[1] 李普选，赵强，张孝林．安培分子电流假说思想的应用．物理与工程，2003，13（1）：17-18.

[2] Kahn O. Molecular Magnetism. VCH Publisher，New York，1993.

[3] 卡林（Carlin，R. L.），万纯娓等译．磁化学．南京：南京大学出版社，1990.

[4] 严密，彭晓领等．磁学基础与磁性材料．杭州：浙江大学出版社，2019.

[5] 宋新昌，程华富，周鹰．垂直磁记录技术的新发展．电子世界，2013，12：92-95.

[6] 郭壮．硬盘技术里程碑——希捷推出采用新一代叠瓦式磁记录技术的硬盘．微电脑世界，2013，11：107.

[7] 戴道生．物质磁性基础．北京：北京大学出版社，2016.

[8] Sezer N，Arı İ，Biçer Y，et al. Superparamagnetic nanoarchitectures：Multimodal functionalities and applications. J. Mag Mag Mater，2021，538：168300.

[9] Sessoli R，Gatteschi D，Caneschi A，et al. Magnetic bistability in a metal-ion cluster. Nature，1993，365：141-143.

[10] Sessoli R，Tsai H L，Schake A R，et al. High-spin molecules：$[Mn_{12}O_{12}(O_2CR)_{16}(H_2O)_4]$. J Am Chem，1993，115（5）：1804-1816.

[11] Bagai R，Christou G. The Drosophila of single-molecule magnetism：$[Mn_{12}O_{12}(O_2CR)_{16}(H_2O)_4]$. Chem Soc Rev，2009，38：1011-1026.

[12] Aromí G，Brechin E K. Synthesis of 3d metallic single-molecule magnets. Structure and Bonding. Springer-Verlag Berlin Heidelberg，2006，1-67.

[13] Tasiopoulos A J，Vinslava A，Wernsdorfer W，et al. Giant single-molecule magnets：A $\{Mn_{84}\}$ torus and its supramolecular nanotubes. Angew Chem Int Ed，2004，43（16）：2117-2121.

[14] Ako A M，Hewitt I J，Mereacre V，et al. A ferromagnetically coupled Mn_{19} aggregate with a record $S=83/2$ ground spin state. Angew Chem Int Ed，2006，45（30）：4926-4929.

[15] Milios C J，Vinslava A，Wernsdorfer W，et al. A record anisotropy barrier for a single-molecule magnet. J Am Chem Soc，2007，129（10）：2754-2755.

[16] Yoshihara D，Karasawa S，Koga N. Cyclic single-molecule magnet in heterospin system，J Am Chem Soc，2008，130（32）：10460-10461.

[17] Zhu Y Y，Cui C，Zhang Y Q，et al. Zero-field slow magnetic relaxation from single Co（Ⅱ）ion：a transition metal single-molecule magnet with high anisotropy barrier. Chem Sci，2013，4（4）：1802-1806.

[18] Zadrozny J M, Atanasov M, Bryan A M, et al. Slow magnetization dynamics in a series of two-coordinate iron (Ⅱ) complexes. Chem Sci, 2013, 4 (1): 125-138.

[19] Ishikawa N, Sugita M, Ishikawa T, et al. Lanthanide double-decker complexes functioning as magnets at the single-molecular level. J Am Chem Soc, 2003, 125 (29): 8694-8695.

[20] Katoh K, Isshiki H, Komeda T, et al. Multiple-decker phthalocyaninato Tb (Ⅲ) single-molecule magnets and Y (Ⅲ) complexes for next generation devices. Coord Chem Rev, 2011, 255 (17-18): 2124-2148.

[21] Zhang P, Guo Y N, Tang J, Recent advances in dysprosium-based single molecule magnets: Structural overview and synthetic strategies. Coord Chem Rev, 2013, 257 (11-12): 1728-1763.

[22] Ganivet C R, Ballesteros B, Torre D L G, et al. Influence of peripheral substitution on the magnetic behavior of single-ion magnets based on homo- and heteroleptic Tb (Ⅲ) bis (phthalocyaninate) . Chem Eur J, 2013, 19 (4): 1457-1465.

[23] Coronado E, Minguez E G, Dynamic magnetic MOFs. Chem Soc Rev, 2013, 42 (4): 1525-1539.

[24] Tang J, Hewitt I, Madhu N T, et al. Dysprosium triangles showing single-molecule magnet behavior of thermally excited spin states. Angew Chem Int Ed, 2006, 45: 1729-1733.

[25] Aldamen M A, Clemente-Juan J M, Coronado E, et al. Mononuclear lanthanide single-molecule magnets based on polyoxometalates. J Am Chem Soc, 2008, 130 (28): 8874-8875.

[26] Ishikawa N, Sugita M, Okubo T, et al. Determination of ligand-field parameters and f-electronic structures of double-decker bis (phthalocyaninato) lanthanide complexes. Inorg Chem, 2003, 42 (7): 2440-2446.

[27] Aldamen M A, Cardona-Serra S, Clemente-Juan J M, et al. Mononuclear lanthanide single molecule magnets based on the polyoxometalates [Ln $(W_5O_{18})_2]^{9-}$ and [Ln $(\beta_2\text{-}SiW_{11}O_{39})_2]^{13-}$ (Ln^{III} = Tb, Dy, Ho, Er, Tm, and Yb) . Inorg Chem, 2009, 48 (8): 3467-3479.

[28] Jiang S D, Wang B W, Su G, et al. A mononuclear dysprosium complex featuring single-molecule magnet behavior. Angew Chem Int Ed, 2010, 49 (41): 7448-7451.

[29] Woodruff D N, Winpenny R E, Layfield R A. Lanthanide single-molecule magnets. Chem Rev, 2013, 113 (7): 5110-5148.

[30] Blagg R J, Muryn C A, Mcinnes E J, et al. Single pyramid magnets: Dy_5 pyramids with slow magnetic relaxation to 40 K. Angew Chem Int Ed, 2011, 50 (29): 6530-6533.

[31] Jiang S D, Wang B W, Sun H L, et al. An organometallic single-ion magnet. J Am Chem Soc, 2011, 133 (13): 4730-4733.

[32] Jiang S D, Liu S S, Zhou L N, et al. Series of lanthanide organometallic single-ion magnets. Inorg Chem, 2012, 51 (5): 3079-3087.

[33] Jeletic M, Lin P H, Le Roy J J, et al. An organometallic sandwich lanthanide single-ion magnet with an unusual multiple relaxation mechanism. J Am Chem Soc, 2011, 133 (48): 19286-19289.

[34] Le Roy J J, Jeletic M, Gorelsky S I, et al. An organometallic building block approach to produce a multidecker 4f single-molecule magnet. J Am Chem Soc, 2013, 135 (9): 3502-3510.

[35] Meihaus K R, Long J R. Magnetic blocking at 10 K and a dipolar-mediated avalanche in salts of the bis (η_8-cyclooctatetraenide) complex [Er $(COT)_2$]. J Am Chem Soc, 2013, 135 (47): 17952-17957.

[36] Ungur L, Le Roy J J, Korobkov I, et al. Fine-tuning the local symmetry to attain record blocking temperature and magnetic remanence in a single-ion magnet. Angew Chem Int Ed, 2014, 53 (17): 4413-4417.

[37] Guo Y N, Ungur L, Granroth G E, et al. An NCN-pincer ligand dysprosium single-ion magnet showing magnetic relaxation via the second excited state. Sci Rep, 2014, 4: 5471.

[38] Zhang P, Zhang L, Wang C, et al. Equatorially coordinated lanthanide single ion magnets. J Am Chem Soc,

2014, 136 (12): 4484-4487.

[39] Liu J L, Chen Y C, Zheng Y Z, et al. Switching the anisotropy barrier of a single-ion magnet by symmetry change from quasi-D_{5h} to quasi-O_h. Chem Sci, 2013, 4 (8): 3310-3316.

[40] Liu J. Chen Y C, Liu J L, et al. A stable pentagonal bipyramidal Dy(Ⅲ) single-ion magnet with a record magnetization reversal barrier over 1000 K. J Am Chem Soc, 2016, 138: 5441-5450.

[41] Jiang Z, Sun L, Yang Q, et al. Excess axial electrostatic repulsion as a criterion for pentagonal bipyramidal $Dy^{Ⅲ}$ single-ion magnets with high U_{eff} and T_B. J Mater Chem C, 2018, 6: 4273-4280.

[42] Chen Y C, Liu J L, Ungur L, et al. Symmetry supported magnetic blocking at 20 K in pentagonal bipyramidal Dy(Ⅲ) single-ion magnets. J Am Chem Soc, 2016, 138: 2829-2837.

[43] Chen Y C, Liu J L, Lan Y H, et al. Dynamic magnetic and optical insight into a high performance pentagonal bipyramidal $Dy^{Ⅲ}$ single-ion magnet. Chem Eur J, 2017, 23: 5708-5715.

[44] Gupta S K, Rajeshkumar T, Rajaraman G, et al. An air-stable Dy(Ⅲ) single-ion magnet with high anisotropy barrier and blocking temperature. Chem Sci, 2016, 7: 5181-5191.

[45] Canaj A B, Singh M K, Wilson C, et al. Chemical and in silico tuning of the magnetisation reversal barrier in pentagonal bipyramidal Dy(Ⅲ) single-ion magnets. Chem Commun, 2018, 54: 8273-8276.

[46] Li L L, Su H D, Liu S, et al. A new air- and moisture-stable pentagonal-bipyramidal $Dy^{Ⅲ}$ singleion magnet based on the HMPA ligand. Dalton Trans, 2019, 48: 2213-2219.

[47] Ding Y S, Chilton N F, Winpenny R E P, et al. On approaching the limit of molecular magnetic anisotropy: A near-perfect pentagonal bipyramidal Dysprosium (Ⅲ) single-molecule magnet. Angew Chem Int Ed, 2016, 55: 1-5.

[48] Demir S, Zadrozny J M, Long J R, Large spin-relaxation barriers for the low-symmetry organolanthanide complexes [Cp_2^* Ln (BPh_4)] (Cp^* = pentamethylcyclopentadieny; Ln =Tb, Dy) . Chem Eur J, 2014, 20: 9524-9529.

[49] Meng Y S, Zhang Y Q, Wang Z M, et al. Weak ligand-field effect from ancillary ligands on enhancing single-ion magnet performance. Chem Eur J, 2016, 22: 12724-12731.

[50] Demir S, Boshart M D, Corbey J F, et al. Slow magnetic relaxation in a dysprosium ammonia metallocene complex. Inorg Chem, 2017, 56: 15049- 15056.

[51] Goodwin C A P, Ortu F, Reta D, et al. Molecular magnetic hysteresis at 60 kelvin in dysprosocenium. Nature, 2017, 548: 439-442.

[52] Guo F S, Day B M, Chem Y C, et al. A dysprosium metallocene single-molecule magnet functioning at the axial limit. Angew Chem Int Ed, 2017, 56: 11445-11448.

[53] Guo F S, Day B M, Chen Y C, et al. Magnetic hysteresis up to 80 kelvin in a dysprosium metallocene single-molecule magnet. Science, 2018, 362: 1400-1403.

[54] McClain K R, Gould C A, Chakarawet K, et al. High-temperature magnetic blocking and magneto-structural correlations in a series of dysprosium (Ⅲ) metallocenium single-molecule magnets. Chem Sci, 2018, 9: 8492-8503.

[55] Caneschi A, Gatteschi D, Lalioti N, et al. Cobalt (Ⅱ) -nitronyl nitroxide nhains as molecular magnetic nanowires. Angew Chem Int Ed, 2001, 40 (9): 1760-1763.

[56] Zhang W X, Ishikawa R, Breedlove B, et al. Single-chain magnets: beyond the Glauber model. RSC Adv, 2013, 3 (12): 3772-3798.

[57] Miyasaka H, Julve M, Yamashita M, et al. Slow dynamics of the magnetization in one-dimensional coordination polymers: single-chain magnets. Inorg Chem, 2009, 48 (8): 3420-3437.

[58] Sun H L, Wang Z M, Gao S, Strategies towards single-chain magnets. Coord Chem Rev, 2010, 254 (9-10): 1081-1100.

[59] Weng D F, Wang Z M, Gao S. Framework-structured weak ferromagnets. Chem Soc Rev, 2011, 40 (6): 3157-3181.

[60] Luzon J, Sessoli R, Lanthanides in molecular magnetism: so fascinating, so challenging. Dalton Trans, 2012, 41 (44): 13556-13567.

[61] Zheng Y Z, Lan Y, Wernsdorfer W, et al. Polymerisation of the dysprosium acetate dimer switches on single-chain magnetism. Chem Eur J, 2009, 15 (46): 12566-12570.

[62] Palii A V, Reu O S, Ostrovsky S M, et al. A highly anisotropic Cobalt (Ⅱ) -based single-chain magnet: exploration of spin canting in an antiferromagnetic array. J Am Chem Soc, 2008, 130 (44): 14729-14738.

[63] Bernot K, Luzon J, Sessoli R, et al. The canted antiferromagnetic approach to single-chain magnets. J Am Chem Soc, 2008, 130 (5): 1619-1627.

[64] Zhang W X, Shiga T, Miyasaka H, et al. New approach for designing single-chain magnets: organization of chains via hydrogen bonding between nucleobases. J Am Chem Soc, 2012, 134 (16): 6908-6911.

[65] Shao D, Zhang S L, Zhao X H, et al. Spin canting, metamagnetism, and single-chain magnetic behaviour in a cyano-bridged homospin iron (Ⅱ) compound. Chem Commun, 2015, 51 (21): 4360-4363.

[66] Ishii N, Okamura Y, Chiba S, et al. Giant coercivity in a one-dimensional cobalt-radical coordination magnet. J Am Chem Soc, 2008, 130 (1): 24-25.

[67] Vaz M G F, Cassaro R A A, Akpinar H, et al. A cobalt pyrenylnitronylnitroxide single-chain magnet with high coercivity and record blocking temperature. Chem Eur J, 2014, 20 (18): 5460-5467.

[68] Bogani L, Sangregorio C, Sessoli R, et al. Molecular engineering for single-chain-magnet behavior in a one-dimensional dysprosium-nitronyl nitroxide compound. Angew Chem Int Ed, 2005, 44 (36): 5817-5821.

[69] Han T, Shi W, Niu Z, et al. Magnetic blocking from exchange interactions: slow relaxation of the magnetization and hysteresis loop observed in a dysprosium-nitronyl nitroxide chain compound with an antiferromagnetic ground state. Chem Eur J, 2013, 19 (3): 994-1001.

第2章 稀土元素简介

稀土元素是镧系元素与同族的钪和钇等17种元素的总称，相对于过渡金属元素，它们的发现要晚得多，且由于稀土元素在电子构型和化学性质上的相似性很高，多种稀土元素总是共生于同种矿物中，分离和提纯十分困难，导致稀土金属的研究和发展直至十九世纪中晚期才走上正轨。由于历史原因，我国的稀土开发与研究起步比欧美晚，但得益于“稀土之父”——徐光宪院士在二十世纪七十年代提出的“稀土串联萃取理论”，我国迅速掌握了国际领先的高纯稀土金属生产技术，不仅极大地推动了国内稀土资源的开发与利用，还让我国在国际稀土开发领域掌握了较大的话语权。

稀土元素自身独特的电子结构，赋予了它们优异的无可代替的光、电和磁性质，使它们在激光、发光、磁性、超导和储氢等高科技领域得到了重要应用。在本书关注的磁性材料研究中，稀土元素更是具有重要且广泛的应用，在传统的块体磁性材料中，稀土永磁体是已知的综合性能最高的永磁材料，钕铁硼和钐钴类磁体作为其中最杰出的两类代表，已经得到了广泛的商业化应用，钕铁硼类磁体更是被誉为“永磁之王”；在研究开展较晚的分子基磁性材料和分子纳米磁体材料中，稀土离子也因为具有更大的磁各向异性而成为比过渡金属离子更为优异的构筑单元，它们的化合物展现出了更高的磁学性能，有望更早实现从实验室到实际应用的突破。

2.1 稀土元素概述

2.1.1 稀土元素的概念与发现

元素周期表的第六周期第三副族共有15种元素：镧（La）、铈（Ce）、镨（Pr）、钕（Nd）、钷（Pm）、钐（Sm）、铕（Eu）、钆（Gd）、铽（Tb）、镝（Dy）、钬（Ho）、铒（Er）、铥（Tm）、镱（Yb）、镥（Lu），统称为镧系元素（Ln），与镧系元素同族的还有第四周期的钪（Sc）和第五周期钇（Y），这17种元素被人们统称为稀土元素，常用RE（rare earth）表示。但由于钪和钇的三价离子是抗磁性的，无法用于构建分子纳米磁体，因此分子纳米磁体领域的稀土元素一般特指镧系元素。

作为后过渡系元素，除钪以外的所有稀土元素都是在太阳系形成前的一次超新星大爆炸中被制造出来的，随着太阳系的形成，它们逐渐沉积在地壳中。1787年，瑞典著名化学家阿伦尼乌斯在瑞典小镇伊特比（Ytterby）发现了一种新的黑色矿石，1794年芬兰化学家加多林（Gadolin）发现该矿石中包含着一种未见报道的元素氧化物，并以地名将其命名为钇土，标志着第一种稀土元素的发现。之所以将其称为钇土，是因为当时的化学界习惯将不溶于水的固体氧化物称为土，如第二主族元素被称为碱土元素，氧化铝被称为陶土。另外，钇土发现者加多林的名字后来还成了另一种稀土元素钆(Gadolinium)的来源。随着分析检测技术的发展，研究者发现当时所谓的钇实际上是包含钇的多种稀土元素的混合物，从中又分离出了包括铒、铽和镱等新的稀土元素。在随后的近一百年间，化学家们又陆续发现了十余种化学性质与钇相近的元素，且在发现钇的过程中的错误也出现在了这些新的稀土元素的发现过程中，充分体现了稀土元素在物理性质和化学性质上的相似性之高。钷由于具有放射性，且半衰期只有 2.64 年，在自然界矿物中的含量极少，因此直到 1947 年才从铀的裂变反应中得到，它也是最后一种被发现的稀土元素。

虽然现在人类已经知道稀土元素实际上并不稀有，大多数稀土元素在地壳中的丰度远高于金、银和铂等贵金属元素，铈的含量甚至与铜接近，但出于习惯和历史原因，“稀土”一词一直被沿用至今。

2.1.2 稀土元素的分类

尽管所有稀土元素在物理和化学性质上都具有其它族或其它周期元素无可比拟的相似性，但随着原子序数的增加，它们的电子构型和物理化学性质依然存在一定的递变，这也导致了它们在自然界矿物中的共生情况有一定的不同，据此稀土元素通常也可以分为两组或三组。

(1) 两组分类

把 La 至 Eu 的七种元素，称为“轻稀土元素”，也叫铈组元素；把 Gd 至 Lu 的八种镧系元素和 Y 称为“重稀土元素”，也叫钇组元素。同一组的元素在天然矿物中的共生情况更为普遍。从原子结构上看，稀土元素的性质之所以在 Gd 处发生转变，是因为：在 4f 亚层上新增加电子的自旋方向在 Gd 前后发生了改变。而将 Y 归入重稀土组是由于 Y^{3+} 的半径与重稀土离子更为相近，化学性质与重稀土更为相似，它们在自然界中密切共生。

(2) 三组分类

通常把 La、Ce、Pr 和 Nd 这四种元素称为轻稀土；Sm、Eu、Gd 三种元素称为中稀土，而把 Tb 至 Lu 的七种元素称为重稀土。需要注意的是，三组分类法的标准在各研究方向中并不完全统一，如若按稀土硫酸盐的溶解度大小分类，Sm 则归入轻稀土组。

2.1.3 稀土元素的储量与分布

稀土元素在地壳中的含量并不稀少，分布广泛，其在地表的总质量含量为 0.0153%，相对于第六周期中的其它元素，稀土元素的含量算是比较高的。其中铈的地壳丰度最大（0.0043%），与铜接近，是地壳中第25丰富的元素，比我们熟悉的铅和锌还要多，而含量最低的镥的丰度则比金、银、铂和钯等贵金属的丰度要高。表2.1是稀土元素的丰度及同位素。丰度即各种元素在地壳中的平均含量之百分数，也称为克拉克值。从表2.1中可以看到，镧、钕和钇等元素的克拉克值也比较大。另外，原子序数为偶数的元素一般比相邻的原子序数为奇数的元素的丰度高。

表2.1 稀土元素在地壳中的丰度克拉克值及同位素

原子序数	元素名称	元素符号	克拉克值/$\times 10^{-6}$	在自然界中的同位素
39	钇	Y	24	89
57	镧	La	39	138/139
58	铈	Ce	43	136/138/140/142
59	镨	Pr	5.7	141
60	钕	Nd	26	142/143/144/145/146/148/150
61	钷	Pm	—	145
62	钐	Sm	6.7	144/147/148/149/150/152/154
63	铕	Eu	1.2	151/153
64	钆	Gd	6.7	152/154/155/156/157/158/160
65	铽	Tb	1.1	159
66	镝	Dy	4.1	156/158/160/161/162/163/164
67	钬	Ho	1.4	156
68	铒	Er	2.7	162/164/166/167/168/170
69	铥	Tm	0.3	169
70	镱	Yb	2.7	168/170/171/172/173/174/176
71	镥	Lu	0.8	175/176

虽然稀土的绝对含量很大，但是分布分散，世界各地分布很不均匀。稀土资源主要集中在中国、美国、印度、俄罗斯、澳大利亚、加拿大、巴西和南非等国家和地区。我国的稀土资源丰富，具有成矿条件好、储量大、分布面广、品种全、有价值的元素含量高等特点。目前已在22个省、自治区、直辖市发现各类稀土矿藏，比较集中的地方有：内蒙古、江西、四川、广东、山东等，形成“北轻南重”的特点，即北方（内蒙古）以轻稀土为主，南方以重稀土为主。

作为不可再生的稀缺性战略资源，稀土具有“工业味精”“工业维生素”“新材料之母”等美称，是生产稀土永磁、发光、储氢、催化等功能材料以及先进制备制造业、新能源等高新技术产业不可缺少的原材料，还广泛应用于军工、电子、石油化工、冶金、机械、能源、轻工、环境保护、农业、陶瓷等领域。

2.2 稀土元素的电子构型

2.2.1 原子的电子构型

原子的电子构型是决定元素化学性质的根本因素。在元素周期表中，稀土元素中的镧系元素（57～71 号）位于第六周期ⅢB 族，它们具有逐渐递变的核外电子排布，因此化学性质相似度高。根据鲍林的原子轨道能级近似图和基态原子核外电子排布规则中的能量最低原理，在原子序数增加至镧系元素时，电子应该进入 4f 亚层，只有在 4f 轨道填充满之后，电子才进入能级更高的 5d 亚层，电子构型应该为 $[Xe]4f^n6s^2$，其中 $[Xe]$ 为惰性气体元素氙的电子构型：$1s^22s^22p^63s^23p^63d^{10}4s^24p^64d^{10}5s^25p^6$。但如表 2.2 所示，镧系元素中原子序数最小的镧，最后一个电子进入了 5d 亚层，其电子构型为 $[Xe]5d^16s^2$，与之同类型的还有铈（$[Xe]4f^15d^16s^2$）和钆（$[Xe]4f^75d^16s^2$），它们的 4f 均未充满，但 5d 亚层已经有一个电子排布，电子构型可以用 $[Xe]4f^{n-1}5d^16s^2$ 表示（$n=1$，2 或 8)，之所以出现这样的不同，是因为这三种元素的 $[Xe]4f^n6s^2$ 组态具有比 $[Xe]4f^{n-1}5d^16s^2$ 组态更高的能量。除了以上三种元素和镥，其它镧系元素的电子均符合 $[Xe]4f^n6s^2$（$n=3\sim7$，$9\sim14$）构型，n 随着原子序数的增大而增大，在镱处达到 14，即 4f 亚层被填满。镥的 4f 亚层已经排满，因此最后一个电子只能进入 5d 亚层，电子构型为 $[Xe]4f^{14}5d^16s^2$。

表 2.2 稀土元素的电子构型、价态、半径和三价离子颜色

原子序数	元素名称	元素符号	RE 电子构型	重要价态	RE^{3+} 电子构型	RE 半径/pm	RE^{3+} 半径/pm	RE^{3+} 在水中的颜色
21	钪	Sc	$[Ar]3d^14s^2$	+3	$[Ar]$	160.6	73.2	无
39	钇	Y	$[Kr]4d^15s^2$	+3	$[Kr]$	181	89.3	无
57	镧	La	$[Xe]5d^16s^2$	+3	$[Xe]4f^0$	187.7	106.1	无
58	铈	Ce	$[Xe]4f^15d^16s^2$	+3,+4	$[Xe]4f^1$	182.4	103.4	无
59	镨	Pr	$[Xe]4f^36s^2$	+3,+4	$[Xe]4f^2$	182.8	101.3	绿
60	钕	Nd	$[Xe]4f^46s^2$	+3	$[Xe]4f^3$	182.1	99.5	紫
61	钷	Pm	$[Xe]4f^56s^2$	+3	$[Xe]4f^4$	181.0	97.9	粉红
62	钐	Sm	$[Xe]4f^66s^2$	+2,+3	$[Xe]4f^5$	180.2	96.4	黄
63	铕	Eu	$[Xe]4f^76s^2$	+2,+3	$[Xe]4f^6$	204.2	95.0	浅粉红
64	钆	Gd	$[Xe]4f^75d^16s^2$	+3	$[Xe]4f^7$	180.2	93.8	无
65	铽	Tb	$[Xe]4f^96s^2$	+3,+4	$[Xe]4f^8$	178.2	92.3	无

续表

原子序数	元素名称	元素符号	RE电子构型	重要价态	RE^{3+} 电子构型	RE 半径/pm	RE^{3+} 半径/pm	RE^{3+} 在水中的颜色
66	镝	Dy	$[Xe]4f^{10}6s^2$	+3,+4	$[Xe]4f^9$	177.3	90.8	黄
67	钬	Ho	$[Xe]4f^{11}6s^2$	+3	$[Xe]4f^{10}$	176.6	89.4	暗黄
68	铒	Er	$[Xe]4f^{12}6s^2$	+3	$[Xe]4f^{11}$	175.7	88.1	淡红
69	铥	Tm	$[Xe]4f^{13}6s^2$	+2,+3	$[Xe]4f^{12}$	174.6	86.9	绿
70	镱	Yb	$[Xe]4f^{14}6s^2$	+2,+3	$[Xe]4f^{13}$	194.0	85.8	无
71	镥	Lu	$[Xe]4f^{14}5d^1 6s^2$	+3	$[Xe]4f^{14}$	173.4	84.8	无

钪和钇与镧系元素同属ⅢB族，分别位于第四和第五周期。钪原子的基态电子构型为 $[Ar]3d^1 4s^2$，钇原子的基态电子构型为 $[Kr]4d^1 5s^2$，其中 [Ar] 和 [Kr] 分别代表稀有气体元素氩和氪的基态电子构型。可见，钪和钇的价层电子构型与镧类似，这也是它们具有相似的化学性质且被归为稀土元素的内在原因。

2.2.2 价态和离子的电子构型

对于镧系元素，4f 电子处于原子的较内部，在与其它元素的作用中难以失去，而最外部的 $6s^2$ 亚层以及 $5d^1$ 次外亚层中的电子较少，容易完全失去而形成稳定的+3 价离子 Ln^{3+}，而钪和钇的情况与之相似，因此稀土元素单质普遍具有较强的金属性，具有典型的金属光泽，在自然界中全部以化合物的形式存在。稀土元素单质的金属性仅次于碱金属和碱土金属，比铝和锌等金属还要活泼，一般要保存在煤油或石蜡中，以免与潮湿空气反应。

+3 价是所有稀土离子的最常见价态，所有 RE^{3+} 在水溶液中都可以稳定存在，在固相中通常也可以稳定存在，如形成 RE_2O_3 型氧化物、$RE(NO_3)_3$ 和 $RECl_3$ 型稀土盐。但少数稀土元素也可以以+4 价的 RE^{4+} 或+2 价的 RE^{2+} 形式存在，形成诸如 Tb_4O_7、CeO_2、$(NH_4)_2Ce(NO_3)_6$、EuI_2 等化合物，这样的差别可以用 Hund 规则解释。Hund 规则表明：在原子或离子的电子构型中，亚层处于全空、半充满和全充满的状态时，体系的能量较低，原子或离子处于较稳定的状态。对于 RE^{3+}，除 4f 轨道外的其它亚层均为全充满状态，4f 亚层的电子排布是决定其价态的关键因素，4f 亚层为全空的 La^{3+} ($4f^0$)、半充满的 Gd^{3+} ($4f^7$) 和全充满的 Lu^{3+} ($4f^{14}$) 因符合 Hund 规则而十分稳定。而与它们十分邻近的 RE^{3+}，失去或得到少量电子便可以形成符合 Hund 规则的电子构型，因此具有一定产生变价的倾向，具体可以分为两种情况：①与 La 和 Gd 右侧相邻的 Ce、Pr 和 Tb，可以在 RE^{3+} 基础上继续失去一个或两个电子形成 Ce^{4+}、Pr^{4+}、Tb^{4+} 等形态，其中 Ce^{4+} 在固相中可以稳定存在，CeO_2 是一种应用十分广泛的稀土氧化物，Ce^{4+} 的稳定配合物也有很多报道，而 Tb^{4+} 在固相中通常与 Tb^{3+} 共存，难以单独存在；②与 Gd 和 Lu 左侧相邻的 Sm、Eu、Tm、Yb，可以在 RE^{3+} 的基础上得到一至两个电子形成 Sm^{2+}、Eu^{2+}、Tm^{2+}、Yb^{2+} 等形态，如 EuO 和 YbO 在低温下可以较稳定地存在，但这些 RE^{2+} 的化合物在稳定性上依然远不如相应的 RE^{3+} 化合物。

对于磁性研究中更关注的 Ln^{3+}，如表 2.2 所示，它们的基态电子排布均符合 $[Xe]4f^n$ 构型（n=0～14），从 La^{3+} 到 Lu^{3+}，随着原子序数的增加，4f 轨道上的电子逐次增加 1 个，其中 La^{3+} 和 Lu^{3+} 没有未成对电子，其它 Ln^{3+} 均具有未成对电子。由于［Xe］内核在化学反应中总是保持稳定，Ln^{3+} 的化学性质主要体现在 4f 亚层的状态变化，因此一般也称它们为 4f 离子，稀土分子纳米磁体也被称为 4f 分子纳米磁体。

2.2.3 镧系收缩与稀土原子和离子半径

原子和离子半径是元素基本性质的重要方面，它决定了原子或离子周围所能填充的其它原子或离子的数目，以及原子或离子产生的电场强度等性质，是决定它们形成的化合物的结构和成键性质的重要参数，不同原子或离子的半径差别，也是影响它们化学性质差别的重要因素。

表 2.2 列出了稀土元素的原子半径和三价离子的半径，从表中可以看出，从 Sc 到 Y 再到 La，原子半径和 RE^{3+} 半径逐渐增大，这是核外电子层数随着周期数增大而增多导致的。在镧系元素中，随着原子序数的增大，原子半径和离子半径在整体上都呈逐渐减小的趋势，这种现象被称为“镧系收缩”。镧系收缩具有两个典型的特点：①原子半径的收缩趋势显著小于离子半径，从表 2.2 和图 2.1 中都可以看出，随着原子序数的增加，除 La 与 Ce 的半径差别较明显及 Eu 和 Yb 的半径反常外，相邻镧系元素的原子半径之差一般只有 1pm 左右，从 La 到 Lu，15 种元素的原子半径累积递减只有 14pm 左右，而 La^{3+} 到 Lu^{3+} 的离子半径累计递减则为 21pm 左右，是前者的约 1.5 倍；②原子半径在 Eu 和 Yb 处出现显著的反常，它们的原子半径显著高于两侧的镧系元素，而离子半径则未出现这种反常。

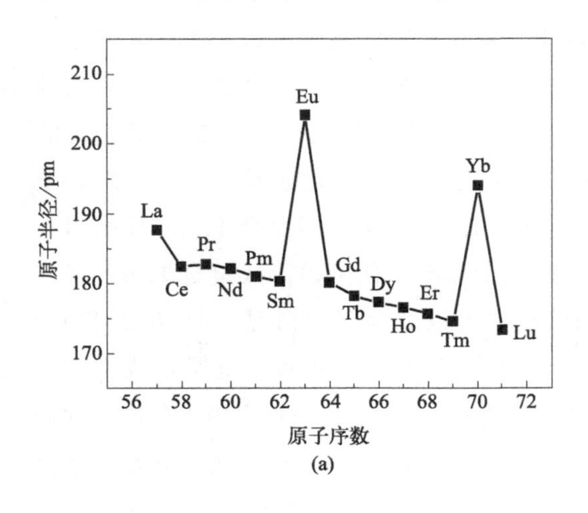

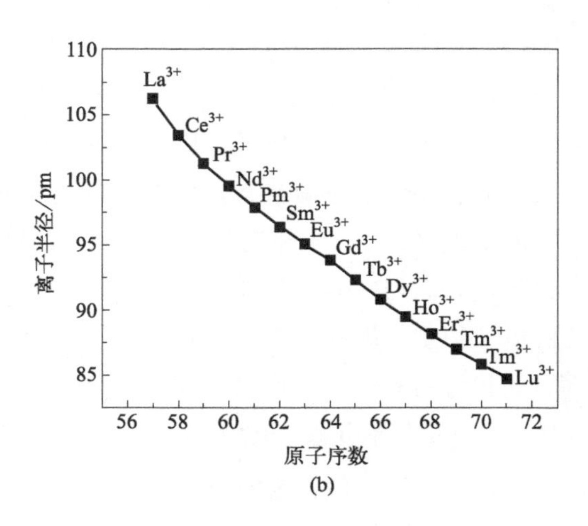

图 2.1 镧系原子半径（a）和三价镧系离子半径（b）与原子序数的关系

根据量子力学理论，原子或离子的半径可认为是原子核到最外层轨道电子出现概率最大处的距离。对于镧系元素，随着原子序数的增大，核电荷数依次增加 1，原子核对最外层电子的束缚能力逐渐增强，导致原子半径逐渐减小，但由于增加的电子均填充至内层的 4f 轨道中，4f 电子距离原子核更近，它与更外层的 5s、5p、5d 和 6s 电子的排斥作用，在效果上相当于削弱这些轨道中电子与原子核之间的引力，或者说有效核电核数的增加值小于实际的核电荷数增加值，这种作用被称为屏蔽作用。屏蔽作用使得最外层电子受核的引力只是缓慢地增加，因此原子半径的减小较为缓慢。与原子中情况不同的是，Ln^{3+} 的 6s 和 5d 轨道中均无电子，5s 和 5p 轨道处于原子最外部，4f 轨道与 5s 和 5p 轨道在空间上更为接近，波函数重叠更多，使得 4f 电子出现在 5s 和 5p 电子外侧的概率更大，对 5s 和 5p 电子的屏蔽作用更小，即 4f 电子对最外层电子的屏蔽作用在 Ln^{3+} 中要更弱，有效核电核数的增加值比原子中更多，从而导致离子半径的减小更为显著。

镧系收缩在 Eu 和 Yb 处的显著反常及在 Ce 处的略微反常跟它们的电子构型和成键性质有密切关系。由于电子实际上并没有如同经典力学中圆周运动一样的运动轨迹，它的运动只能用波函数表示，因此原子半径实际上是无法直接测量的，一般可以将单质中相邻原子核间距的一半作为原子半径。在金属单质中，由于电负性小，金属倾向于失去外层的价电子而以金属阳离子的形式存在，失去的价电子成为吸引金属阳离子形成整体的自由电子，这种作用即为金属键。大多数稀土金属在单质中是以三价离子的形式存在，但 Eu 和 Yb 分别有半充满的 $4f^7$ 和全充满的 $4f^{14}$ 的稳定构型，在单质中倾向于只失去 6s 轨道的两个电子而以二价离子的形式存在，由于自由电子数目较少，Eu 和 Yb 中的金属键更弱，金属阳离子之间的核间距更大，因此原子半径显著大于其它镧系元素。而 Gd 的情况则与之相反。Ce 具有 $4f^1$ 的电子构型，倾向于失去该电子而形成 $4f^0$ 的全空稳定构型，因此 Ce 单质具有比其它镧系单质更多的自由电子，金属键更强，将金属阳离子拉得更近，因此原子半径出现了一定的减小。

镧系收缩是稀土化学中的一个特殊而又重要的现象，它导致两个重要的结果：①由于镧系收缩，上一周期同族的 Y^{3+} 的半径（89.3pm）十分接近于 Ho^{3+}（89.4pm）和 Er^{3+}（88.1pm）的半径，因此钇的化学性质与镧系元素十分相近，在矿物中总是与镧系元素共生，彼此分离困难；②镧系收缩使它后面各族过渡元素的原子半径和离子半径，分别与上一周期同族元素的原子半径和离子半径极为接近，包括ⅣB 族中的 Zr^{4+}（80 pm）和 Hf^{4+}（81pm）、ⅤB 族中的 Nb^{5+}（70pm）和 Ta^{5+}（73pm）及ⅥB 族中的 Mo^{4+}（62pm）和 W^{4+}（62pm），它们两两的化学性质也十分相似，在自然界亦共生于同一矿床中，彼此分离困难。此外，Ⅷ族中的铂系元素在性质上也极为相似，也被认为是镧系收缩所带来的影响。

由于镧系收缩，镧系元素的离子半径递减，从而导致镧系元素在性质上随原子序数的增大而有规律地发生递变。例如，在大多数情况下，镧系元素的配合物的稳定常数随原子序数增大而增大；其氢氧化物的碱性随原子序数增大而减弱；其氢氧化物开始沉淀的 pH 值随原子序数的增大而减小等[1]。

2.3 稀土元素的配合物化学

在 20 世纪 60 年代，随着稀土元素的分离提纯技术逐渐成熟，稀土元素的配合物化学研究逐渐发展起来。起初人们主要研究螯合型含氧配体与稀土离子形成的配合物，典型代表便是 β-二酮类配体的稀土螯合物，它们具有简便的合成方法、高度的可修饰性和优异的光学性质，因此得到了广泛的研究。在 20 世纪 60 年代末，又兴起了将稀土配合物作为核磁共振位移试剂研究的热潮，且一直持续至今。时至今日，稀土配合物的研究在结构和应用领域两方面都取得了长足的发展，所采用的配体从基于氧配位原子的配体扩大至基于碳、氮、氟、氯和 π 键等电子给体的配体，结构从简单的单核小分子配合物扩展至复杂的多核簇合物、一维、二维及三维金属有机框架类配合物，研究领域也从最初的光学、核磁共振位移试剂等扩展至催化、吸附、磁性、超导、电池、生物医药等众多领域。由于稀土纳米磁体研究属于功能稀土配合物领域，因此本节将对稀土离子的成键特征、结构和合成进行简单介绍。

2.3.1 成键特征

(1) 配位键性质

稀土金属配合物是指稀土离子与配体之间通过配位键结合形成的具有一定空间构型的化合物。虽然科学界关于稀土配合物中配位键的性质仍然存在争议，但通常都认为它是具有离子键性质的电价键，即配体和稀土离子主要靠阴阳离子间的静电作用相结合。也正因如此，稀土离子的配位数主要由稀土离子半径和配体体积决定，而配位键也基本没有方向性，所以不能像过渡金属配合物一样用价键理论来解释其空间构型。

在三价稀土离子中，除 Sc^{3+}、Y^{3+}、La^{3+} 和 Lu^{3+} 外，其余都含有未成对的 4f 电子，它们是稀土离子独特光、电和磁性质的来源。4f 电子对稀土配合物中配位键的贡献通常很小，这是因为一方面 4f 电子属于原子结构中的内层电子，受到外层 $5s^2$ 和 $5p^6$ 电子的屏蔽，削弱了它与配体孤对电子之间的静电排斥作用；另一方面，稀土离子虽然具有三个正电荷，但由于体积较大，且最外层只有 $5s^25p^6$ 共 8 个电子，因此极化能力较弱，配位原子的电子云向稀土离子的偏移程度小，难以形成有效的轨道重叠，这两方面因素都导致 4f 电子对配位键的贡献很小，受到晶体场分裂的影响较小。但随着分子轨道理论和计算化学的不断发展[2]，研究者发现稀土离子形成的配位键中也含有一定成分的共价键性质，5s 和 5p 轨道对共价作用占主要贡献，而 4f

轨道对其的贡献则很小，尽管如此，这种微弱的贡献被认为是决定稀土离子光、电和磁性质的关键。

（2）与不同配位原子的结合能力

从软硬酸碱理论来考虑，稀土离子由于电荷高且外层电子较少，是不易极化形变的离子，属于硬酸，所以它们与属于硬碱的配体结合能力强，形成的配合物较稳定，这类配体一般是基于氟、氧或氮给体的配体；而与属于软碱的配体结合能力较弱，形成的配位键不牢固，相应的配合物也不够稳定，如以碳、硫、磷等为配位原子的配体和碘离子；与氯离子和溴离子的结合能力则介于两者之间。虽然各类配体与稀土离子的结合能力强弱不能一概而论，但与它们的配位原子种类具有重要联系，因此可以按配位原子种类给出结合能力强弱的一般顺序：

$$O>N\gg C>S>P>\text{其它}$$

与卤素离子的结合能力顺序为：

$$F^-\gg Cl^->Br^->I^-$$

稀土属于亲氧元素，尤其是与带负电荷的氧原子结合能力强，形成的RE—O键具有较高键能，研究中最常采用的此类配体包括OH^-、O^{2-}、RCO_2^-、RO^-、ArO^-、$R_3P=O$、β-二酮等，其中$R_3P=O$虽然是中性配体，但P=O键的极化使得O上带有显著的负电荷，因此它与稀土离子的结合能力也很强。而在以上配体中，除β-二酮和$R_3P=O$通常为端基配体外，其它配体均可以充当桥联配体。中性氧原子配体与稀土离子的结合一般较弱，如醇、醚、酮、醛、氮氧自由基等，它们只有在构成螯合配位或无其它更强的配体竞争时，才能与稀土离子稳定成键。但部分中性溶剂分子却是特例，包括水、N,N-二甲基甲酰胺、N,N-二甲基乙酰胺等，它们与稀土离子的结合能力也较强，经常作为端基配体出现在稀土配合物中，且在一般条件下也可以长期稳定存在，但诸如甲醇、乙醇类溶剂分子虽然也能充当端基配体，但在放置时，它们很容易从结构中逸出，使得晶体风化或出现结构转变。因此要使一些与稀土离子结合能力较弱的配体配位，必须要避免采用这些溶剂。基于氧配位原子的配体种类繁多，且与稀土离子结合能力强，因此它们成为构筑稀土配合物中采用最广泛的一类配体。

F^-是另一种与稀土离子结合能力很强的配体。在水溶液中，稀土离子很容易和F^-结合形成难溶性的LnF_3沉淀，这使得合成含RE—F键的配合物具有一定的困难，必须选取合适的配体并控制好Ln与F的比例、加料顺序等合成条件。截至2023年1月，从剑桥晶体学数据库（CCDC）中查询到的含RE—F键的配合物有246个，而基于Dy^{3+}的仅34个。F^-既可以作为单齿端基配体，也可以充当桥联配体形成多核或更高维度的稀土配合物。

氮作为电子给体的配体主要包括有机胺、酰胺、酰脒、肟和N-杂环类化合物等，它们与稀土离子的结合能力一般要弱于氧给体配体和F^-。单齿的氮给体配体与稀土离子的结合一般较难，基本只能在无水无氧条件下稳定存在，但一旦能构成螯合配位，形成环状结构，它们便可以与稀土离子形成稳定的配合物，此时它们与稀土离子的结合能力要比大多数中性氧给体配体和 Cl^- 等卤素离子强得多。如邻菲罗啉便经常被用于稀土配合物的构筑中。需要说明的是，氮给体配体在绝大多数情况下都以不脱质子的方式直接配位，但在部分情况下，可以利用强碱脱去胺上的质子，使其以胺负离子的形式与稀土离子配位，但由于胺的酸性很弱，这样的配位键对水和醇类等质子溶剂敏感，只能在无水无氧条件下保持稳定。与氧给体配体类似，氮给体配体的种类也很多，可修饰性强，也是构建稀土配合物中广泛采用的一类配体。实际上，在现代稀土配合物研究中，同时含氧给体和氮给体的配体因具有更加丰富多样的配位模式，可以使配合物的结构更加多样化，而被广泛采用。尤其是在分子纳米磁体的构筑中，氮、氧给体与稀土离子结合能力的差异，可以使晶体场在不同方位上呈现显著的强度差异，从而提升稀土离子的磁各向异性，使得这类配体被格外关注。

以碳为配位原子的配体可以分为两大类：一类是脱质子的碳负离子以 σ 电子进行配位，形成经典的配位键，脂肪碳负离子和芳香碳负离子均可以采用此种配位模式；另一类是碳以双键或芳环中的 π 电子进行配位，形成非经典配位键，在这类配合物中，环戊二烯基负离子和环辛四烯二负离子及它们的衍生物被采用最多，形成的配合物被称为茂金属配合物。不论碳是作为 σ 配体还是 π 配体，它与稀土离子的结合都只有在无水无氧条件下才能稳定存在，一旦遇到水和醇等质子类溶剂，这些配体便会迅速质子化而使配位键解离。尽管如此，由于碳负离子或芳香负离子的电子密度较高，可以产生强的晶体场，因此在稀土分子纳米磁体的研究中占有重要的地位，目前所报道的性能最佳的一类稀土单分子磁体便是基于环戊二烯基负离子的茂稀土配合物。

Cl^- 作为配体与稀土离子的结合能力要远弱于 F^- 和氧负离子类配体，但比醇、醚、酮等较弱的中性氧给体配体和单齿氮给体配体强，因为很多含 Ln—Cl 键的稀土配合物在常规条件下可以稳定存在[3,4]，甚至很多配合物中还含有 H_2O 和醇等溶剂分子，但一旦醇、醚、酮和氮给体配体能形成螯合配位，它们便具有比 Cl^- 更强的配位能力。Br^- 与稀土离子的结合更弱，已报道的含 Ln—Br 键的配合物只有含 Ln—Cl 键的配合物的约 1/10，但也有少数含 Ln—Br 的配合物在常规条件下也可以稳定存在[5,6]。含 Ln—I 键的配合物也有一些报道，但基本都只能在无水无氧条件下保持稳定。

以硫为电子给体的配体主要包括硫醇/酚负离子（R/Ar—S^-）、氨基二硫代甲酸根（$R_2NCS_2^-$）、硫氰酸根（SCN^-）、异硫氰酸酯（R/Ar—N═C═S）、硫醚（R—S—R）、二烷（氧）基二硫代次膦酸根（$R_2PS_2^-$，$(RO)_2PS_2^-$）等，除氨基二硫代甲酸根在常规条件包括质子溶剂中仍可以与稀土离子结合外，其它硫给体配体的稀土配合物对水分都十分敏感。硫是比氮更弱的电子给体，产生的晶体场更弱，在分子纳米磁体的构筑中也得到了一定应用，但由于含硫配体与稀土离子结合能力很弱，难以形成稳定的配合物，因此相应的报道仍较稀少。

以硅、硒、碲、砷等为电子给体的配体也能与稀土离子结合，但形成的配位键和相应的配合物均很不稳定，除基于硒类配体的稀土配合物有一定数量的报道外，其它的均鲜有实例报道。

2.3.2 配位数和配位构型

（1）配位数及影响因素

配位数即直接与中心离子以配位键连接的配位原子的数目。三价镧系离子的配位数从2～12均有报道，以6～10配位居多，其中尤以8配位最为常见。作者曾统计了CCDC数据库所收录的Dy^{3+}配合物的配位数（截至2019年8月），发现6、7、8、9和10配位的配合物数量分别为43个、57个、357个、126个和46个，即配位数偏离8越多，配合物的数量就越少，也意味着相应的配合物的稳定性越低。一般来说，配位数大于7且未包含对水敏感的强碱性配体（如RO^-、R_2N^-）的稀土配合物在常规条件均可以稳定存在。6配位以下的配合物大都需要在无水无氧条件下才能保持稳定，但也有少数6配位稀土配合物可以在常规条件下稳定存在[7]。此外，需要注意的是，对于低配位数的稀土配合物，尤其是2和3配位的配合物，其配位数的定义通常谨慎看待，这是由于当体系中可与稀土离子形成配位键的σ型配位原子数目较少时，稀土离子的强缺电子性会吸引某些通常不能充当配体的原子或基团向稀土离子靠近[8]，如苯环、甲基或亚甲基等，从而与它们中的π电子或σ电子等之间产生静电相互作用，其中，中心离子与σ电子之间的作用通常被称为元结作用，这种作用并不能被定义为一般意义上的配位键，但会对中心离子的配位构型和电子结构产生一定的影响。

稀土离子的配位数与自身和配体的性质均有关。相对于第一过渡系金属离子，稀土离子拥有更大的离子半径和更高的氧化态，能够在其周围吸引并容纳更多的配体，因此稀土配合物一般都具有较高的配位数。对于配体，它们的体积（空间位阻）、刚性和所带的电荷会通过影响它们在稀土离子周围的空间排布和相互作用，来影响配位数，其中空间因素起着更主要的作用。

稀土离子与配体的性质与配位数的具体关系如下：

① 稀土离子半径对配位数的影响。从空间因素的角度来看，中心离子的半径越大，周围可容纳的配体就越多，配位数越高；反之，半径越小，配位数越低。而从静电作用角度来考虑，中心离子半径越小，配体之间过于靠近会使它们之间的排斥力增大，降低配合物结构的稳定性，当这种斥力足够大时，体系会趋向于减少配体数目以降低它们之间的斥力来达到新的平衡，形成新的、结构更稳定的配合物。在2.2.3节中我们已经介绍：Ln^{3+}的半径从La至Lu会逐渐减小，因此与同类型的配体结合时，它们的配位数从La^{3+}至Lu^{3+}有降低的倾向。而配位数的变化实际上就意味着配合物结构的改变，所以在稀土配合物的合成中，经常会遇到这样的情况：保持配体和合成条件不变时，轻稀土离子和重稀土离子给出了结构不一样的配合物，或者只有轻稀土或重稀土中的一类能够形成配合物。需要说明的是，配位数和结构的改变通常并不是在轻稀土和重稀土交界处发生改变，而是在某一个或两个特定的稀土离子处出现改变，而La^{3+}～Lu^{3+}的所有稀土离子均在相同条件下给出同构配合物的情况也是存在的。

② 配体体积对配位数的影响。与稀土离子相反，不论是从空间因素还是静电作用角度考虑，配体的体积增大，都会导致配位数的降低。尤其是在含有机配体的配合物中，为了降低中心离子的配位数，最常采用的方法就是在配体靠近配位原子的一侧引入支链，以增大它的空间位阻，如双（三甲基硅基）氨基负离子和 2,6-二叔丁基苯酚负离子都可以与 Dy^{3+} 等形成三配位的结构[9,10]。

③ 配体的刚性对配位数的影响。配合物是通过自组装作用形成的，在静电作用允许范围内，它总是倾向于最大化利用空间，实现最大程度的原子或分子的堆叠。当配体具有较大柔性时，它们可以通过构象的变化来发生弯曲或折叠等结构变化，以实现对空间利用的最大化，得到配位数较高的配合物；而刚性配体，一般是含芳环或双键的配体，则因为自身结构的限制无法进行上述的结构变化，限制了其它配体的靠近，使得配位数降低。

④ 配体所带电荷对配位数的影响。一方面，配体带的负电荷越高，相互之间的斥力就越大，越不利于形成高配位数的稳定结构；另一方面，过多的负离子配体会导致配离子整体所携带的负电荷过高，结构变得不稳定，它将倾向于结合更多的中心离子，使得结构和配位数发生变化。例如 Ln^{3+} 最多能和六个 Cl^- 配位形成孤立的 $[LnCl_6]^{3-}$ 单元，但 $[LnCl_6]^{3-}$ 可以通过 Cl^- 的桥联作用聚合成为链状的 $[LnCl_4(H_2O)_2]_n^{n-}$[11]，每个 Ln^{3+} 均与 4 个 Cl^- 和 2 个 H_2O 配位形成八配位的结构，其中 4 个 Cl^- 充当桥联配体且均连接 2 个 Ln^{3+}。

根据以上这些因素对配位数的影响分析，我们可以通过配体的合理设计和修饰来调控稀土配合物的结构。

（2）配位构型

配合物中配位原子的空间位置被确定后，将相邻的配位原子用线连接，就得到它们围绕中心离子所形成的几何形状，即为中心离子的配位构型。由于在稀土配合物中，一般认为中心离子与配体是靠静电作用结合在一起的，因此它们的几何构型，不能像过渡金属配合物一样用价键理论解释，而主要由配体间的静电斥力、空间位阻和配体自身的结构决定，尤其是空间位阻和配体自身的结构限制经常起着更加决定性的作用，这也导致对于某一特定配位数，稀土配合物的配位构型往往更加多样化，即同一配位数总是会对应几种主要的配位构型，我们将这些主要的配位构型和典型代表列于表 2.3 中。

表 2.3　三价稀土离子配合物的配位数和主要几何构型

配位数	实例	几何构型	对称性
2	$[RE\{N(Si^iPr_3)_2\}_2][B(C_6F_5)_4]$(Ln=Sm、Tm、Yb)	折线形	C_{2v}
3	$RE[N(SiMe_3)_2]_3$(RE=Sc、Y、La～Lu)	近平面三角形	C_{3v}
4	$[Lu(2,6\text{-}Me_2Ph)_4]^-$,$[Lu(C(CH_3)_3)_4]^-$,$[Er(C(CH_3)_3)_4]^-$	四面体	T_d
	$[RECl\{N(SiMe_3)_2\}_3]^-$(RE=Ce、Sm、Eu、Er)	三角锥	C_{3v}

续表

配位数	实例	几何构型	对称性
5	[Y(N(SiMe$_3$)$_2$)$_3$Py$_2$],[Dy(OCH^{i}Pr$_2$)(CH$_3$CN)$_2$]	三角双锥	D_{3h}
	[Dy(Mes* O)$_2$(THF)$_2$X](Mes* =2,4,6-三叔丁基苯基;X=Cl$^-$/Br$^-$/I$^-$)	四方锥	C_{4v}
6	[ScF$_6$]$^-$,[RE(NCS)$_6$]$^{3-}$,[RECl$_6$]$^{3-}$(RE=Sc、Y、La～Lu)	八面体	O_h
	[Dy(Bp^{Me2})$_3$][Bp^{Me2} 为二氢双(3,5-二甲基吡唑-1-基)硼酸根离子]	三棱柱	D_{3h}
7	[Ho(C$_6$H$_5$COCHCOC$_6$H$_5$)$_3$(H$_2$O)]	单帽八面体	C_{3v}
	[Yb(acac)$_3$(H$_2$O)]	单帽三棱柱	C_{2v}
	[REI$_2$(Py)$_5$]I(RE=Lu、Yb、Sm),[Dy(Py)$_5$(^{t}BuO)$_2$]$^+$	五角双锥	D_{5h}
8	[LnPc$_2$]$^-$(RE=Sc、Y、La～Lu)	四方反棱柱	D_{4d}
	[Nd(C$_6$H$_5$COCHCOC$_6$H$_5$)$_4$]$^-$	立方体	O_h
	[RE(acac)$_3$(H$_2$O)$_2$],RE(HOCH$_2$COO)$_3$ · 2H$_2$O	三角十二面体	D_{2d}
	[Dy(L^E)(4-MeOPhO)$_2$][BPh$_4$](L^E 为平面六齿大环配体)	六角双锥	D_{6h}
9	[RE(H$_2$O)$_9$]$^{3+}$(RE=Sc、Y、La～Lu)	三帽三棱柱体	D_{3h}
	[RE(HCOO)$_3$]$_n$(RE=Y、La～Lu)	单帽四方反棱柱	C_{4v}
	[RE(NO$_3$)$_3$(H$_2$O)$_3$](RE =Sc、Y、La～Yb)	小松糕	C_s
10	[La(NO$_3$)$_3$(DMSO)$_4$],[La(NO$_3$)$_3$(bipy)$_2$]	双帽四方反棱柱	D_{4d}
11	[La(15-冠-5)(NO$_3$)$_3$]、[Nd(NO$_3$)$_3$(EO$_5$)](EO$_5$ 为三缩四乙二醇)	单帽五方反棱柱	C_{5v}
12	[Ce(NO$_3$)$_6$]$^{3-}$、La(C-18-冠-6)(NO$_3$)$_3$	二十面体	I_h
	[Ho(Pz)$_3$(PzH)$_3$](PzH 为吡唑)	六方反棱柱	D_{6d}

① 配位数 1 和 2。一配位的稀土配合物由于极高的化学不稳定性，迄今未见报道。二配位的三价稀土配合物直至 2019 年才首次被报道：[Ln{N(Si^{i}Pr$_3$)$_2$}$_2$][B(C$_6$F$_5$)$_4$](Ln=Sm、Tm、Yb)[12]，与二配位过渡金属配合物不同，这些二配位稀土配合物具有折线形的结构（图 2.2），N—Ln—N 的键角位于 125.49 (9)°～131.02 (8)°之间。显然，线性二配位构型会使稀土离子过于裸露，它的强缺电子性吸引了配体中的烷基向其靠近，形成元结作用，从而使得结构弯曲并偏离线性。

② 配位数 3。三配位的稀土配合物已经有一定数量的报道，为了得到这种低配位数的结构，配体必须具有较大的空间位阻，如双硅基氨基负离子、双/三硅基甲烷负离子和 2,6-位具有大取代基的苯酚/苯硫酚、苯胺负离子等。而为了稳定这种严重配位不饱和的结构，元结类作用在三配位稀土配合物中也普遍存在。三配位稀土配合物的构型均为近平面三角形，但稀土离子并不位于配位原子构成的平面内，而总是在较小程度上脱离平面，如典型的 Er[N(SiMe$_3$)$_2$]$_3$ [分子结构见图 1.17(b)][9]。

③ 配位数 4。四配位三价稀土配合物在文献中已有较多报道。在固体中，它们所采用的配位构型一般是（扭曲的）四面体或准三角锥形。要构成四面体形配位构型，通常需要所采用的配体具有相似的空间位阻，一般为等同配体，如图 2.3(a) 所示的 [Lu(C(CH$_3$)$_3$)$_4$]$^-$[13]。而要构成三角锥形配位构型，则需要三个等同配体和一个位

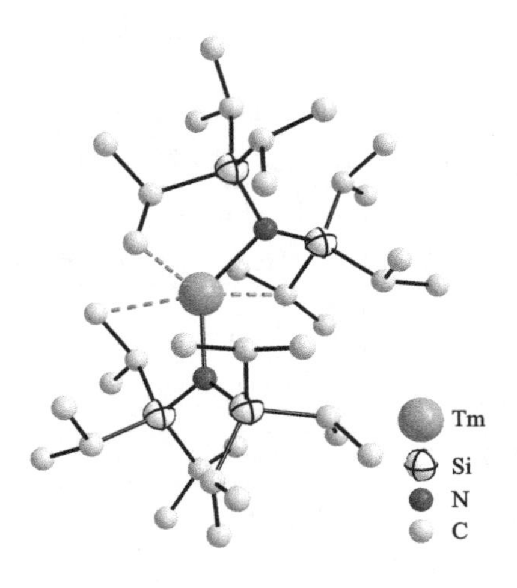

图 2.2　二配位折线形配合物 $[Tm\{N(Si^iPr_3)_2\}_2]^+$ 的分子结构[12]

阻与前三者差别较大的配体，典型代表如 $[Li(THF)_3(\mu\text{-}Cl)Er\{N(SiMe)_2\}_3]$[14]，其分子结构见图 2.3(b)。

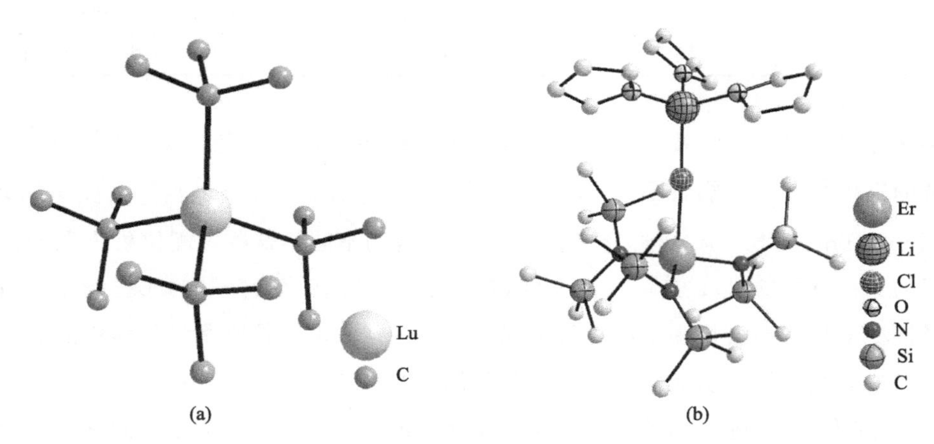

图 2.3　四配位稀土配合物 $[Lu(C(CH_3)_3)_4]^-$ (a) 和 $[Li(THF)_3(\mu\text{-}Cl)Er\{N(SiMe)_2\}_3]$ (b) 的分子结构

④ 配位数 5。五配位三价稀土配合物的数量相对四配位和三配位有了很大的增长，它们通常采用的配位构型为三角双锥或四方锥。如果构成三角双锥构型的是三个等同的赤道面配体和两个等同的轴向配体，且这些配体具有合适的空间位阻，则形成的构型将会十分接近标准的三角双锥，如 $[Y(N(SiMe_3)_2)_3(PhCN)_2]$[15] [图 2.4(a)] 和 $[Dy(OCH^iPr_2)(CH_3CN)_2]$[16]，否则的话，将只能形成扭曲的构型。而大部分四方锥构型都存在较明显的扭曲，构成底面的配位键一般都会向着远离锥顶的方向弯曲，以避免中心离子在锥底过于暴露，如 $[Dy(Mes^*O)_2(THF)_2X](Mes^* =$

2,4,6-三叔丁基苯基；X＝Cl/Br/I)[图 2.4(b)][17]。四方锥构型中的扭曲在部分五配位稀土配合物中相当严重，以至于很难定义它们的构型究竟是四方锥还是三角双锥。

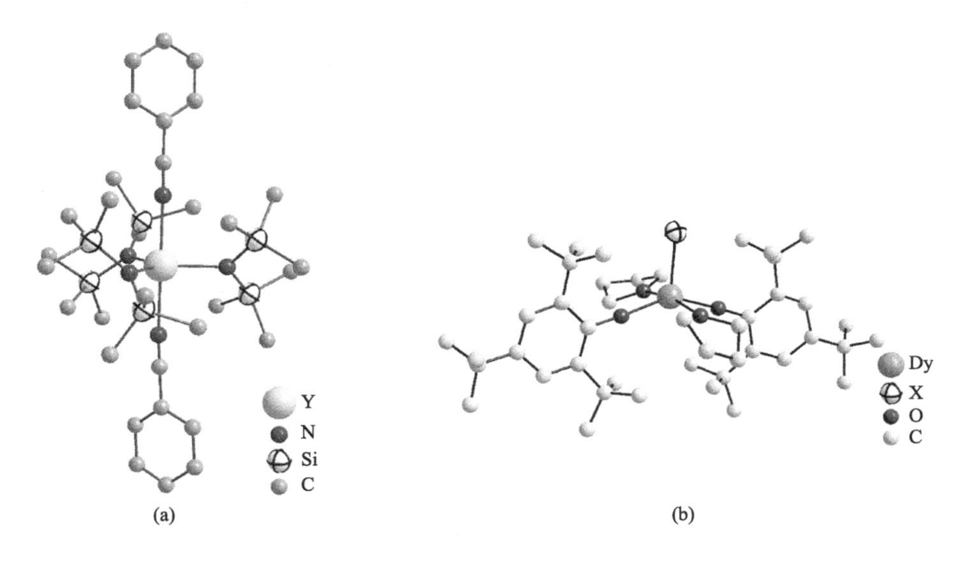

图 2.4 三角双锥构型配合物［$Y(N(SiMe_3)_2)_3(PhCN)_2$］的分子结构（a）和四方锥构型配合物［$Dy(Mes^* O)_2(THF)_2X$］的分子结构（b）

⑤ 配位数 6。六配位对于第一过渡系金属离子是最常采用的一种配位数，但对具有较大离子半径的稀土离子仍然是较为稀有的。六配位稀土配合物可采用的基本配位构型包括三棱柱和八面体两种，其中三棱柱构型的稀土配合物在数量上要远少于八面体构型，这是因为三棱柱构型中的部分键角总是会小于 90°，配体之间离得较近，彼此间的斥力较大；而标准八面体构型的所有键角都为 90°，配体间的斥力较小，具有更高的稳定性。因此六配位的稀土配合物通常会优先采取八面体构型，如［$ReCl_6$］$^{3-}$便具有较标准的正八面体构型［图 2.5(a)］。而要得到三棱柱构型的稀土配合物，必须使用具有合适刚性的螯合型配体，来使特定的键角偏离 90°，如［$Dy(Bp^{Me2})_3$］［图 2.5(b)］[18]，其中（Bp^{Me2}）$^-$为二氢双（3,5-二甲基吡唑-1-基）硼酸根离子，sp^3 杂化的 B 原子及吡唑的刚性结构使得（Bp^{Me2}）$^-$形成的 N-Dy-N 键角只有约 79°。

⑥ 配位数 7。七配位稀土配合物可采用的基本配位构型包括五角双锥、单帽八面体和单帽三棱柱三种。在这三种基本构型中，五角双锥构型具有最高对称性 D_{5h} 或 C_{5h}，虽然五角双锥构型中的配位原子在空间中分布最不均匀，需要保持其中的五个配位原子在同一平面上，应该具有更高的势能且更难于构建，但对 CCDC 数据库中七配位单核 Dy^{3+} 配合物的统计显示（截至 2019 年 11 月）：具有五角双锥构型的单核 Dy^{3+} 配合物（33 个）在数量上实际上超过了另两种构型的总和（24 个），说明五角双锥构型在七配

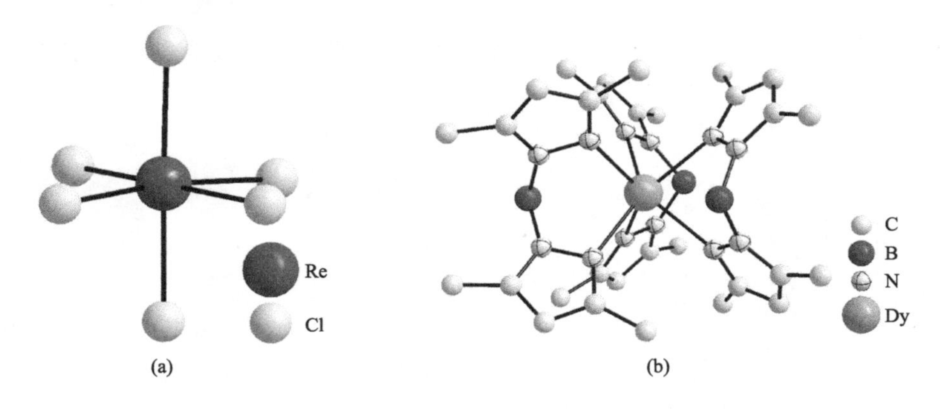

图 2.5　八面体构型配合物 $[ReCl_6]^{3-}$ 的结构（a）和
三棱柱构型配合物 $[Dy(Bp^{Me2})_3]$（b）的分子结构

位稀土配合物中并不稀有，尤其当以非螯合的单齿配体来构建七配位稀土配合物时，它们总是倾向于组装为五角双锥构型，如 1.4.2 节中图 1.18 的 $[Dy(^tBuO)_2(py)_5]^+$[19]。在统计中，没有发现基于全单齿配体的单帽八面体和单帽三棱柱构型的单核 Dy^{3+} 配合物。

标准的单帽八面体构型具有 C_{3v} 对称性，“帽”点配位原子与中心离子的连线方向即为其 C_3 轴。由于“帽”点配位原子与周围三个配位原子构成的键角较小，斥力较大，这种斥力会使结构发生显著的畸变，并向单帽三棱柱构型转变［图 2.6(a)］。因此，在实际的非五角双锥的七配位稀土配合物中，中心离子的配位构型经常是介于单帽八面体和单帽三棱柱之间的，典型代表如基于三脚架形配体构成的［Dy(trensal)］（H_3trensal＝2,2′,2″-三（水杨醛亚胺基）三乙基胺）[20]，其分子结构见图 2.6(b)。

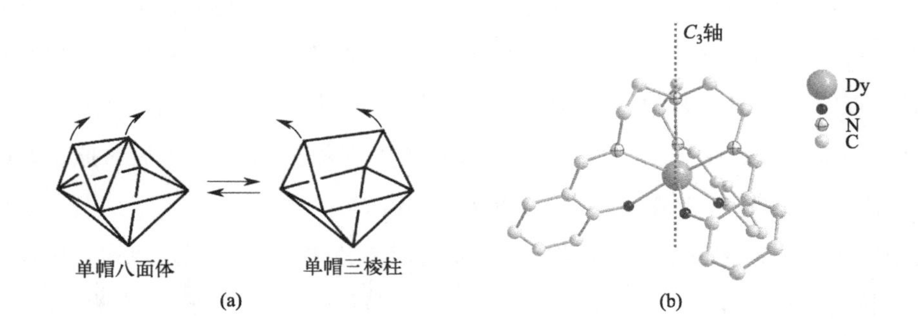

图 2.6　单帽八面体和单帽三棱柱构型之间的转变（a）和
基于三脚架形配体构成的［Dy(trensal)］[20]（b）

⑦ 配位数 8。八配位稀土配合物的典型配位构型有四方反棱柱、三角十二面体和六角双锥，此外也有少数呈双帽三棱柱，极少数具有立方体构型，如图 2.7(a) 所示的 $[Nd(C_6H_5COCHCOC_6H_5)_4]^-$[21]。四方反棱柱可看作立方体的变形，即将立方体的其中一个面相对于另一个面旋转 45°，使得上下面呈交错排列，这样的转变使得配体间的斥力更小，稳定性更高，因此具有四方反棱柱构型的稀土配合物已有很多报道。但要形成较标准的四方反棱柱构型，往往需要诸如酞菁和多酸等具有四个共平面的配位原子的配体，典型代表（$[LnPc_2]^-$、$[ErW_{10}O_{36}]^{9-}$等）在 1.4.2 节中已有介绍，采用其它类型配体，将很难保证配位原子的共平面性，所形成的四方反棱柱构型与标准构型之间往往具有明显的差异。当这种差异十分显著时，配位构型实际上便退化为对称性更低的三角十二面体，这种构型在八配位稀土配合物中占比最大，大多数 β-二酮型稀土配合物都具有此种配位构型，如图 2.7(b) 中的 $[Dy(acac)_3(H_2O)_2]$[22]。

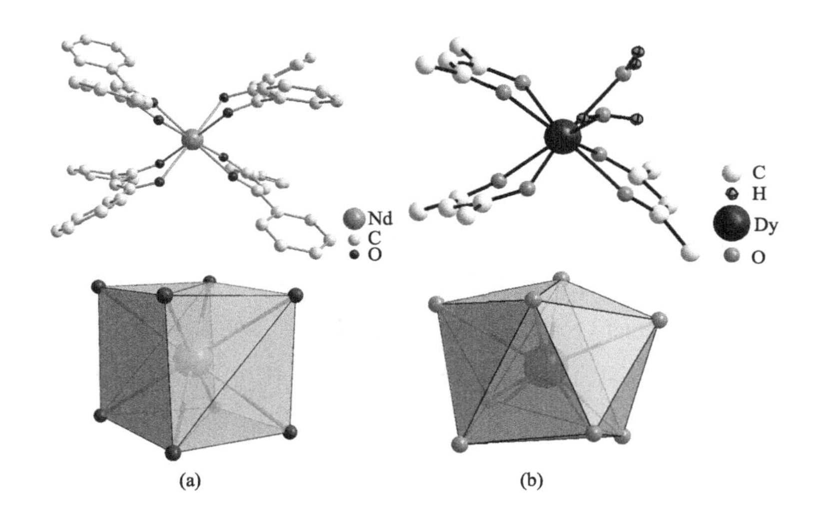

图 2.7 (a) $[Nd(C_6H_5COCHCOC_6H_5)_4]^-$ 的分子结构及配位多面体；
(b) $[Dy(acac)_3(H_2O)_2]$ 的分子构型及配位多面体

六角双锥配位构型具有很高的对称性—D_{6h} 或 C_{6h}，有助于提高中心离子的单轴磁各向异性，在稀土分子纳米磁体的研究中备受关注。但要构筑六角双锥配位构型，必须保证有六个配位原子近似在同一平面，相对于稀土离子的半径，这种构型显然是不稳定的，必须借助于刚性的六齿大环配体才能实现。而迄今所报道的六角双锥构型稀土配合物都是基于这类大环配体的，如图 2.8 所示的 $[Dy(L^E)(4\text{-MeOPhO})_2]^+$ 中的 L^E 就是 2,6-吡啶二甲醛和(1R,2R)-(+)-二苯乙二胺缩合形成的刚性六齿大环配体[23]。

⑧ 配位数 9。九配位稀土配合物展现出的主要构型包括三帽三棱柱（D_{3h}）、单

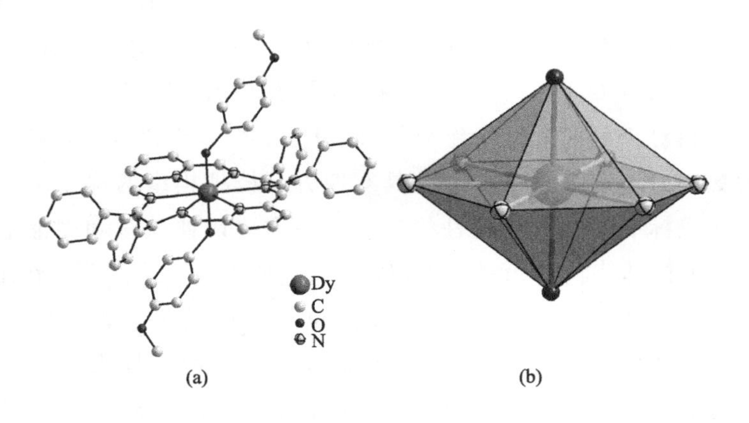

图 2.8 $[Dy(L^E)(4\text{-}MeOPhO)_2]^+$的分子结构（a）和中心离子的配位多面体（b）

帽四方反棱柱（C_{4v}）和小松糕构型（C_s）。三帽三棱柱即在三棱柱的三个矩形面的中心垂线上，分别加一个配位原子，这三个配位原子即为"帽"，如图 2.9(a) 所示的 $[Yb(H_2O)_9]^{3+}$便具有较标准的该构型，三个充当帽点的 H_2O 形成的 Yb－O 键(2.519Å) 要显著长于其它六个 RE—O (2.321Å)，其它 $[RE(H_2O)_9]^{3+}$ 均具有相似结构。单帽四方反棱柱可看作是三帽三棱柱的变形，即让其中两个帽点配位原子向中心离子靠近且夹角收缩，使它们与所夹的棱边的两个配位原子构成一个平面，则构型转化为单帽四方反棱柱，典型代表为 $[Tb(HCOO)_3]_n$[24]，中心离子的配位构型见图 2.9(b)，充当帽点的 O 形成的 Tb—O 键长为 2.392Å，而其它 Tb—O 键长则位于 2.482～2.502Å 内。实际上，除了$[RE(H_2O)_9]^{3+}$和 $[Tb(HCOO)_3]_n$ 这类由同类

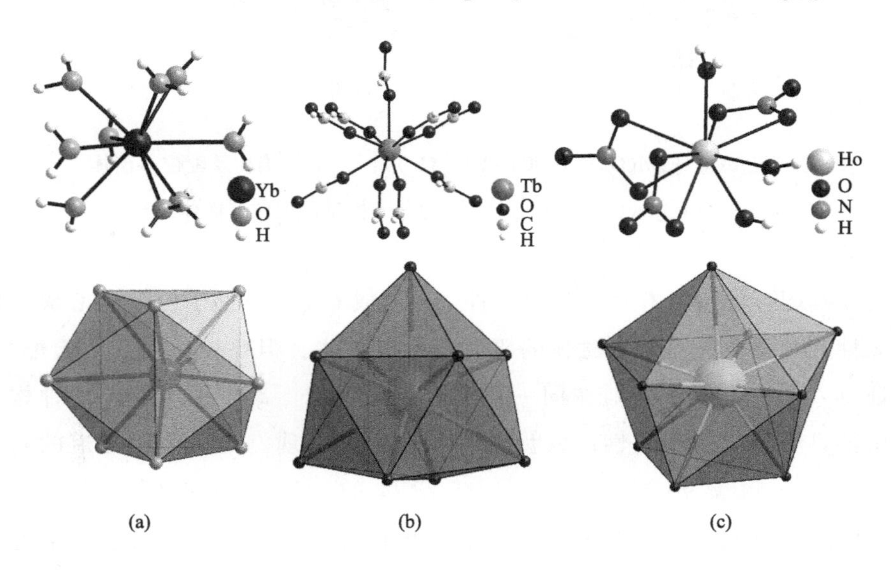

图 2.9 $[Yb(H_2O)_9]^{3+}$(a)、$[Tb(HCOO)_3]_n$(b) 和 $[Ho(NO_3)_3(H_2O)_3]$(c) 的分子结构及中心离子的配位多面体

型配体构成的九配位稀土配合物外，其它大多数九配位稀土配合物的构型都仅是近似为三帽三棱柱和单帽四方反棱柱构型，均不具有严格的 D_{3h} 或 C_{4v} 对称性。当组成九配位稀土配合物的配体更多样化时，对称性将更低，用 C_s 对称性的小松糕构型来描述它们则更加合适，如图 2.9(c) 所示的 [$Ho(NO_3)_3(H_2O)_3$]，该构型可以看作是由一个顶点、中部的五原子平面和底部的三原子平面构成的。

⑨ 配位数 10。十配位稀土配合物具有一定数量，其中有相当部分是由四齿配体或两个双齿配体与三个双齿螯合的硝酸根配体构成的，如四齿的 12-冠-4 和 Salen 及双齿的 β-二酮、2,2′-联吡啶和邻菲啰啉等。十配位稀土配合物的配位构型通常较复杂，对称性普遍也很低，以接近于双帽四方反棱柱的构型较为常见，但它们与标准构型的偏差一般都很明显。如图 2.10 所示的由两个五齿刚性配体 N_5 与 Dy^{3+} 构成的 [$Dy(N_5)_2$]$^{3+}$[25]，便具有近双帽四方反棱柱的构型，N_5 配体自身具有 C_2 对称性，两个 N_5 配体以“对向交叉”的方式与 Dy^{3+} 配位，使得处于 C_2 对称轴上的两个 N 原子形成了近线性的 N—Dy—N 构型，从而也充当了双帽四方反棱柱构型的主轴。由硝酸根离子和一些简单配体构成的 [$La(NO_3)_3 \cdot DMSO_4$] 和 [$La(NO_3)_3(bipy)_2$] 等配合物也具有近双帽四方反棱柱构型。

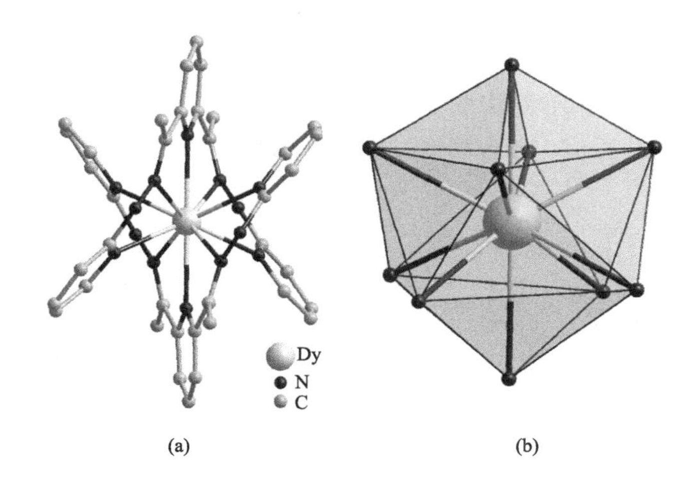

图 2.10 [$Dy(N_5)_2$]$^{3+}$ 的分子结构 (a) 和配位多面体构型 (b)

⑩ 配位数 11 和 12。十一配位和十二配位的稀土配合物数量随着稀土原子序数的增大而减少，主要集中在 La^{3+}、Ce^{3+}、Pr^{3+}、Nd^{3+} 等轻稀土中，Dy^{3+}、Ho^{3+}、Er^{3+} 等只有寥寥几个，而 Tm^{3+}、Yb^{3+} 和 Lu^{3+} 的十一和十二配位稀土配合物则还未见报道，这显然是由于它们的离子半径相对于轻稀土呈现了显著地减小，难以稳定如此高配位数的构型。有趣的是，十一配位的稀土配合物数量只有十二配位的约 60%，Ho^{3+} 和 Er^{3+} 虽然有十二配位构型配合物，却没有十一配位构型的。由于配位数很高且为奇数，十一配位的稀土配合物的对称性普遍很低，结构较复杂，这也可

能是它们数量较少的原因之一。有相当一部分十一配位构型是由四齿或五齿配体与三个双齿螯合的硝酸根及溶剂分子构成的，典型代表如图 2.11 所示的［La(15-冠-5)$(NO_3)_3$］[26] 和［$Nd(NO_3)_3(EO_5)$］(EO_5 为三缩四乙二醇)[27]，它们的构型最接近于单帽五方反棱柱，但与标准构型的偏差仍然是较明显的。

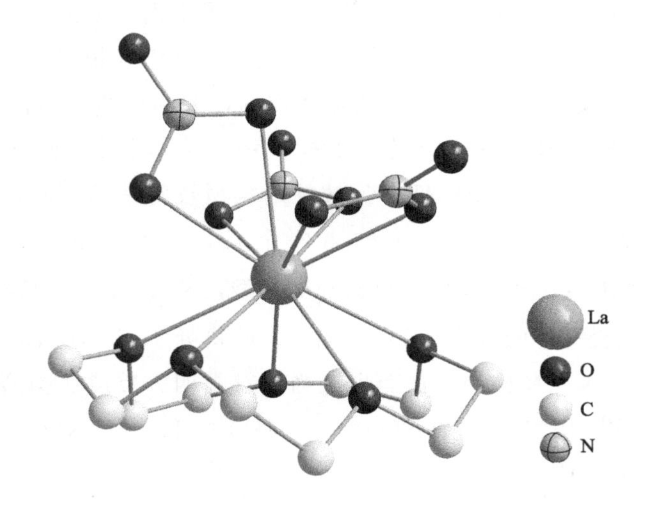

图 2.11 ［$Nd(NO_3)_3(EO_5)$］分子结构

大多数十二配位稀土配合物构型都接近二十面体（I_h），典型代表是［$Ce(NO_3)_6$］$^{3-}$，其结构如图 2.12(a) 所示。还有相当一部分十二配位稀土配合物是基于六齿大环类

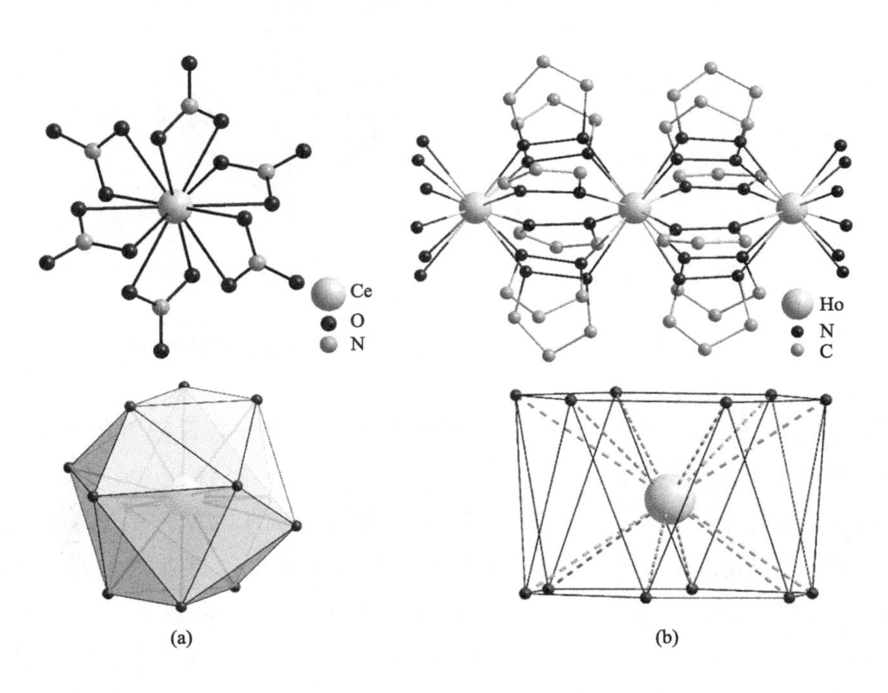

图 2.12 ［$Ce(NO_3)_6$］$^{3-}$ (a) 和［$Ho(Pz)_3(PzH)_3$］(b) 的分子结构和中心离子的配位多面体

配体构成的，在环的两侧分别有两个和一个均以双齿螯合配位的硝酸根离子，如 La(C-18-冠-6)$(NO_3)_3$。极其特别的是，在 [Ho$(Pz)_3$$(PzH)_3$][28] 中，每个 Ho^{3+} 与来自十二个吡唑（HPz）的十二个氮原子配位，形成了具有 D_{6d} 对称性的六方反棱柱配位构型 [图 2.12(b)]。

总的来说，大部分稀土配合物的构型与理想的多边形或多面体构型都有较明显的差别，经常是介于某两种甚至三种标准配位构型之间。而具有较标准的多面体配位构型的稀土配合物，在构成上一般具有以下三个特征之一：①由一种或两种单齿端基配体构成；②完全由同种配体构成；③配体自身具有较高的对称性。

这些特点可以保证配体较均匀的占用中心离子的外围空间，且配位键长较一致，从而构成更接近标准的几何构型。

2.3.3 合成及单晶培养

（1）概述

配合物的合成是配位化学研究的基础。在现代配位化学研究中，配合物的合成与晶体工程是密不可分的，因为只有得到质量良好且尺寸合适的单晶样品，才能利用 X 射线衍射测试来精确地确定配合物的分子结构，而这又是进行配合物的功能开发和结构-性质关系分析的基础。尤其是在配合物的磁性研究中，分子中微小的结构变化都可能会导致磁学行为的显著改变，要充分理解和深入揭示结构和磁学行为之间的内在联系，就必须知晓分子的精确结构，包括中心离子的配位构型、键长、键角、分子间的堆积方式等信息，以进行磁构分析和模拟计算。因此，在分子纳米磁体研究领域，配合物的合成实际上就是配合物单晶的培养。

配合物的晶体生长是一个复杂的动力学过程，由内因和外因两方面共同决定。内因是指中心离子与配体能否通过有效的配位作用、范德华力和氢键等作用力组装成稳定有序的晶态结构，它是由中心离子和配体本身的性质决定的，在配合物的合成中起决定性作用，虽然它不是人工可控的，但根据大量的实例经验，如 2.3.1 节中介绍的稀土离子的成键特征，研究者已经能在很大程度上判断中心离子与配体之间能否实现有效的结合。外因则是合成方法和合成条件，只有在适当的方法和条件下，中心离子和配体才能顺利地进行自组装，形成尺寸合适且质量良好的晶体。很多时候，内因和外因并不是完全独立的，如合成中所选用的溶剂除了作为晶体生长的介质外，还经常会与中心离子配位或结晶于晶格中成为配合物的一部分，溶剂分子与配合物主体之间的范德华力或氢键作用经常是决定晶态结构能否形成的关键。配合物的晶体工程发展至今，它们的合成方法已经比较成熟，且在合成条件如溶剂、温度、配比、pH 等的选择和调控方面也积累了大量的经验，但针对特定体系，仍经常需要利用正交实验的方式对合成条件的各因素进行组合尝试，以筛选出适合的合成条件，工作量通常较大。

(2) 合成方法

尽管随着配位化学的不断发展，一些新的单晶培养方法也被开发出来，但采用最广泛且最普遍的依然是挥发法、扩散法和水（溶剂）热法等传统合成方法，本节我们将对这三种主流方法进行介绍。

① 挥发法。挥发法是最简单的单晶培养方法，广泛用于有机物的单晶培养，但也适合于结构较简单且生长速率较快的配合物的单晶培养。它的一般流程是：将金属盐、配体及其它所需的调节剂加入至特定的溶剂中，常温搅拌或热辅助搅拌使其溶解并过滤，在所得溶液中，金属离子与配体将逐渐结合形成配合物，并随着溶剂的挥发达到过饱和，从而从溶液中析出。在某些情况下，金属盐与配体可在一种溶剂中迅速反应形成微晶或无定形粉末状产物，再将该产物溶解在另一种溶剂中使其挥发，以得到质量好的单晶产品。在晶体形成过程中，必须保证较慢的晶核形成速率和晶体生长速率，因为过多的晶核会导致大量尺寸很小的微晶形成，且容易发生团聚，而过快的晶体生长速率会导致内部缺陷的增多，影响单晶衍射的数据质量，为此通常需要：a. 使用光滑、干净的器皿，旧的玻璃容器中的刮痕和裂纹会加速晶核的形成；b. 在挥发前将溶液过滤，即使反应物能很好地溶解于溶剂中，也要通过过滤以除去其中存在的微小的、肉眼不易察觉的固体颗粒，以减少成核中心；c. 使用塑料薄膜等物品将容器进行封口，以减慢溶剂挥发速率并防止灰尘等固体杂质的进入，这样可以有效减慢晶体的生长速率且减少成核中心，必要时可用针在封口膜表面戳一定数量的小孔，以控制挥发速率在合适的范围内。此外，在挥发过程中，还应避免容器受到物理震动的干扰，以免影响粒子的有序排列，导致晶体缺陷的增多，且不要让溶剂完全挥发，否则得到的单晶将会相互团聚，且过剩的反应物会从溶液中析出并黏附于产物的表面。

在挥发法培养单晶的过程中，溶剂的选择最为关键。理论上所有溶剂都可以用来培养单晶，但由于挥发法一般在室温下进行，因此通常选用低沸点的有机溶剂，如甲醇、乙醇、四氢呋喃、乙酸乙酯、三氯甲烷、二氯甲烷、苯等或它们组成的混合溶剂，当然对于特定的体系，也可以选用水、DMF、DMSO 等高沸点溶剂并适当加热以辅助挥发。要得到质量良好的单晶，通常都要对溶剂的种类及比例进行大量的尝试，而选用不同的溶剂，有时也会导致配合物结构的变化。

② 扩散法。对于具有零维至一维结构的配合物，扩散法是比挥发法更为常用的单晶培养方法，当然，扩散法也可用于部分二维至三维结构配合物的单晶培养。相对于挥发法，扩散法的操作稍显复杂，也需要更长的周期，但适用范围也更广。当金属离子与配体在溶液中迅速反应生成微晶，或它们反应后的产物不溶于常见的低沸点溶剂时，挥发法就不再适用，这些情况下可尝试扩散法。按照扩散介质的不同，扩散法又可分为气-液扩散法、液-液扩散法和凝胶扩散法三种。

a. 气-液扩散法。该方法需要一种对目标配合物溶解度较大的良性溶剂 A 和另一种对目标配合物溶解度较小的不良溶剂 B，且 A 和 B 可以互溶，另要求 B 具有较强的挥发性，如乙醚、正己烷、丙酮等。将金属盐和配体或它们反应后的固体产物溶于盛于较小容器的 A 中，使其达到饱和或近饱和，将该小容器敞口置于盛有较多 B 的大容器中，将大容器密封，溶剂 B 的蒸气便可以扩散至 A 中，随着扩散到 A 中的 B 逐渐增多，目标配合物在其中的溶解度将逐渐降低，从而可以缓慢结晶出来。在具体的实验中，小容器通常用小的烧杯或试管，而大的容器则用大的烧杯或玻璃干燥器，在用玻璃干燥器时，可以在它的陶瓷板上放置多个小烧杯，同时进行一系列扩散反应。

b. 液-液扩散法。液-液扩散法是在两种溶剂 A 和 B 的直接接触扩散中培养单晶的方法，由于晶体是在 A 和 B 的交界处生长，因此也称界面扩散法。液-液扩散法通常在试管中进行，而按照 A 和 B 中溶解物质的不同，液-液扩散法又可分为两类：(i) 如图 2.13(a) 所示，将所有反应物溶于良性溶剂 A 中形成饱和或近饱和的溶液，再在其表面覆盖一定厚度的 B 溶剂，随着 A 和 B 的相互扩散，目标配合物在两者混合区域的溶解度不断降低，从而逐渐结晶出来，显然，该法在原理上与气-液扩散法是相同的；(ii) 如图 2.13(b) 所示，将金属盐与配体分别溶于 A 和 B 中，将密度较小的溶剂覆盖于密度较大的溶剂表面，随着 A 和 B 的扩散混合，金属盐与配体在溶液混合区域相遇、反应并逐渐结晶出来。相对于挥发法和气-液扩散法，液液扩散法的操作稍显复杂，在扩散初始必须保证两种溶剂具有较清晰的界面，否则反应及析晶会在溶剂交界处快速进行，难以得到质量较高的单晶样品，因此，有时也在 A 和 B 之间添加一层缓冲层，以进一步降低扩散速率，缓冲层可以是 A 或 B 中的一种，也可以是两者组成的混合溶剂［图 2.13(c)］。

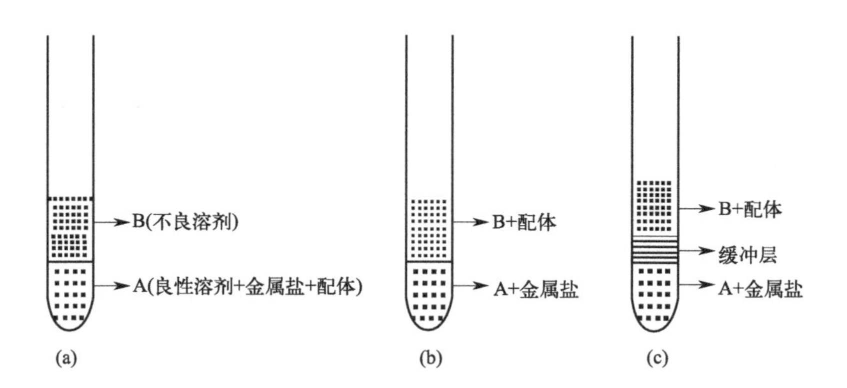

图 2.13　液-液扩散法示意图

c. 凝胶扩散法。反应物在凝胶中扩散、相遇、反应并结晶的晶体培养方法，即为凝胶扩散法，常用于单晶生长的凝胶包括琼脂、明胶、聚乙烯醇水凝胶、硅酸钠胶和四甲氧基硅胶等。由于物质在凝胶中扩散速率很慢，反应及结晶速率也很慢，因此该法容易形成尺寸较大、质量较好的单晶，但所需的培养周期也更长，通常都在 1 个月以上，效率较低，一般只有在反应物接触后会迅速反应并形成难溶产物的情况下，才会考虑凝胶扩散法。

凝胶扩散法一般在试管或 U 形管中进行。试管法是将金属盐（或配体）溶液与凝胶前驱体混合，待胶化成形后，将配体（或金属盐）的溶液小心覆盖至凝胶表面，随着扩散的进行，它们在界面或凝胶中相遇并反应，形成配合物的晶体。若有三种反应物，可将其中两种不相互作用的反应物加入至凝胶中或覆盖至凝胶表面，如作者在培养 $[DyF(C_2O_4)(H_2O)_2]$ 的晶体时，将 HF 和 $H_2C_2O_4$ 的水溶液与聚乙烯醇混合，待加热、溶解、冷却并老化形成凝胶后，再将 $Dy(NO_3)_3$ 的水溶液覆盖至凝胶表面，在三个月后得到尺寸适合 X 射线衍射测试的单晶。在 U 形管中进行时，一般将凝胶前驱体单独加入至 U 形管中并形成凝胶，随后将两种反应物溶液分别从 U 形管的两端覆盖至凝胶表面，反应物将在 U 形管底端中部相遇、反应并结晶。

③ 水（溶剂）热法。水（溶剂）热法是将配体、金属盐、溶剂及其它调节剂等所有反应物置于密封的耐压容器（玻璃小瓶或聚四氟乙烯内衬的不锈钢反应釜）中，在加热至一定温度的条件下，令其反应并形成产物的方法。溶剂为水则为水热法，若为有机溶剂，则称溶剂热法。在水（溶剂）热条件下，密封的容器内部可形成高压环境，溶剂会达到临界或超临界状态，使得反应物在其中的物理化学性质发生改变，促进它们的溶解和反应的进行，因此水（溶剂）热能够实现常压条件下难以进行的反应，是合成二维至三维金属配合物最常采用的方法。当然它也可用于低维配合物的合成。水（溶剂）热合成配合物通常采用的温度为 70～180℃，合成过程可分为升温、恒温和降温三个阶段，恒温阶段通常需维持 10～72 小时，降温一般在 12～72 小时内完成。对于大部分体系，反应温度、恒温时间和降温速率会对产物的晶化程度产生重要影响。水（溶剂）热法的优点很明显：“一锅法”合成，操作简单；可批量进行，效率高；可使室温下难溶解的反应物有效反应，适用范围广。但它也有耗能高、反应过程难以观察、高压环境具有一定危险性等缺点。值得一提的是，由于合成所用的有机溶剂性质存在差异，水（溶剂）热法更容易产生结构多样的产物，因此在配合物的合成中被广泛采用。

除了通常在反应釜中进行水（溶剂）热合成外，封管法也在近年来被广泛采用。这种方法是将其混合物加入至一端密封的玻璃管中，将玻璃管放置在液氮中使溶液冻结，在抽真空的条件下将玻璃管另一端封好，置于烘箱或油浴中加热至特定温度进行反应，然后待其降到室温冷却后，析出晶体。这种方法适用于配体熔沸点不高的情况，且可以在中途观察管内的反应和结晶情况，利于研究反应过程。但由于玻璃容器的耐压有限，反应温度不宜太高，防止玻璃管爆裂。

在实际的单晶培养过程中，以上的方法经常会同时使用。对于相同的金属离子和配体，利用不同的合成方法，可以得到结构不同的配合物。

(3) 合成条件

除合成方法的选择外，合成条件的控制对于配合物的单晶培养也很重要。条件不合适时，金属离子与配体不发生反应，或只形成无定形产物。而反应条件的改变，还可能使配合物的结构发生变化，从而实现对其性质的调控。影响配合物晶体形成的主要因素有：

① 金属离子与配体的摩尔比。一般可以按照所设计的配合物结构或电荷平衡原则来确定金属离子与配体的初始比例，但也需要考虑到可能存在抗衡离子（如 Cl^-、Br^- 和 $NO_3{}^-$ 等）的影响。在很多时候，按照目标结构中的金属离子与配体比例来配制原料，并不能得到目标结构，需要在其基础上进行一定的调整。而通过改变金属离子与配体的比例来调控配合物的结构也是一种常用的手段。

② 反应物浓度。一般来说，反应物浓度较低时，晶体成长的速率较慢，有助于形成尺寸较大的晶体，因此当所形成的晶体尺寸较小时，可以尝试降低反应物的浓度。但浓度过低，会导致反应难以顺利进行，最终体系呈清液状态，此时可尝试提高反应物的浓度。

③ 介质的酸碱性。对于羧酸类和酚类配体，一般需要加入一定比例的碱来使羧基和羟基脱质子，以使它们顺利与金属离子配位。碱与配体中活泼质子的最佳比例并不一定是 1∶1，需要进行尝试摸索，甚至在很多时候，没有碱的加入，溶剂或金属离子与配体的作用也可使这些配体脱去质子并顺利结合。碱的选择也很重要，因为加入的无机碱或有机碱，除了具有去质子化作用外，自身也可作为配体与金属离子成功进行配位。常用的无机碱有：氢氧化锂、氢氧化钠、氢氧化钾、碳酸钾和氨水等，而常用有机碱有：三乙胺（TEA）、乙二胺等。

④ 溶剂。除凝胶扩散法，其它几类主流单晶培养方法都是在溶液中进行，溶剂的选择无疑是决定晶体培养能否成功的关键因素之一。对于挥发法和扩散法，主要依据反应物和产物在溶剂中的溶解性、溶剂间的互溶性和密度差异（对液-液扩散法）来选择合适的溶剂体系。其中液-液扩散法最常用的两种溶剂体系是二氯甲烷-乙醚/正己烷和甲醇-乙腈。对水（溶剂）热法，由于原料在溶剂中的溶解性在高温高压环境下会发生改变，因此即使常规条件下溶解性不好的溶剂也可以尝试，常用的溶剂有水、甲醇、乙醇、*N*,*N*-二甲基甲酰胺（DMF）、*N*,*N*-二甲基乙酰胺（DMA）、乙腈等。在单一溶剂无法给出良好的单晶产物时，也可采用两种或三种溶剂形成的混合溶剂，如乙醇-水、DMF-甲醇、DMF-乙醇-水等。

水（溶剂）热法虽然最早因水为溶剂而命名，但过高比例的水并不利于稀土配合物的形成，这是由于水分子本身与稀土离子具有很强的配位作用，会环绕在稀土离子周围形成保护层，妨碍其它配体与稀土离子的结合。对于与稀土离子结合能力较弱的配体，如以氮或中性氧原子为配位原子的配体，应避免溶剂含有较多的水。此外，溶剂中含有较多水时，还应注意对 pH 的控制，以免稀土离子水解形成难溶的氢氧化物沉淀。相对于水，使用非水溶剂具有以下优点：可以防止稀土离子的水解，特别是使用碱性强的配体时更为适用；可以溶解作为配体的各种有机物；部分非水溶剂本身可以作为配体或客体分子。

⑤ 反应温度。温度对于水（溶剂）热合成的成功与否至关重要，在初次尝试时，可间隔 30℃进行实验，如选择 90℃、120℃和 150℃。要注意反应温度不要超过溶剂沸点过多，否则内部压强过高，容器有爆裂风险。调控温度有时也能起到对产物结构的调控，一般低温下容易得到低维度结构：零维或一维，而高温则更可能得到二维和三维的结构。此外，部分配合物是在降温过程中析出的，此时应注意控制降温速率在合适范围内，否则，过快的降温速率会导致晶体尺寸的减小及内部缺陷的增多。

⑥ 反应时间。挥发法和扩散法通常不牵涉反应时间问题，因为肉眼可以直接观察到挥发和扩散的进度。对于水（溶剂）热合成，反应时间的调控主要依赖于对反应结果的分析，但对于配合物的合成，恒温阶段通常不超过 72 小时。

2.4 三价稀土离子的电子结构

物质的磁性从根本上取决于电子的运动状态，尤其是未充满壳层中的电子，对于镧系离子来说，即为 4f 电子，因此理解 4f 电子的运动状态是理解稀土离子磁学性质的基础和关键，本节我们将介绍三价镧系离子的电子结构。

2.4.1 镧系自由离子的光谱项和光谱支项

原子是由原子核和核外电子构成的，一个原子的总能量是由原子核的运动状态以及核外电子的运动状态共同决定的，但在大多数实验条件下，原子核以及非价层电子的运动状态均不发生变化，只有价层电子的运动状态会在外界条件（光、热、磁场和电场等）刺激下发生改变，从而使原子的总能量发生改变。因此在研究原子的能级结构时，通常只需关注原子的价层电子即可。对于价层电子组态为 $4f^n$（n 为正整数，从 La^{3+} 到 Lu^{3+}，n 从 0 逐渐增加至 14）的三价稀土离子来说，由于 5d 轨道的能量远高于 4f 轨道，在绝大多数实验条件下，4f 轨道中电子都无法被激发至 5d 轨道，因此，我们只需要研究 $4f^n$ 组态中电子的运动状态即可。

我们知道，单个电子的运动状态是由它所处的原子轨道及它的自旋状态确定的，因此要确定一个电子组态中所有电子的运动状态，就要知道该组态中每一个电子所处的原子轨道及各自的自旋状态，实际上就是该组态的电子排布方式，也被称为“微观状态”

(microstate) 或"微态"。对于 $4f^n$ 组态，当 $0<n<14$，即 4f 亚层处于全空和全充满之间时，每一个 $4f^n$ 组态都存在多种不同的电子排布方式。即使对于不受任何外界因素影响的自由离子，它的所有微态的能量也不完全相同，这是由于其中存在两个不可忽略的作用：一是 4f 电子之间的静电作用（除 $4f^1$ 组态外），二是电子的自旋运动与轨道运动之间的相互作用，即旋轨耦合作用，这两种作用使得 $4f^n$ 组态的微态产生能级分裂，形成了自由离子的能级结构。

(1) 电子-电子相互作用

在稀土离子中，电子-电子相互作用引起的能级分裂通常要比旋轨耦合作用强，因此，我们首先考虑电子-电子相互作用所造成的能级分裂。以典型的 $4f^2$ 组态为例（Pr^{3+}），由于 f 轨道的角量子数 $l=3$，轨道角动量在磁场中存在 $(2l+1)=7$ 种取向，分别对应于轨道磁量子数 $m_l=\pm3$、±2、±1 和 0，因此，f 轨道实际上包含了 7 个轨道角动量取向不同的原子轨道。又因为电子的自旋量子数 $s=1/2$，自旋磁量子数 m_s 可以取 $+1/2$ 或 $-1/2$，代表了自旋角动量在磁场中的 2 种不同取向，通常用"↑"或"↓"来表示。因此，根据泡利不相容原理，当将 2 个电子置于 7 个 4f 轨道中时，若它们占据同一原子轨道，则必须采取自旋相反的状态，可能的排布方式有 7 种（表 2.4，序号 1～7），而当这 2 个电子分别占据两个不同的 4f 轨道时，它们既可以采取自旋平行的状态：（↑，↑）或（↓，↓），也可以采取自旋相反的状态：（↑，↓）或（↓，↑），可能的排布方式有 84 种（表 2.4，序号 8～91），因此，$4f^2$ 组态可能的电子排布方式共有 91 种。实际上对于任一 $4f^n$ 组态，可以推断出它所包含的微态总数为 C_{14}^n。

表 2.4　$4f^2$ 组态的 91 种可能的电子排布方式

序号	m_l							$m_L=\sum m_l$	$m_S=\sum m_s$
	3	2	1	0	−1	−2	−3		
1	××							6	0
2		××						4	0
3			××					2	0
4				××				0	0
5					××			−2	0
6						××		−4	0
7							××	−6	0
8～11	×	×						5	1,0,0,−1
12～15	×		×					4	1,0,0,−1
16～19	×			×				3	1,0,0,−1
20～23	×				×			2	1,0,0,−1
24～27	×					×		1	1,0,0,−1
28～31	×						×	0	1,0,0,−1
32～35		×	×					3	1,0,0,−1

续表

序号	m_l							$m_L=\Sigma m_l$	$m_S=\Sigma m_s$
	3	2	1	0	−1	−2	−3		
36～39		×		×				2	1,0,0,−1
40～43		×			×			1	1,0,0,−1
44～47		×				×		0	1,0,0,−1
48～51		×					×	−1	1,0,0,−1
52～55			×	×				1	1,0,0,−1
56～59			×		×			0	1,0,0,−1
60～63			×			×		−1	1,0,0,−1
64～67			×				×	−2	1,0,0,−1
68～71				×	×			−1	1,0,0,−1
72～75				×		×		−2	1,0,0,−1
76～79				×			×	−3	1,0,0,−1
80～83					×	×		−3	1,0,0,−1
84～87					×		×	−4	1,0,0,−1
98～91						×	×	−5	1,0,0,−1

$4f^2$ 组态中的两个电子之间的静电作用，取决于它们各自的轨道运动及自旋状态，为了描述它们整体的轨道运动和自旋运动状态，需要按照罗素-桑德斯耦合（Russel-Saunders coupling），将微态中两个电子各自的轨道角动量 $\boldsymbol{l}$ 和自旋角动量 $\boldsymbol{s}$ 分别加和，得到该微态的总轨道角动量 $\boldsymbol{L}$ 和总自旋角动量 $\boldsymbol{S}$，即：

$$\boldsymbol{L}=\sum_i \boldsymbol{l}_i=\boldsymbol{l}_1+\boldsymbol{l}_2+\boldsymbol{l}_3+\cdots \tag{2.1}$$

$$\boldsymbol{S}=\sum_i \boldsymbol{s}_i=\boldsymbol{s}_1+\boldsymbol{s}_2+\boldsymbol{s}_3+\cdots \tag{2.2}$$

$\boldsymbol{L}$ 的大小和取向分别用总轨道量子数 L 和相应的轨道磁量子数 m_L 表示，m_L 的取值为 $-L$、$-L+1$、…、$L-1$、L 等共（$2L+1$）个，即总轨道角动量在磁场中可以有（$2L+1$）种取向，而 $\boldsymbol{S}$ 的大小与取向则分别用总自旋量子数 S 和总自旋磁量子数 m_S 表示，m_S 的取值为 $-S$、$-S+1$、…、$S-1$、S 等共（$2S+1$）个，表明总自旋角动量在磁场可能的（$2S+1$）种取向。因此，就像（l，m_l，s，m_s）的组合可以代表一个电子的运动状态（注：由于我们考察的电子均位于同一电子层，主量子数 n 在此省略，而单个电子的 s 总是等于 1/2，通常也被省略），（L，S，m_L，m_S）的组合就可以代表一个微态中所有电子的综合运动状态，即决定了该微态的能量。

对于自由金属离子，当无外加磁场且不考虑旋轨耦合作用时，L 和 S 均相同的微态具有等同的能量，从而构成一个特定的能级，用光谱项 $^{(2S+1)}L$ 标识。$L=0$，1，2，3，4，5，6，7，8…时，分别对应于光谱学符号 S，P，D，F，G，H，I，K，L…。由于 L 和 S 确定时，m_L 和 m_S 分别有（$2L+1$）和（$2S+1$）个取值，因此存在（$2L+1$）·

$(2S+1)$ 个具体（L，S，m_L，m_S）组合，即任何一个能级 $^{(2S+1)}L$ 实际上都是由 $(2L+1)\cdot(2S+1)$ 个具体的微态构成的，或者说它的简并度为 $(2L+1)\cdot(2S+1)$，其中 $(2S+1)$ 被称为谱项的自旋多重度。

对于 $4f^2$ 组态，直接计算每一种微态的轨道角动量 L 和自旋角动量 S 是非常困难的，但我们可以通过计算每一种微态的 m_L 和 m_S，来反推其中存在的光谱项，其步骤如下：

① 计算每一种微态的 m_L 和 m_S，归纳出每一种（m_L，m_S）组合的个数并列于表中。对任一微态，m_L 和 m_S 分别为其中各个电子的 m_l 和 m_s 的总和，即：

$$m_L=\sum_i (m_l)_i=(m_l)_1+(m_l)_2+(m_l)_3+\cdots \tag{2.3}$$

$$m_S=\sum_i (m_s)_i=(m_s)_1+(m_s)_2+(m_s)_3+\cdots \tag{2.4}$$

如对于表 2.4 中的第 1 种微态，两个电子以自旋相反的形式排布于 $m_l=3$ 的轨道中，则 $m_L=(m_l)_1+(m_l)_2=3+3=6$，$m_S=(m_s)_1+(m_s)_2=1/2+(-1/2)=0$，按照此方法，我们计算出 $4f^2$ 组态所包含的 91 种微态对应的（m_L，m_S）组合的个数，并将其列于表 2.5 中。

表 2.5　$4f^2$ 组态对应的所有（m_L，m_S）组合及个数

m_L	m_S		
	1	0	−1
6		1	
5	1	2	1
4	1	3	1
3	2	4	2
2	2	5	2
1	3	6	3
0	3	7	3
−1	3	6	3
−2	2	5	2
−3	2	4	2
−4	1	3	1
−5	1	2	1
−6		1	

减去 ^1I（$L=6$，$S=0$）→

② 从所有（m_L，m_S）组合中找出 m_L 的最大值 $<m_L>_{max}$，并将其作为 L，找出 $<m_L>_{max}$ 所对应的 m_S 的最大值 $<m_S>_{max}$，并将其作为 S，从而给出光谱项 $^{(2S+1)}L$；根据 m_L 和 m_S 的取值规则，找出光谱项 $^{(2S+1)}L$ 对应的所有 $(2L+1)\cdot(2S+1)$ 个（m_L，m_S）组合，并将其从表 2.5 中剔除。需要注意的是，同一种（m_L，m_S）组合

只需要剔除一个；在剩余的（m_L，m_S）组合中，重复步骤（2）直至找到所有光谱项。如表2.5中，m_L 的最大值$\langle m_L \rangle_{max}=6$，它所对应的 m_S 的最大值$\langle m_S \rangle_{max}=0$，因此找出的第一光谱项的 L 和 S 分别为6和0，即光谱项^{1}I，该谱项对应的（m_L，m_S）组合包括（6，0）、（5，0）、（4，0）、（3，0）、（2，0）、（1，0）、（0，0）、（−1，0）、（−2，0）、（−3，0）、（−4，0）、（−5，0）、（−6，0）等共13个，将这些组合从表2.5中各剔除一个，得到表2.6；对于表2.6，$\langle m_L \rangle_{max}=5$，且其对应的$\langle m_S \rangle_{max}=1$，即 L 和 S 分别为5和1，得到光谱项^{3}H，将^{3}H所包含的（$m_L=\pm5$、±4、±3、±2、±1、0，$m_S=\pm1$、0）组合从表2.6中各剔除一个，得表2.7，继续重复以上步骤，得表2.8～表2.11，可以得到$4f^2$组态所包含的所有光谱项。

表2.6　减去^{1}I项后的（m_L，m_S）组合

m_L	m_S		
	1	0	−1
5	1	1	1
4	1	2	1
3	2	3	2
2	2	4	2
1	3	5	3
0	3	6	3
−1	3	5	3
−2	2	4	2
−3	2	3	2
−4	1	2	1
−5	1	1	1

减去^{3}H（$L=5$，$S=1$）→

表2.7　减去^{1}I、^{3}H项后的（m_L，m_S）组合

m_L	m_S		
	1	0	−1
4		1	
3	1	2	1
2	1	3	1
1	2	4	2
0	2	5	2
−1	2	4	2
−2	1	3	1
−3	1	2	1
−4		1	

减去^{1}G（$L=4$，$S=0$）→

表 2.8 减去^{1}I、^{3}H、^{1}G 项后的（m_L，m_S）组合

m_L	m_S		
	1	0	−1
3	1	1	1
2	1	2	1
1	2	3	2
0	2	4	2
−1	2	3	2
−2	1	2	1
−3	1	1	1

减去^{3}F（$L=3$，$S=1$）→

表 2.9 减去^{1}I、^{3}H、^{1}G、^{3}F 项后的（m_L，m_S）组合

m_L	m_S		
	1	0	−1
2		1	
1	1	2	1
0	1	3	1
−1	1	2	1
−2		1	

减去^{1}D（$L=2$，$S=0$）→

表 2.10 减去^{1}I、^{3}H、^{1}G、^{3}F、^{1}D 项后的（m_L，m_S）组合

m_L	m_S		
	1	0	−1
1	1	1	1
0	1	2	1
−1	1	1	1

减去^{3}P（$L=1$，$S=1$）→

表 2.11 减去^{1}I、^{3}H、^{1}G、^{3}F、^{1}D、^{3}P 项后的（m_L，m_S）组合

m_L	m_S		
	1	0	−1
0		1	

减去^{1}S（$L=0$，$S=0$）→0

按照以上方法，我们反推出了 $4f^2$ 组态的所有自由离子光谱项，结果列于表 2.12 中，从表中可以看出，在电子-电子相互作用下，$4f^2$ 组态的 91 种微态分裂成了 7 个能级，这些能级的简并度之和，即为 $4f^2$ 组态的微态总数。

表 2.12 $4f^2$ 组态的自由离子光谱项

光谱项	^1I	^3H	^1G	^3F	^1D	^3P	^1S
L	6	5	4	3	2	1	0
S	0	1	0	1	0	1	0
简并度	13	33	9	21	5	9	1

对于其它 $4f^n$ 组态，按照以上方法，都可以推导出它们各自的自由离子光谱项，但限于篇幅和计算量，这里不再一一推导。

对某一 $4f^n$ 组态的所有光谱项，我们通常只需关注其中能量最低的光谱项，即基态光谱项，简称基谱项。这是因为，在稀土离子中，电子-电子相互作用导致的能级分裂通常在 $10^4 cm^{-1}$ 级别，在大部分实验条件下，稀土离子只会布居在基谱项所代表的能级，而不会跃迁至能量更高的能级。$4f^n$ 组态的基谱项可以按照洪特规则（Hund's rule）来推出，对某一电子组态的所有光谱项，洪特规则指出：

① 自旋多重度越大的谱项能量越低，即 S 越大的谱项能量越低；

② 当几个谱项具有相同自旋多重度时，L 越大的谱项能量越低。

据此，我们可以给出任意组态的光谱项能量高低顺序，并从中提取出基谱项，如对于 $4f^2$ 组态，光谱项的能量高低顺序为：$^3H<^3F<^3P<^1I<^1G<^1D<^1S$，基谱项为 ^3H。

对于其它 $4f^n$ 组态，虽然我们没有推出它们所包含的光谱项，但仍可以根据洪特规则来给出基态光谱项，方法为：

①对任意 $4f^n$ 组态，将 n 个电子以尽可能自旋平行的方式排布于 7 个 4f 轨道中，并使它们优先占据磁量子数 m_l 较大的轨道，这样排列可以保证给出所有微态中最大的 m_S，以及它所对应的最大 m_L；

② 计算①中微态所对应的 m_S 和 m_L 值，并将其分别作为 S 和 L，给出的光谱项 $^{(2S+1)}L$，即为该 $4f^n$ 组态的基谱项。

由此推出的所有 $4f^n$ 组态的基谱项列于表 2.13 中，值得注意的是，电子数互补的组态具有相同的光谱项组成和基谱项，如 $4f^1$ 与 $4f^{13}$ 组态、$4f^2$ 与 $4f^{12}$ 组态等。

表 2.13 $4f^1$～$4f^{14}$ 组态三价稀土离子的基谱项及基谱支项

离子	组态	m_l							L	S	基态光谱项
		3	2	1	0	−1	−2	−3			
Ce^{3+}	$4f^1$	↑							3	1/2	^2F
Pr^{3+}	$4f^2$	↑	↑						5	1	^3H
Nd^{3+}	$4f^3$	↑	↑	↑					6	3/2	^4I
Pm^{3+}	$4f^4$	↑	↑	↑	↑				6	2	^5I

续表

离子	组态	m_l							L	S	基态光谱项
		3	2	1	0	−1	−2	−3			
Sm^{3+}	$4f^5$	↑	↑	↑	↑	↑			5	5/2	^6H
Eu^{3+}	$4f^6$	↑	↑	↑	↑	↑	↑		3	3	^7F
Gd^{3+}	$4f^7$	↑	↑	↑	↑	↑	↑	↑	0	7/2	^8S
Tb^{3+}	$4f^8$	↑↓	↑	↑	↑	↑	↑	↑	3	3	^7F
Dy^{3+}	$4f^9$	↑↓	↑↓	↑	↑	↑	↑	↑	5	5/2	^6H
Ho^{3+}	$4f^{10}$	↑↓	↑↓	↑↓	↑	↑	↑	↑	6	2	^5I
Er^{3+}	$4f^{11}$	↑↓	↑↓	↑↓	↑↓	↑	↑	↑	6	3/2	^4I
Tm^{3+}	$4f^{12}$	↑↓	↑↓	↑↓	↑↓	↑↓	↑	↑	5	1	^3H
Yb^{3+}	$4f^{13}$	↑↓	↑↓	↑↓	↑↓	↑↓	↑↓	↑	3	1/2	^2F
Lu^{3+}	$4f^{14}$	↑↓	↑↓	↑↓	↑↓	↑↓	↑↓	↑↓	0	0	^1S

（2）旋轨耦合作用

旋轨耦合是电子的轨道角动量 $\boldsymbol{l}$ 和自旋角动量 $\boldsymbol{s}$ 之间的作用，或者说是轨道磁矩与自旋磁矩之间的作用。当不考虑旋轨耦合作用，即 $\boldsymbol{l}$ 和 $\boldsymbol{s}$ 相互独立时，由于电子的自旋角动量大小 $|\boldsymbol{s}|$ 固定不变，因此，电子的能量由轨道角动量的大小 $|\boldsymbol{l}|$ 决定，即取决于角量子数 $\boldsymbol{l}$。而当考虑旋轨耦合作用时，$\boldsymbol{l}$ 和 $\boldsymbol{s}$ 不再相互独立，此时必须用它们的矢量和——总角动量 $\boldsymbol{j}$：

$$\boldsymbol{j}=\boldsymbol{l}+\boldsymbol{s} \tag{2.5}$$

来代表一个电子的综合运动状态，电子的能量也将由总角动量的大小 $|\boldsymbol{j}|$ 来确定。

当将旋轨耦合作用扩展至整个原子时，原子中价电子的综合运动状态也应当用它们各自的总角动量的矢量和来表示，即构成原子的总角动量 $\boldsymbol{J}$：

$$\boldsymbol{J}=\sum_i \boldsymbol{j}_i=\boldsymbol{j}_1+\boldsymbol{j}_2+\boldsymbol{j}_3+\cdots \tag{2.6}$$

$\boldsymbol{J}$ 的大小和在磁场中的取向用原子的总量子数 J 和总磁量子数 m_J 来表示。将式(2.1)和式(2.2) 代入式(2.5)，还可以得出：

$$\boldsymbol{J}=\boldsymbol{L}+\boldsymbol{S} \tag{2.7}$$

即：原子的总角动量也等于它的总轨道角动量和总自旋角动量的矢量和，因此对于原子整体来说，旋轨耦合作用就是它的总轨道角动量 $\boldsymbol{L}$ 和总自旋角动量 $\boldsymbol{S}$ 之间的相互作用。

在推导光谱项的过程中，我们并没有考虑 $\boldsymbol{L}$ 和 $\boldsymbol{S}$ 之间的作用，因此，具有等同 $|\boldsymbol{L}|$ 和 $|\boldsymbol{S}|$ 的微态具有等同的能量，构成一个光谱项 $^{(2S+1)}L$。对光谱项 $^{(2S+1)}L$，当在考虑 $\boldsymbol{L}$ 和 $\boldsymbol{S}$ 之间的作用后，它包含的所有微态的能量将不再完全等同，这是因为这些微态具有不同的（m_L，m_S）组合，即 $\boldsymbol{L}$ 和 $\boldsymbol{S}$ 的取向不同，经过矢量加和后，它们的 $|\boldsymbol{J}|$ 不再完全等同，从而产生进一步的能级分裂。在旋轨耦合作用下，每个光谱项 $^{(2S+1)}L$ 分裂

为（$2S+1$）或（$2L+1$）个光谱支项（注：$S<L$ 时，光谱支项为（$2S+1$）个；$S>L$ 时，光谱支项为（$2L+1$）个），每个光谱支项中的所有微态都具有等同的$|\boldsymbol{J}|$，即具有相同的总量子数 J，将 J 标在光谱项的右下角即为相应的光谱支项$^{(2S+1)}L_J$。对任意总量子数 J，m_J 的取值为 J、$J-1$、…、$-J$，代表总角动量在磁场中具有（$2J+1$）个取向，因此，每一个光谱支项$^{(2S+1)}L_J$ 都具有（$2J+1$）的简并度。

我们以 $4f^2$ 组态的基谱项^3H 为例来介绍旋轨耦合作用引起的能级分裂，^3H 谱项的 L 和 S 分别为 5 和 1，包含了 33 个$|\boldsymbol{L}|$和$|\boldsymbol{S}|$均等同的微态，这 33 个微态具有各不相同的（m_L，m_S）组合，利用 $m_J=m_L+m_S$ 可以计算出这 33 种微态对应的 m_J（表 2.14）。

表 2.14　光谱项^3H 的 33 个微态对应的 m_J 值

m_L	m_S	m_J	m_L	m_S	m_J
5	1	6	−3	1	−2
5	0	5	2	1	3
5	−1	4	2	0	2
−5	1	−4	2	−1	1
−5	0	−5	−2	1	−1
−5	−1	−6	−2	0	−2
4	1	5	−2	−1	−3
4	0	4	1	1	2
4	−1	3	1	0	1
−4	1	−3	1	−1	0
−4	0	−4	−1	1	0
−4	−1	−5	−1	0	−1
3	1	4	−1	−1	−2
3	0	3	0	1	1
3	−1	2	0	0	0
−3	1	−2	0	−1	−1
−3	0	−3			

将表 2.14 中的 33 个 m_J 值整理后列于表中（图 2.14），发现 m_J 的最大值：$\lt m_J\gt_{max}=6$，则可以推出，它所对应的光谱支项的 $J=6$，从而给出第一个光谱支项$^3H_6$，该支项包含 13 个微态，它们的 m_J 分别为：±6、±5、±4、±3、±2、±1 和 0，从所有 33 个 m_J 值中减去这 13 个 m_J 值（同一个 m_J 只减一个）；从剩余的 20 个 m_J 中找出最大值，即$\lt m_J\gt_{max}=5$，则它对应的光谱支项的 $J=5$，从而给出第二个光谱支项$^3H_5$，该支项包含 11 个微态，它们的 m_J 分别为：±5、±4、±3、±2、±1 和 0，继续将这 11 个 m_J 消去；继续从剩余的 9 个 m_J 中找出最大值，即

$<m_J>_{max}=4$，从而给出第三个光谱支项 $^3H_4$，该支项包含 9 个微态，它们的 m_J 分别为：±4、±3、±2、±1 和 0，至此所有 33 个 m_J 都被用尽，我们找出了 ^3H 谱项包含的三个光谱支项：$^3H_6$、$^3H_5$ 和 $^3H_4$。

m_J	微态数
6	1
5	2
4	3
3	3
2	3
1	3
0	3
−1	3
−2	3
−3	3
−4	3
−5	2
−6	1

减去 $^3H_6$ 项 → J·=·6

m_J	微态数
5	1
4	2
3	2
2	2
1	2
0	2
−1	2
−2	2
−3	2
−4	2
−5	1

减去 $^3H_5$ 项 → J·=·5

m_J	微态数
4	1
3	1
2	1
1	1
0	1
−1	1
−2	1
−3	1
−4	1

减去 $^3H_4$ 项 → 0 J·=·4

图 2.14 ^3H 谱项的光谱支项的推导流程

对任意光谱项 $^{(2S+1)}L$，光谱支项的 J 取值为：$|L+S|$、$|L+S-1|$、$|L+S-2|\cdots|L-S|$，据此我们可以推出任何光谱项所包含的光谱支项。而根据洪特规则，我们还可以确定出其中能量最低的光谱支项，洪特规则指出：对电子少于或等于半充满的组态，J 越小的光谱支项，能量越低；对电子多于半充满的组态，J 越大的光谱支项，能量越低。如 Dy^{3+} 的基态光谱项为 ^6H，它的 L 和 S 分别为 5 和 5/2。$J=L+S=5+5/2=15/2$。J 的取值包括：15/2、13/2、11/2、9/2、7/2 和 5/2，即 $^6H_{15/2}$ 在旋轨耦合作用下分裂为 6 个光谱支项：$^6H_{15/2}$、$^6H_{13/2}$、$^6H_{11/2}$、$^6H_{9/2}$、$^6H_{7/2}$ 和 $^6H_{5/2}$，能量最低的光谱支项为 $^6H_{15/2}$。据此，我们给出其它三价稀土离子的基态及第一激发态光谱支项，并列于表 2.15 中。

表 2.15 三价稀土离子的电子组态、旋轨耦合作用常数、基态和第一激发态光谱支项以及两者的能级差

离子	组态	基态光谱支项 $(2S+1)L_J$	第一激发态光谱支项 $(2S+1)L_{J'}$	ζ/cm^{-1}	第一激发态和基态光谱支项能差/cm^{-1}
Ce^{3+}	$4f^1$	$^2F_{5/2}$	$^2F_{7/2}$	625	2188
Pr^{3+}	$4f^2$	$^3H_4$	$^3H_5$	758	1895
Nd^{3+}	$4f^3$	$^4I_{9/2}$	$^4I_{11/2}$	884	1621
Pm^{3+}	$4f^4$	$^5I_4$	$^5I_5$	1000	1250
Sm^{3+}	$4f^5$	$^6H_{5/2}$	$^6H_{7/2}$	1157	810
Eu^{3+}	$4f^6$	$^7F_0$	$^7F_1$	1326	221
Gd^{3+}	$4f^7$	$^8S_{7/2}$	$^6P_{7/2}$	1450	30000
Tb^{3+}	$4f^8$	$^7F_6$	$^7F_5$	1709	1709

续表

离子	组态	基态 光谱支项 $(2S+1)L_J$	第一激发态 光谱支项 $(2S+1)L_{J'}$	ζ/cm^{-1}	第一激发态和基态 光谱支项能差/cm^{-1}
Dy^{3+}	$4f^9$	$^6H_{15/2}$	$^6H_{13/2}$	1932	2898
Ho^{3+}	$4f^{10}$	$^5I_8$	$^5I_7$	2141	4282
Er^{3+}	$4f^{11}$	$^4I_{15/2}$	$^4I_{13/2}$	2369	5923
Tm^{3+}	$4f^{12}$	$^3H_6$	$^3H_5$	2628	7884
Yb^{3+}	$4f^{13}$	$^2F_{7/2}$	$^2F_{5/2}$	2870	10045

对 $4f^n$ 组态的自由三价稀土离子来说，在考虑旋轨耦合作用后，各光谱支项的能量可以按照式(2.8) 计算：

$$E[^{(2S+1)}L_J]=\frac{\lambda}{2}[J(J+1)-L(L+1)-S(S+1)] \tag{2.8}$$

由于磁学研究一般只涉及基态光谱项，它的光谱支项具有相同的 L 和 S，此时以基态光谱支项的能量为零点，则式(2.8) 可以简化为：

$$E[^{(2S+1)}L_J]=\frac{\lambda}{2}[J(J+1)] \tag{2.9}$$

其中，$\lambda=\pm\zeta/2S$，根据洪特规则，$n<7$ 时，λ 取正号，$n>7$ 时，λ 取负号，ζ 为旋轨耦合常数。从 Ce^{3+} 到 Yb^{3+}，ζ 从 $625cm^{-1}$ 逐渐增加至 $2870cm^{-1}$，据此可以计算出，对于大多数 Ln^{3+}，基态与第一激发态的光谱支项的能量差都在 $1000cm^{-1}$ 级别，即在大多数实验条件下，我们只用考虑 Ln^{3+} 在能量最低的光谱支项上的布居。其中例外的是 Sm^{3+} 和 Eu^{3+}，前者的基态与第一激发态的光谱支项的能量差为 $810cm^{-1}$，而后者则只有约 $221cm^{-1}$，因此在研究 Eu^{3+} 化合物的磁性时，通常不能忽略第一激发态光谱支项的贡献。

2.4.2 晶体场分裂

对于三价稀土离子，配体场对 $4f^n$ 组态能级分裂的影响，要远远小于电子-电子相互作用以及旋轨耦合作用。这是由于三价稀土离子具有 $[Kr]4d^{10}4f^n5s^25p^6$ 型电子构型，一方面，4f 轨道处于离子的次外层，它们与配体孤对电子所处的轨道之间几乎没有重叠，即轨道-轨道之间的相互作用可以被忽略，只需考虑 4f 电子与配体的孤对电子之间的静电作用，而另一方面，由于受到 5s 轨道和 5p 轨道中电子的强烈屏蔽，4f 电子与配体的孤对电子之间的静电作用也很小，最终使得配体场与 4f 电子的作用很弱，所引起的能级分裂也很小。因此，在研究稀土离子处于配体场中的能级结构时，我们仍然先考虑 4f 电子-电子之间的相互作用以及旋轨耦合作用，再考虑配体场对光谱支项能级分裂的影响，从而给出稀土离子的精细能级结构。

在 2.4.1 节中，我们已经知晓，在考虑了 4f 电子-电子相互作用和旋轨耦合作用后，稀土离子的能级结构是由一系列光谱支项 $^{(2S+1)}L_J$ 构成的，而每一个光谱支项都是由 $(2J+1)$ 个电子排布方式不同的微态构成的。由于 4f 亚层的 7 个等价轨道具有不同的外形和空间朝向（图 2.15）[29]，因此，电子排布方式的不同就意味着 4f 电子在空间中的分布情况不同，如对于 Ce^{3+} 的第一激发态光谱支项：$^2F_{7/2}$，由 $m_J=m_L+m_S$，可以推出：$m_J=1/2$ 的微态必然对应于电子位于 $m_l=0$ $(m_s=1/2)$ 或 $m_l=1$ $(m_s=-1/2)$ 轨道中，而 $m_J=7/2$ 的微态则对应于电子位于 $m_l=3$ $(m_s=1/2)$ 轨道中，相对于 $m_J=1/2$ 的微态，$m_J=7/2$ 的微态的 4f 电子必然更加集中出现于 xy 平面附近，而几乎不会出现在 z 轴的两端，这种电子空间分布的不同，必然使得不同 m_J 态与配体场的静电作用大小也不同，从而移除它们之间的能级简并状态，使得每一个 $^{(2S+1)}L_J$ 多重态又分裂为 $(2J+1)$ 个能量不完全相同的次级能态，这些能态被称为精细能态或斯塔克（stark）亚能态，从而构成了稀土离子的精细能级结构。需要特别注意的是，配体场分裂形成的次级能态并不一定是纯的 m_J 态，实际上在大多数配合物中，尤其是配体场构型的对称性较低的情况下，这些次级能态通常都是由多个 m_J 态按照一定比例混合而成的，如 Jiang 等人报道的 $Ln(N_5)_2(CF_3SO_3)_3$（Ln=Dy，Er），中心离子 Ln^{3+} 与两个配体的十个 N 配位，形成 LnN_{10} 的扭曲双帽四方反棱柱几何构型，属于对称性比较低的球面（spherical）配位环境，其基态双重态是由 ±1/2（79%）、±3/2（17%）±5/2（3%）m_J 态混杂而成[25]。因此，在很多文献中，通常都用数字序号来标注能级的高低，而不直接用具体的 m_J。

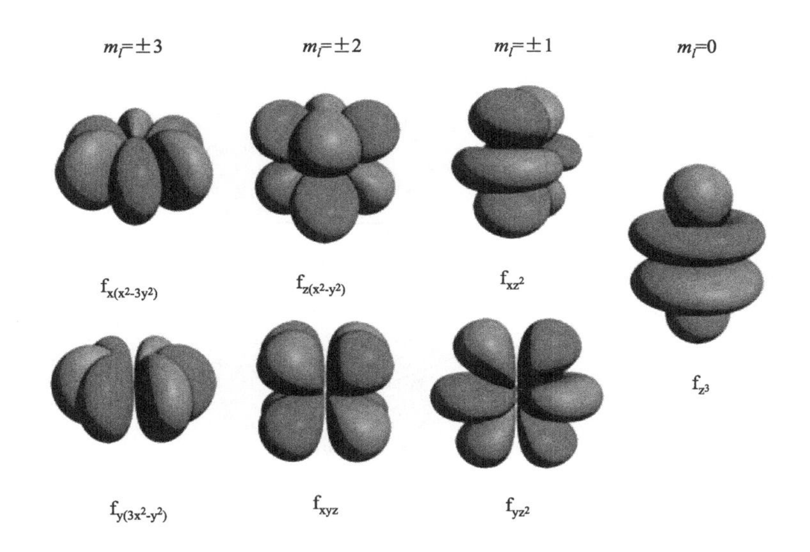

图 2.15　4f 轨道的 7 个等价轨道的外形和空间朝向（m_l 为磁量子数[29]）

此外，对于克拉默型（Kramers）离子，即未成对电子数为奇数的离子，如 Nd^{3+}、Dy^{3+} 和 Er^{3+} 等，克拉默定理规定[30]：配体场分裂形成的能态均为双重简并的能态，

如 Dy^{3+} 的基态 J 多重态为 $^6H_{15/2}$，在配体场作用下，它将分裂为 8 个双重简并的能态，这是由 $\pm m_J$ 态的时间反演对称性决定的，因此，它们也被称为克拉默双重态（Kramers doublets），这种双重简并的状态不受任何电场的影响，只会被磁场造成的塞曼分裂移除。而非克拉默型离子，即未成对电子数为偶数的离子，如 Tm^{3+}、Tb^{3+} 和 Ho^{3+} 等，只有在较为严格的轴对称型配体场下才会具有双重简并的能级，但由于非克拉默离子的（$2J+1$）为奇数，因此不论在何种构型配体场中，其中必然存在一个单重态的能级。克拉默离子与非克拉默离子的这种区别，造成了它们在构筑分子纳米磁体方面的巨大差异，因为分子纳米磁体是典型的双稳态体系，双重简并的基态能级是构成磁双稳态的最基本要求，当不考虑晶体内部的磁偶极作用和超精细作用构成的内部磁场时，克拉默离子总是满足这种要求，它们的化合物也更容易展现出慢磁弛豫行为；而非克拉默离子则要求配体场构型必须为较为严格的轴对称时，才能满足构成单分子纳米磁体的最基本要求。

在综合考虑 4f 电子-电子相互作用、旋轨耦合作用和配体场作用后，我们可以得出三价稀土离子的精细能态结构（图 2.16）。与 4f 电子-电子相互作用和旋轨耦合作用引起的能级分裂不同的是，对于特定的稀土离子，配体场分裂形成一系列次级能级的能量高低顺序并没有固定的规律，需要根据具体的配体场构型来进行具体分析。配体场引起的能级分裂通常在 $10^2 \sim 10^3 cm^{-1}$ 级别之间。对于大多数稀土分子纳米磁体，由于基态与第一激发态 J 多重态的能差通常在 $10^3 cm^{-1}$ 级别，因此，即使在配体场的进一步作用下，它们所

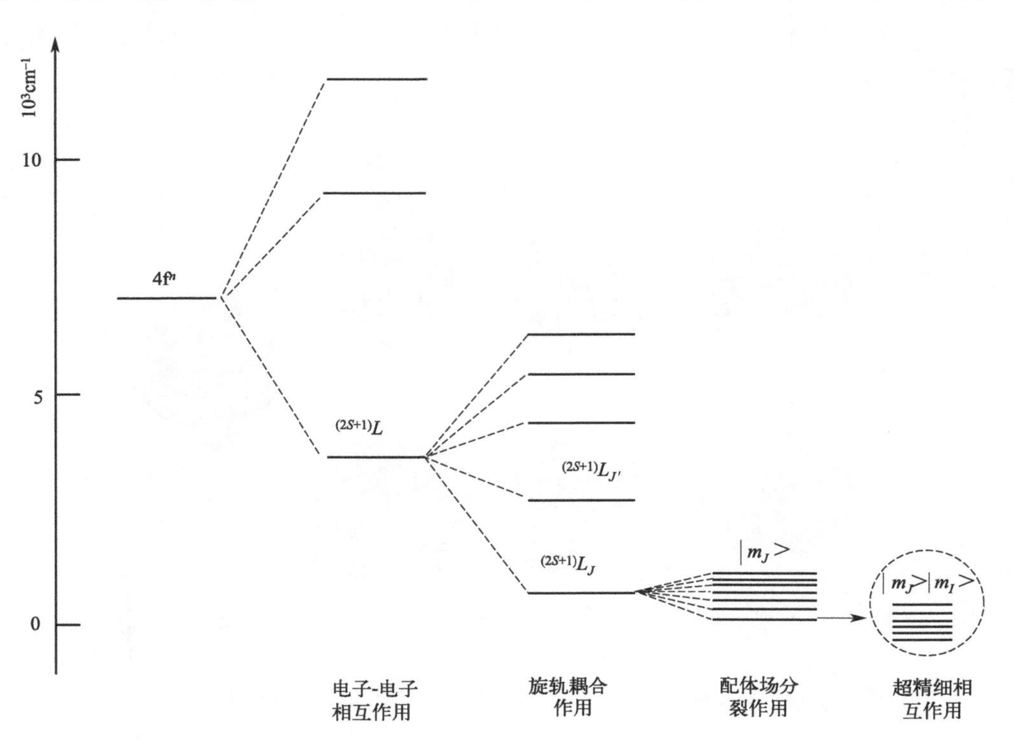

图 2.16　三价稀土离子能级分裂示意图（由于磁性通常只涉及低能级的光谱支项，因此，图中并未给出其它激发态光谱项和光谱支项的分裂情况）

分裂出的次级能级通常也不会出现能级交叉。慢磁弛豫过程完全是在基态 J 多重态分裂出的一系列次级能态中进行的，而不会涉及到激发态的 J 多重态，因此可以说，配体场导致的基态 J 多重态的能级分裂结构，就决定了该物质的慢磁弛豫性质。

2.4.3 超精细分裂

原子核不是一个质点，它是由质子和中子组成的，有几何大小，因此它的电荷有一定的分布（电四极矩），同时核还有自旋角动量 I 和磁矩 μ。核的电四极矩处在核外电子产生的电场梯度下产生电四极相互作用；核的磁矩与电子磁矩之间存在磁偶极相互作用，这些作用统称为超精细相互作用。超精细相互作用使原子各能态产生微小的附加能量，导致原子能级进一步分裂，其分裂程度比精细结构还要微小得多，从而使得原子能级图上每一条光谱线又分裂为很多条间隔很小的谱线，形成密集的超精细原子光谱结构。超精细相互作用引起的能级分裂一般为 $10^{-3}\sim 1\text{cm}^{-1}$，比精细结构还要小三个数量级。

在磁学研究中，通常只考虑磁偶极导致的超精细相互作用，它可看作是核自旋与电子自旋的耦合。组成原子核的质子和中子均具有自旋角动量和轨道角动量，它们的矢量和构成了原子核的总角动量 P_I。与电子自旋类似，原子核的角动量也是量子化的，其在磁场方向（z）方向的分量为 $M_\text{I}h/2\pi$，其中 M_I 称为原子核的磁量子数，取值范围为 $-I$、$-I+1\cdots I-1$、I 等，共可取（$2I+1$）个值，最大取值 I 称为原子核的自旋量子数（当原子核的质子数和中子数均为偶数时，$I=0$），如 ^1H（$I=1/2$）和 $^{165}\text{Ho}^{3+}$（$I=7/2$）。在考虑原子核的自旋贡献后，原子的总自旋为原子核自旋和核外电子自旋的矢量和，最终使得电子自旋形成的每一个能级继续分裂成（$2I+1$）个次级能级。

原子核自旋和电子自旋的耦合强弱可以用原子核磁矩的大小来衡量，原子核的磁矩 μ 与其自旋之间关系为：

$$\mu=g_I\sqrt{I(I+1)}\,\mu_\text{N} \tag{2.10}$$

其中，g_I 为原子核的朗德因子，不同的原子核具有不同的 g_I 值，通常在 0.5～6 之间（如 ^1H 的 $g_I=5.58536$）；μ_N 为原子核的玻尔磁子，只有 μ_B 的 1/1836，即原子核的磁矩要远远小于核外电子的磁矩，它造成电子自旋的能级分裂是非常微弱的，因此称为超精细结构或超精细耦合。如在童明良教授报道的具有五角双锥配位构型的 Ho^{3+} 单离子磁体 $[\text{Ho(CyPh}_2\text{PO)}_2\text{(H}_2\text{O)}_5]^{3+}$（Cy=正己基）中[31]，基态双重态 $m_J=\pm 8$ 能级被超精细相互作用分裂为 16 个超精细能级：$|m_J\rangle|m_I\rangle$($m_J=+8$、-8；$m_I=+7/2$、$+5/2$、$+3/2$、$+1/2$、$-1/2$、$-3/2$、$-5/2$、$-7/2$)，相邻能级的能量差在 0.24003cm^{-1} 左右，最低超精细能级和最高超精细能级的能量差为 1.67955cm^{-1}，这远远低于不同 m_J 能级之间能量差，因此在大多数情况下可以忽略超精细作用对自旋能级的影响。尽管如此，这种分裂却会对稀土离子的慢磁弛豫行为产生重要的影响，相关

的内容将在第 3 章讨论。

综上所述，三价稀土离子在配合物中的电子结构是由 $4f^n$ 组态的电子-电子相互作用、旋轨耦合作用、配体场分裂作用和超精细相互作用等四种作用共同决定的，它们对于 $4f^n$ 组态能级分裂的影响是依次减弱的。电子-电子相互作用导致 $4f^n$ 组态包含的 C_{14}^n 个微态分裂为若干个光谱项 $^{(2S+1)}L$，属于同一光谱项的微态具有相同的 L 和 S；旋轨耦合作用使得每一个 $L\neq 0$ 的光谱项又分裂为（$2L+1$）或（$2S+1$）个光谱支项 $^{(2S+1)}L_J$，每一个光谱支项的简并度为（$2J+1$），因此光谱支项又被称为 J 多重态，属于同一光谱支项的微态具有相同的 J；将稀土离子置于配体场中，配体场与轨道角动量的作用将移除 J 多重态的简并，使其又分裂为一系列 m_J 不同的精细能态（若同时存在轴向和横向分裂，则每一个精细能态都不是纯的 m_J 态，而是它们按一定比例形成的叠加态），对于克拉默离子，精细能态将是（$J+1/2$）个双重态，而对于非克拉默离子，只有在配体场具有严格轴对称性时，它们才会形成 J 个双重态和 1 个单重态，否则所有的精细能态都不会严格简并；超精细分裂会使每一个精细能级又分裂为（$2I+1$）个超精细能级 $|m_J>|m_I>$，最终形成稀土离子的超精细能态结构。绝大多数情况下，磁学研究所涉及的温度和磁场均不足以使稀土离子跃迁至基态光谱支项以上的能态，因此通常只需关注基态光谱支项在配体场中的分裂情况即可。

参考文献

[1] 张洪杰．稀土纳米材料．北京：化学工业出版社，2018.

[2] Ungur L，Chibotaru L F. Ab Iitio crystal field for lanthanides. Chem Eur J，2017，23（15）：3708-3718.

[3] Liu J，Chen Y C，Liu J L，et al. A stable pentagonal bipyramidal Dy（Ⅲ）single-ion magnet with a record magnetization reversal barrier over 1000 K. J Am Chem Soc，2016，138：5441-5450.

[4] Li P，Qiu Y C，Liu J Q，et al. Puckered-boat conformation $(H_2O)_{14}$ cluster on the self-assembly of an inorganic-metal-architecture. Inorg Chem Commun，2007，10：705-708.

[5] Chen W X，Ren Y P，Long L S，et al. Ionothermal synthesis of 3d-4f and 4f layered anionic metalorganic frameworks. CrystEngComm，2009，11：1522-1525.

[6] Gao M J，Wang Y L，Cao H Y，et al. Ionothermal syntheses，crystal structures and luminescence of two lanthanide-carboxylate frameworks based on the 1，4-naphthalenedicarboxylate and oxalate mixed ligands. Z. Anorg Allg Chem，2014，640：2472-2476.

[7] Na B，Zhang X J，Shi W，et al. Six-coordinate lanthanide complexes：slow relaxation of magnetization in the Dysprosium（Ⅲ）complex. Chem Eur J，2014，20（48）：15975-15980.

[8] Eaborn C，Hitchcock P B，Izod K，et al. Alkyl derivatives of Europium（+2）and Ytterbium（+2）. Crystal structures of $Eu[C(SiMe_3)_3]_2$，$Yb[C(SiMe_3)_2(SiMe_2CH=CH_2)]I\cdot OEt_2$ and $Yb[C(SiMe_3)_2(SiMe_2OMe)]I\cdot OEt_2$. Organometallics，1996，15（22）：4783-4790.

[9] Zhang P，Zhang L，Wang C，et al. Equatorially coordinated lanthanide single ion magnets. J Am Chem Soc，2014，136：4484-4487.

[10] Boyle T J，Bunge S D，Clem P G，et al. Synthesis and characterization of a family of structurally character-

ized Dysprosium alkoxides for improved fatigue-resistance characteristics of PDyZT thin films. Inorg Chem, 2005, 44 (5): 1588-1600.

[11] Runge P, Schulze M, Urland W. Darstellung und kristallstruktur von (CH_3NH_3)$_8$ [$NdCl_6$] [$NdCl_4$(H_2O)$_2$]$_2$$Cl_3$. Z Anorg Allg Chem, 1991, 115: 592.

[12] Nicholas H M, Vonci M, Goodwin C A P, et al. Electronic structures of bent lanthanide (Ⅲ) complexes with two N-donor ligands. Chem Sci, 2019, 10: 10493-10502.

[13] Schumann H, Genthe W, Hahn E, et al. Metallorganische verbindungen der lanthanoide: XXXV. Bis (tetramethylethylendiamin) lithium tetrakis-t-butylluteta (Ⅲ): synthese, molekülstruktur und reatives verhalten gegenüber α,β-ungesättigten carbonylverbindungen. J Organomet Chem, 1986, 306 (2): 215-225.

[14] Zhang P, Jung J, Zhang L, et al. Elucidating the magnetic anisotropy and relaxation dynamics of low-coordinate lanthanide compounds. Inorg Chem, 2016, 55 (4): 1905-1911.

[15] Westerhausen M, Hartmann M, Pfitzner A, et al. Bis (trimethylsilyl) amide und-methanide des Yttriums—Molekülstrukturen von Tris (diethylether-O) lithium- (μ-chloro) -tris [bis (trimethylsilyl) methyl] yttriat, solvensfreiem Yttrium-tris [bis (trimethylsilyl) amid] sowie dem Bis (benzonitril) -Komplex. Z Anorg Allg Chem, 1995, 621 (5): 837-850.

[16] Herrmann W A, Anwander R, Scherer W. Lanthanoiden-Komplexe, V. Strukturchemie ein- und zweikerniger Seltenerdalkoxide. Chem Ber, 1993, 126 (7): 1533-1539.

[17] Parmar V S, Ortu F, Ma X Z, et al. Probing relaxation dynamics in five-coordinate dysprosium single-molecule magnets. Chem Eur J, 2020, 26: 7774-7778.

[18] Meihaus K R, Minasian S G, Lukens W W, et al. Influence of pyrazolate *vs* N heterocyclic carbene ligands on the slow magnetic relaxation of homoleptic trischelate lanthanide (Ⅲ) and uranium (Ⅲ) complexes. J Am Chem Soc, 2014, 136: 6056 - 6068.

[19] Ding Y S, Chilton N F, Winpenny R E P, et al. On Approaching the limit of molecular magnetic anisotropy: A near-perfect pentagonal bipyramidal dysprosium (Ⅲ) single-molecule magnet. Angew Chem Int Ed, 2016, 55 (52): 16071-16074.

[20] Lucaccini E, Sorace L, Perfetti M, et al. Beyond the anisotropy barrier: slow relaxation of the magnetization in both easy-axis and easy-plane Ln (trensal) complexes. Chem Commun, 2014, 50: 1648-1651.

[21] Davies G M, Aarons R J, Motson G R, et al. Structural and near-IR photophysical studies on ternary lanthanide complexes containing poly (pyrazolyl) borate and 1, 3-diketonate ligands. Dalton Trans, 2004: 1136-1144.

[22] Jiang S D, Wang B W, Su G, et al. A mononuclear dysprosium complex featuring single-molecule-magnet behavior. Angew Chem Int Ed, 2010, 49 (41): 7448-7451.

[23] Li Z H, Zhai Y Q, Chen W P, et al. Air-stable hexagonal bipyramidal dysprosium (Ⅲ) single-ion magnets with nearly perfect D_{6h} local symmetry. Chem Eur J, 2019, 25 (71): 16219-16224.

[24] Harcombe D R, Welch P G, Manuel P, et al. One-dimensional magnetic order in the metal-organic framework Tb ($HCOO$)$_3$. Phys Rev B, 2016, 94 (17): 174429.

[25] Jiang Z X, Liu J L, Chen Y C, et al. Lanthanoid single-ion magnets with the LnN10 coordination geometry, Chem Commun, 2016, 52: 6261-6264.

[26] 吕品喆，申成，樊玉国，等．硝酸镧、硝酸钕 15-王冠醚-5 络合物的晶体结构和分子结构．分子科学与化学研究，1983，1：77-86.

[27] Hirashima Y, Tsutsui T, Shiokawa J. X-Ray crystal structure of neodymium nirate complex with tetraethylene glycol. Chem Lett, 1981, 10 (10): 1501-1504.

[28] Quitmann C C, Müller-Buschbaum K. The unsubstituted rare earth pyrazolates [Nd (Pz)$_3$ (PzH)$_4$] and [Ho (Pz)$_3$ (PzH)$_3$]: structural diversity from monomers to a coordination polymer. Z. Anorg Allg Chem, 2005, 631 (6～7): 1191-1198.

[29] Rinehart J D, Long J R. Exploiting single-ion anisotropy in the design of f-element single-molecule magnets. Chem Sci, 2011, 2 (11): 2078-2085.

[30] Kramers H A. General theory of paramagnetic rotation in crystals. Proc K Ned Akad Wet, 1930, 33: 959-972.

[31] Chen Y C, Liu J L, Wernsdorfer W, et al. Hyperfine-Interaction-Driven Suppression of Quantum Tunneling at Zero field in a Holmium (Ⅲ) Single-Ion Magnet. Angew Chem Int Ed, 2017, 56: 4996-5000.

第3章 稀土分子纳米磁体的基础理论

本章我们将介绍稀土分子纳米磁体的基础理论，包括三价稀土离子配合物的基本磁学性质、慢磁弛豫理论和慢磁弛豫行为的实验分析，其中慢磁弛豫理论是分子纳米磁体的核心理论，只有具有慢磁弛豫行为的配合物才能被称为分子纳米磁体，对慢磁弛豫行为的分析和解释因此成为稀土分子纳米磁体研究中的核心内容。

3.1 稀土配合物的基本磁学性质

在第 1 章中，我们介绍了物质磁性的基础理论，从中我们知道，物质的磁性是由电子的轨道运动和自旋运动产生的，轨道角动量和自旋角动量共同决定了物质磁矩的大小和取向。而根据第 2 章中三价稀土离子的电子结构，我们知道角动量的大小和取向又决定了物质处于何种能态，因此物质的磁矩必然是和所处的能态相关联，能态的改变必然也意味着磁矩的改变，而 van Vleck 方程正是描述两者关系的方程，它是分子磁性领域的基本方程。

3.1.1 van Vleck 方程

宏观的顺磁性物质是由大量顺磁性原子构成的，这些原子按照玻尔兹曼分布处于一系列能态 $E_n(n=1,2,3,\cdots)$ 上。将它们置于磁场 H 中后，原子磁矩与外磁场的相互作用，使这些能态获得大小不一的附加能量，这就是塞曼效应。附加能量的大小取决于原子磁矩与外磁场的大小与相对取向，即与它们本身所处的能态有关，因此根据塞曼效应，可以给出处于特定能态上原子对应的磁矩 μ_n 的表达式：

$$\mu_n=-\partial E_n/\partial H \tag{3.1}$$

按照玻尔兹曼分布，将处于各个能态上顺磁原子的微观磁矩相加，便可得到体系的宏观摩尔磁化强度 M：

$$M=\frac{N\sum_n(-\partial E_n/\partial H)\exp(-E_n/kT)}{\sum_n\exp(-E_n/kT)} \tag{3.2}$$

其中 N、k 和 T 分别为阿伏伽德罗常数、玻尔兹曼常数和温度。该式没有任何近似，但要直接利用它来计算体系的磁化强度，需要知道所有热布居能态的能量与磁场强度的关系才可行，这显然是不可能的。

1923 年，van Vleck 对此提出了两点假设：

(1) 假设原子某能态 E_n 在外磁场中的能量可按以下级数展开：

$$E_n=E_n^{(0)}+E_n^{(1)}H+E_n^{(2)}H^2+\cdots \tag{3.3}$$

式中，$E_n^{(0)}$ 是未加外磁场时第 n 个能态的能量；$E_n^{(1)}H$ 和 $E_n^{(2)}H^2$ 分别为一阶和二阶塞曼效应的附加能量，依次类推。

(2) 假设 H/kT 较小，即 H 不太强，T 不太低，则有

$$\exp(-E_n/kT) \approx (1-E_n^{(1)}H/kT)\exp(-E_n^{(0)}/kT) \tag{3.4}$$

根据以上两个近似，体系的总磁化强度 M 可表达为：

$$M=\frac{N\sum_n(-E_n^{(1)}-2E_n^{(2)}H)(1-E_n^{(1)}H/kT)\exp(-E_n^{(0)}/kT)}{\sum_n\exp(1-E_n^{(1)}H/kT)(-E_n^{(0)}/kT)} \tag{3.5}$$

对于顺磁性物质，在零场时，总磁化强度为零，即当 $H=0$ 时，$M=0$，则代入上式，可推导出：

$$\sum_n E_n^{(1)}\exp(-E_n^{(0)}/kT)=0 \tag{3.6}$$

将式(3.6)代入式(3.5)中，且仅考察 M 与 H 呈线性相关的情况，得到磁化率的表达式：

$$\chi=\frac{M}{H}=\frac{N\sum_n[(E_n^{(1)})^2/kT-2E_n^{(2)}]\exp(-E_n^{(0)}/kT)}{\sum_n\exp(-E_n^{(0)}/kT)} \tag{3.7}$$

此式就是 van Vleck 方程，它是描述顺磁性物质在 H/kT 较小的情况下的磁化率方程。

3.1.2 变温磁化率

现在我们将 van Vleck 方程应用于自由的三价稀土离子体系中，以能量最低的光谱支项 $^{(2S+1)}L_J$ 为能量零点，即 $E_n^{(0)}=0$。则将稀土离子置于外磁场中后，塞曼效应将移除 J 多重态的简并，令其分裂为 $(2J+1)$ 个 $m_J=-J$、$-J+1$、…、$J-1$、J 的次级能态，它们在磁场中的能量为：

$$E_n=m_Jg_J\mu_BH \tag{3.8}$$

由于 E_n 与 H 成正比，则 $E_n^{(1)}=m_Jg_J\mu_B$，$E_n^{(2)}=0$。将 $E_n^{(0)}$、$E_n^{(1)}$、$E_n^{(2)}$ 均代入式(3.7)中，得：

$$\chi=\frac{Ng_J^2\mu_B^2}{kT}\cdot\frac{(-J)^2+(-J+1)^2+\cdots+(J-1)^2+J^2}{2J+1}=\frac{Ng_J^2\mu_B^2}{3kT}J(J+1) \tag{3.9}$$

显然，该式等价于居里定律 $\chi=C/T$，居里常数 $C=Ng_J^2\beta^2J(J+1)/3k$。

在 cgs 单位制中，$N\beta^2/3k=0.12505$，g_J 的值可以利用式(1.5)计算得到，将它们代入式(3.9)中，便可以计算出自由三价稀土离子在 H/kT 较小情况下的理论 χ_MT 值。如对于 Ce^{3+}，基态光谱支项为 $^2F_{5/2}$，$J=5/2$，$g_J=6/7$，则 $\chi_MT=1\times(6/7)^2\times$

(5/2)×(5/2+1)×0.12505=0.80(cm^3·K)/mol。以此类推，即可得到其它三价稀土离子的自由离子 $\chi_M T$ 值，将其列于表 3.1 中。

表 3.1 三价稀土离子的电子组态、基态光谱支项、g_J、$g_J J$ 和自由离子 $\chi_M T$ 值

Ln^{3+}	电子组态	基态光谱支项	g_J	$g_J J$	$\chi_M T$(cm^3·K/mol)
La^{3+}	$4f^0$	$^1S_0$	—	—	—
Ce^{3+}	$4f^1$	$^2F_{5/2}$	6/7	15/7	0.80
Pr^{3+}	$4f^2$	$^3H_4$	4/5	16/5	1.60
Nd^{3+}	$4f^3$	$^4I_{9/2}$	8/11	36/11	1.64
Pm^{3+}	$4f^4$	$^5I_4$	3/5	12/5	0.90
Sm^{3+}	$4f^5$	$^6H_{5/2}$	2/7	5/7	0.09
Eu^{3+}	$4f^6$	$^7F_0$	0	0	0.00
Gd^{3+}	$4f^7$	$^8S_{7/2}$	2	7	7.88
Tb^{3+}	$4f^8$	$^7F_6$	3/2	9	11.82
Dy^{3+}	$4f^9$	$^6H_{15/2}$	4/3	10	14.17
Ho^{3+}	$4f^{10}$	$^5I_8$	5/4	10	14.07
Er^{3+}	$4f^{11}$	$^4I_{15/2}$	6/5	9	11.48
Tm^{3+}	$4f^{12}$	$^3H_6$	7/6	7	7.15
Yb^{3+}	$4f^{13}$	$^2F_{7/2}$	8/7	4	2.57
Lu^{3+}	$4f^{14}$	$^1S_0$	—	—	—

表 3.1 所列出的自由离子 $\chi_M T$ 值是在 H/kT 较小的情况下推导出来的，在这种情况下，塞曼分裂的附加能量非常小，体系在不同 m_J 能态上的布居几乎完全相等。以 Dy^{3+} 为例，在 T=300K 及 H=1000Oe 的条件下，m_J=+15/2 能态的附加能量：

$$\Delta E = m_J g_J \beta H = (15/2)\times(4/3)\times 9.27\times10^{-27}\times1000\text{J} = 9.27\times10^{-23}\text{J}$$

相应地，m_J=−15/2 能态的附加能量 $\Delta E = -9.27\times10^{-23}$J，通过玻尔兹曼分布可以求得：体系在 m_J=+15/2 态上的布居数为 m_J=−15/2 态上的 95.6%，即两者几乎具有相等的布居，而 $|m_J|$ 更小的能态的附加能量更小，布居差别更小。

对于实际的处于配体场中的稀土离子，当配体场分裂强度有限时，室温可以使它们在各斯塔克亚能级上的布居接近一致，相应地，室温的 $\chi_M T$ 值会近似等于自由离子的 $\chi_M T$，通常用此关系来检验实际磁性样品的纯度。但如果配体场的分裂非常显著，一般是性能很突出的分子纳米磁体，即使在室温下，它们在各个斯塔克亚能级上的布居也会有明显差别，此时它们的室温 $\chi_M T$ 将与自由离子的 $\chi_M T$ 值呈现较明显的差别，通常是室温时的值更低。

接下来，我们将分析温度改变对 Ln^{3+} 配合物的 $\chi_M T$ 的影响，即变温磁化率。变温磁化率通常是在 1000Oe 的弱场下，从室温开始逐渐降温至 2K 测试的，因此在高温部分，H/kT 较小，可以利用 van Vleck 方程及居里定律研究。

在所有顺磁性 Ln^{3+} 中，只有 Gd^{3+} 的基态光谱支项 $^8S_{7/2}$ 的轨道角动量等于零，不存在旋轨耦合作用，而第一激发态光谱支项 $^6P_{7/2}$ 的能量又比 $^8S_{7/2}$ 要高约 $30000cm^{-1}$，两者之间不存在有效的叠加，因此 Gd^{3+} 配合物的配体场分裂是极其微弱的。其变温磁化率非常接近于自由离子行为，符合居里定律，即 $\chi_M T \sim T$ 曲线在磁场较小的条件下通常呈水平走势（图 3.1）。但是当温度较低时，离子间的磁相互作用将不能忽略，$\chi_M T \sim T$ 曲线将偏离水平，呈现出上升或下降的趋势，此时它符合居里-外斯关系，利用居里-外斯拟合即可推测 Gd^{3+} 之间的磁相互作用性质。

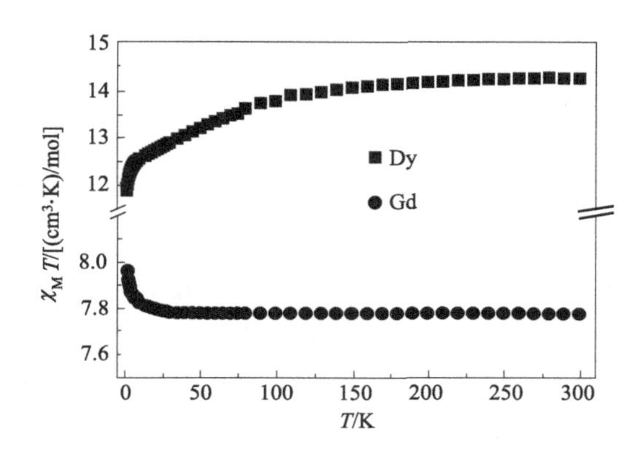

图 3.1 典型的具有铁磁相互作用的 Gd^{3+} 配合物和单核 Dy^{3+} 配合物在 1000Oe 磁场下的 $\chi_M T \sim T$ 曲线

其它顺磁性 Ln^{3+} 的基态光谱支项均存在较大的轨道角动量，配体场分裂作用较强。温度的降低会使它们在斯塔克亚能级上的布居显著改变，使其逐渐偏离自由离子行为，这种改变通常在略低于室温后便能观察到，即 $\chi_M T \sim T$ 曲线会向着温度降低的方向呈下降走势（图 3.1），因此仅凭 $\chi_M T \sim T$ 曲线的下降，是不能断定它们中是否存在反铁磁相互作用的。但如果 $\chi_M T \sim T$ 曲线出现上升趋势，则可以确定其中必然存在铁磁、亚铁磁或自旋倾斜行为之一。

3.1.3 变场磁化强度

当要研究体系在低温、高场条件下的磁学性质时，van Vleck 方程将不再适用，M 与 H 也不再呈线性关系。在这种情况下，利用磁化率来描述体系的磁学行为将不再合适，因此一般用磁化强度对磁场及温度的变化来研究，即变场磁化强度，或称等温磁化率。

在低温、高场条件下，磁化强度随温度和磁场的变化必须从未经过近似简化的式

(3.2) 直接推导，并最终得出如下的表达式[1]：

$$M = Ng_J\beta JB_J(y) \tag{3.10}$$

式中，$y=g_J\beta JH/kT$，$B_J(y)$ 为布里渊函数：

$$B_J(y)=\frac{2J+1}{2J}\coth\left(\frac{2J+1}{2J}y\right)-\frac{1}{2J}\coth\left(\frac{1}{2J}y\right) \tag{3.11}$$

当 H/kT 和 y 值均较小时，$B_J(y)\approx y(J+1)/3J$，可推导出：

$$\chi=\frac{Ng_J^2\beta^2}{3kT}J(J+1)$$

显然，此式便是居里定律，与 van Vleck 方程的结果一致；当 H/kT 比值非常大时，即在高的外磁场和较低的温度下，$B_J(y)$ 趋近于 1，M 趋近于饱和磁化强度 M_J：

$$M_J = N\beta g_J J \tag{3.12}$$

当以 $N\beta$ 为磁化强度的单位时（每摩尔 Bohr 磁子，$1N\beta=5585\text{cm}^3\cdot\text{G/mol}$），则 M_J 的数值为 $g_J J$，表 3.1 列出了自由镧系离子的 $g_J J$ 值。实际上，在达到饱和磁化强度时，所有粒子都布居于能量最低的 m_J 态上，即 $m_J=-J$ 对应的能态。

以上结论对于各向同性的 Gd^{3+} 配合物是适用的，可以用式(3.10) 来模拟 Gd^{3+} 配合物的 $M\sim H$ 曲线。图 3.2 展示了典型的单核 Gd^{3+} 配合物的实验和模拟 $M\sim H$ 曲线，可以看出，两者吻合得很好，表明 Gd^{3+} 间几乎没有明显的磁相互作用。对于多核或聚合物型 Gd^{3+} 配合物，从模拟曲线与实验曲线的差别，可以分析出 Gd^{3+} 之间的磁耦合性质：若模拟曲线位于实验曲线上方，则说明存在铁磁相互作用；反之，则为反铁磁相互作用。

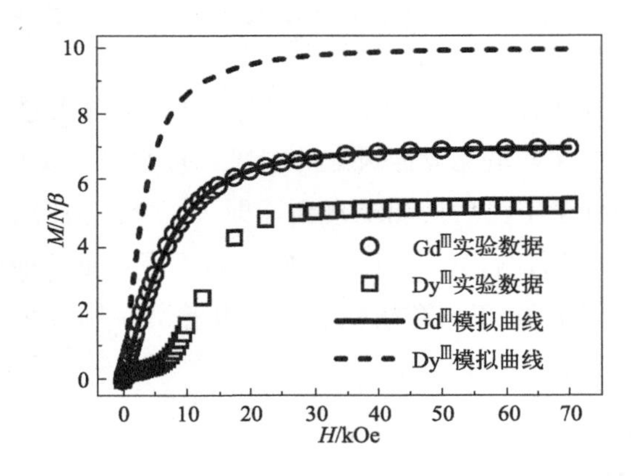

图 3.2 $[Gd(HMPA)_2(H_2O)_5]Br_3$ 和 $[Dy(HMPA)_2(H_2O)_5]Br_3$ 在 2K 下的 $M\sim H$ 曲线及利用式(3.10) 的模拟结果

与 Gd^{3+} 不同，对于各向异性稀土离子配合物的粉末样品，式(3.10) 和式(3.12) 则不适用，不能将 $g_J J$ 值当作它们的饱和磁化强度值，尽管这种错误在近些年的部分文献中仍有见到。在各向异性粉末样品中，下列因素的存在使得模拟它们的 $M\sim H$ 曲

线几乎是不可能的：①即使无外加磁场时，配体场分裂已经移除了基态 J 多重态的简并，且轴向与横向分裂同时存在，使得能量最低的能态通常并不是 $|m_J|$ 最大的态，而是一系列 m_J 态按一定比例混合而成的叠加态，在这样的情况下，即使所有粒子都位于基态且磁矩取向一致，其饱和磁化强度的数值也不等于 $g_J J$；②在粉末样品中，所有颗粒在物理取向上是杂乱无章的，配体场分裂将它们的磁矩锁定在特定的晶轴方向上，即易轴，在磁化前，磁矩相互抵消［图 3.3(a)］，而在磁化后，它们的磁矩也只能转向与外磁场夹角较小的易轴方向上［图 3.3(b)］，因此得到的饱和磁化强度也不可能等于 $g_J J$；③当基态与激发态斯塔克亚能级的能量差别不够大时，即使在低温下，粒子在激发态上也有布居，这使得粉末样品中的颗粒不仅磁矩取向各异，磁矩大小也存在差异；④轴向与横向配体场分裂的同时存在，使得塞曼效应在不同物理取向的颗粒中是不同的，情形非常复杂。如图 3.2 所示，$[Dy(HMPA)_2(H_2O)_5]Br_3$ 粉末样品的实验和基于式(3.10) 的模拟 $M \sim H$ 曲线便展现出了差别巨大的结果。对于磁各向异性的粉末样品，要模拟计算其 $M \sim H$ 曲线一般都要借助复杂的计算机辅助的量子化学计算。

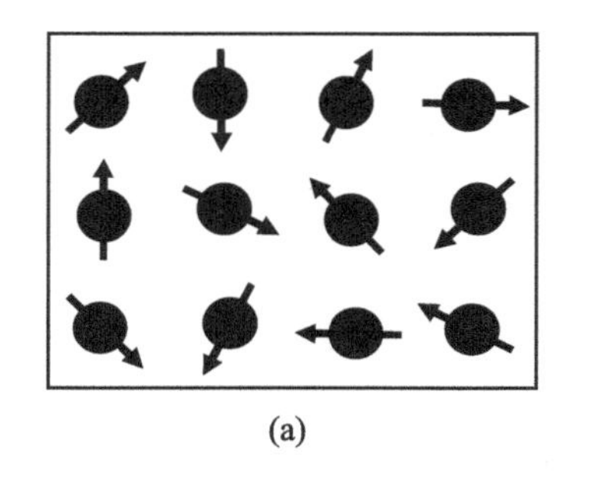

(a)

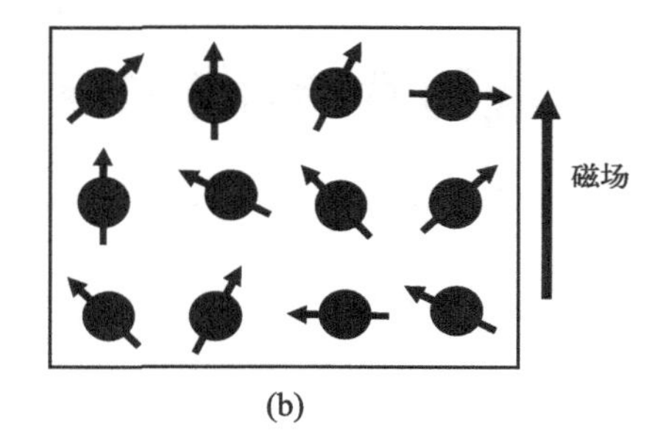

(b)

图 3.3　各向异性粉末样品的磁矩在磁化前（a）和磁化后（b）的磁矩取向示意图

在特殊的情况下，各向异性粉末样品的变场磁化强度是可以通过简单计算来模拟，这要求：①配合物的基态斯塔克亚能级具有近乎完全的 Ising 型各向异性，且知道其所对应的 m_J 态；②基态与激发态之间具有足够高的能量差，粒子在激发态的布居可以忽略。在这种情况下，粉末样品的所有颗粒具有大小相等的磁矩，按照取向分布对其进行积分，即可得出其磁化强度随温度和磁场变化的关系。童明良对此进行了研究[2]，指出：①该类体系的 M 是 g_{eff} 和 H/T 的函数；②该类体系的饱和磁矩 M_s 表达式为：

$$M_s = 0.25 g_{eff} N\beta \tag{3.13}$$

其中，g_{eff} 是将 m_J 基态看作有效自旋 $S_{eff}=1/2$ 的粒子对应的朗德因子，可利用

$$1/2 \times g_{eff} = m_J g_J$$

的关系求得 g_{eff}。根据该结论，具有 Ising 型基态且配体场分裂非常强的磁性体系，在不同温度下测得的 $M \sim H/T$ 曲线应该会相互重合，显然这种体系在理论上是很好的分子纳米磁体，而这一结论也确实在性能尤其突出的稀土分子纳米磁体中得到了验证[3]。值得注意的是，磁各向同性体系的 $M \sim H/T$ 曲线也有上述相似的表现，但这仅仅是巧

合。而具有各向异性但轴向性又不够强的体系，在不同温度下测得的 $M \sim H/T$ 曲线则不会重合，这在很多性能一般或较好的分子纳米磁体中都能观察得到，具体实例可见本书第 7 章的图 7.12。

根据式(3.13)，强单轴各向异性体系的饱和磁化强度与 $g_J J$ 值会有很大差别。以 Dy^{3+} 为例，若它在配体场分裂作用下具有 $m_J = \pm 15/2$ 的基态，则基态按 $S_{eff} = 1/2$ 的自旋处理，对应的 $g_{eff} = 20$，其理论饱和磁矩 $M_s = 0.25 \times 20N\beta = 5.0N\beta$，而 Dy^{3+} 的 $g_J J$ 值为 $10N\beta$，是前者的两倍。从文献报道来看，很多性能突出的 Dy^{3+} 分子纳米磁体都给出了十分接近于 $5.0N\beta$ 的饱和磁化强度，图 3.2 所示的 [$Dy(HMPA)_2(H_2O)_5$]Br_3 便是其中的典型代表，它的饱和磁化强度为 $5.20N\beta$。而性能一般的 Dy^{3+} 分子纳米磁体的磁化强度在 7.0T 的磁场下通常仍达不到饱和，且给出的最大磁化强度要显著大于 $5.0N\beta$，也证明了童明良给出的结论是可靠的。

3.2 慢磁弛豫动力学

3.2.1 概念

弛豫是物理学术语，是指体系由热力学非平衡态逐渐恢复至平衡态的过程，如果该过程伴随着系统磁矩的变化，它便是慢磁弛豫过程。具有慢磁弛豫行为是分子纳米磁体最根本也是最重要的特征。

在 1.3.4 中，我们已经介绍了超顺磁性单畴铁磁颗粒的慢磁弛豫行为，分子纳米磁体作为一种分子级别的超顺磁体，其慢磁弛豫行为在原理上和单畴铁磁颗粒是基本相同的。具有单轴各向异性是超顺磁体展现出慢磁弛豫行为的基本要求，它使磁性系统具有双势阱型的能态结构。单畴铁磁颗粒由于具有相当大的基态自旋 S，其能态是连续的带状结构，磁矩可以取任何方向，而分子纳米磁体有限的基态自旋，使得它的能态是离散的，磁矩只能取某些特定的取向，因此可以用图 3.4 所示的双势阱模型来表示。对于克拉默离子，克拉默定理规定它的能态都是双重简并的，双势阱模型总是符合实际的；但对于非克拉默离子，只有在较严格的轴对称性配体场中，它们才具有双势阱型的能态结构。

如图 3.4 所示，在双势阱模型中，当无外加磁场时，粒子在势阱两侧的布居是相等的，净磁矩为零，对应于状态Ⅰ [图(a)]；在将体系置于磁场中后，塞曼效应使得原本简并的能级分裂，玻尔兹曼分布决定了部分粒子要从能量升高的势阱中转移至能量降低的势阱中，以达到热力学平衡态 [状态Ⅱ，图(b)]，在理想情况下，粒子需要先爬升

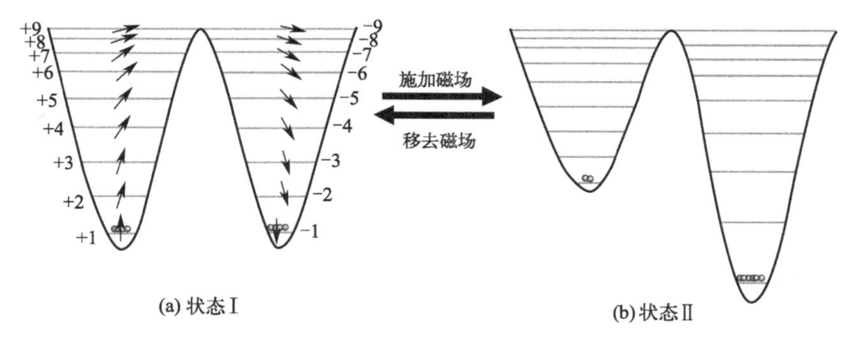

图 3.4　以双势阱模型表示的分子纳米磁体的磁化和慢磁弛豫过程示意图

［（a）中箭头表示不同能态的磁矩相对取向］

至能量最高的状态，才能到达另一侧的势阱，即翻越各向异性势能垒，该过程即为慢磁弛豫过程，在达到状态Ⅱ后，体系被磁化；随后，撤去外加磁场，能级恢复简并，部分粒子又要翻越势能垒，以恢复至状态Ⅰ对应的平衡态。如果慢磁弛豫进行得足够慢，系统便能在一段时间内保持其磁化状态，表现出磁体的特征，因此弛豫时间的长短是决定分子纳米磁体性能优劣的重要参数。需要注意的是，在分子尺度上，除了通过翻越势能垒外，系统也可通过多种其它类型的途径来完成慢磁弛豫过程。

3.2.2　慢磁弛豫性能参数

尽管弛豫时间的长短是反映体系慢磁弛豫性能高低的最直接参数，但在实际研究中，并没有直接将弛豫时间作为衡量分子纳米磁体优劣的标准，这是因为弛豫时间与温度密切相关，不同体系展现出慢磁弛豫行为的温度区间通常不一致，很难统一规定以某特定温度下的弛豫时间作为比较标准。相比于弛豫时间，阻塞温度和有效势能垒等参数才是更为可行的衡量体系慢磁弛豫性能优劣的标准。

（1）阻塞温度 T_B

从物理意义上来讲，阻塞温度是体系能在无外加磁场的情况下保持其磁化强度不变的最高温度，即能展现出磁体特征的临界温度。由于超顺磁体的磁体行为是基于时间依赖的慢磁弛豫行为而展现出的，因此 T_B 并不是固定的，与测量所用的变场速率等因素有关。在分子纳米磁体研究领域，T_B 的定义主要有以下四种：① $\tau=100s$ 的温度，该标准是由 Gatteschi、Villian 和 Sessoli 等研究者提出的[4]，但由于绝大多数分子纳米磁体在 2K 下的 τ 仍远小于 100s，因此该定义并未被广泛采用；②磁滞回线展现出开口的最高温度，虽然该定义直接反映了体系展现磁体特征的最高温度，但由于该温度与测试所用变场速度有关，而变场速度又可在较宽范围内调节，因此该定义也并未被广泛采用，另外，由于测量仪器自身的固有误差，将磁滞回线放大，它总是会展现出微小的开口，很难以统一的标准界定磁滞回线开口与否；③零场冷却磁化强度曲线的峰值，该定义实际上是传统超顺磁体的 T_B 定义；④零场冷却和场冷却磁化强度曲线的分叉温度，虽然此处的分叉温度与测试所用变温速度有关，但由于测试所用变温速度一般相差不大，且分叉温度可以较准确地界定，因此该定义是目前采用最广泛的阻塞温度定义。

（2）有效势能垒 U_{eff}

有效势能垒，即各向异性能垒，是体系在双势阱间翻转所需跨越的能垒。尽管 U_{eff} 并未直接与磁体特征相关，但由于大多数性能较低或中等的分子纳米磁体的弛豫时间都很短，在常规测试中，难以展现出开口的磁滞回线，零场冷却与场冷却磁化强度曲线也经常重合，T_B 难以确定，但利用交流磁化率测试一般都可确定它们的 U_{eff}，且 U_{eff} 的高低也能在很大程度上反映体系的慢磁弛豫性能的优劣，因此 U_{eff} 成为比较分子纳米磁体性能优劣的最主要的标准。U_{eff} 越高的体系，相同温度下的 τ 通常也越长，T_B 一般也越高。

（3）矫顽力场 H_c 及剩磁比 M_r/M_s

矫顽力场和剩磁比都是反映传统铁磁体性能高低的重要参数，但在分子纳米研究中，它们却很少被提及，这是因为分子纳米磁体的研究尚处于提升 T_B 的阶段，即使是当前性能最优的分子纳米磁体，大多数也只能在 20K 以下展现出磁滞回线，且量子隧穿的存在使它们的剩磁比普遍很低，距离实际应用仍有相当大的差距，因此比较它们的矫顽力场和剩磁比在当前的研究中意义不大。但当分子纳米磁体发展至面向应用的研究阶段，矫顽力场和剩磁比将是需要重点关注的性能参数。

3.2.3 自旋-晶格弛豫

分子纳米磁体的慢磁弛豫，可以通过不同的途径或机理进行。按照是否需要吸收能量，可以将这些途径分为两大类：第一类是自旋-晶格弛豫（spin-lattice relaxation），也被称为自旋-声子弛豫（spin-phonon relaxation），是磁矩的自旋系统通过与晶格振动交换能量来实现状态改变的过程；第二类是量子隧穿过程（QTM，quantum tunneling of magnetization），这是一种纯粹的量子力学效应。

自旋-晶格弛豫是指自旋通过与环境进行能量交换来实现能态转变的过程，反映了磁自旋子系统与晶格振动之间的能量转移。在物理学中，声子是“晶格振动的简正模能量子”[5]，它不是真正的实体粒子，而是用来描述原子热振动（晶格振动）规律的能量量子。声子的能量用 $E=\hbar\omega$（$\hbar=h/2\pi$）表示，其中 h 为普朗克常数，ω 为声子的频率。在固体中，不同的晶格振动方式对应着不同频率的声子，通常用声子态密度图来反映不同频率声子的数目分布。自旋从低能级跃迁至高能级所吸收的能量正是来源于晶格振动所产生的能量，即声子能量。自旋从高能级跃迁至低能级，也会释放出声子，因此这种弛豫被称为自旋-晶格弛豫或自旋-声子弛豫[6]。按照具体的弛豫过程，自旋晶格弛豫又可分为奥巴赫过程（Orbach process）、拉曼过程（Raman process）和直接过程

(Direct process) 三种。

(1) 奥巴赫过程

奥巴赫过程是指处于基态的磁性粒子通过吸收声子跃迁至激发态，再通过释放声子到达磁矩与初始基态相反的另一个基态的过程。在介绍超顺磁体或分子纳米磁体时，通常所说的需要跨越有效势能垒的慢磁弛豫过程，便是指奥巴赫过程，可见该过程在分子纳米弛豫机理中的重要性。

尽管在很多介绍慢磁弛豫的地方，粒子总是要爬升至双势阱模型的最高处，即最高激发态，才能实现磁矩的翻转，但在绝大多数实际的分子纳米磁体中，奥巴赫过程是通过第一激发态进行的，即处于基态的自旋通过吸收一个频率为 ω_1 的声子跃迁至第一激发态，随后再释放出另一个频率为 ω_2 的声子跃迁至另一侧的基态。在如图 3.5 的能级图中，上述奥巴赫弛豫机理的跃迁过程可表示为 +1→+2→−1 或 +1→−2→−1，它是一个双声子的弛豫过程。当然，奥巴赫过程也可以通过更高的激发态进行，即粒子通过连续吸收数个声子逐步跃迁至较高的激发态，再通过连续释放声子回到基态，这样的过程被称为高阶奥巴赫弛豫，如图 3.5 所示的 +1→+2→+3→ −2→ −1 的过程。

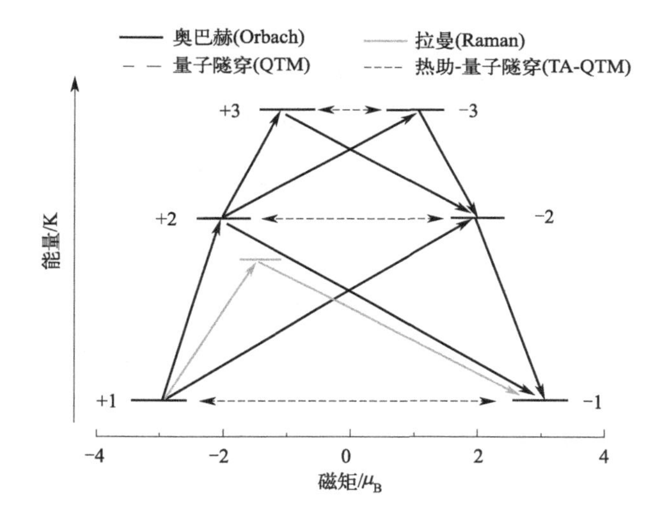

图 3.5　分子纳米磁体的慢磁弛豫机理示意图（黑色短横线代表能态）

奥巴赫弛豫是典型的热激发物理过程，其弛豫速率符合阿伦尼乌斯定律，即：

$$\tau^{-1}=\tau_0{}^{-1}\exp(-U_{\mathrm{eff}}/kT) \tag{3.14}$$

其中，τ_0 为指前因子，对于特定的系统，τ_0 为常数，在分子纳米磁体中，它通常在 10^{-6}～10^{-11}s 内；U_{eff} 为有效势能垒，在理论上等于通过的最高激发态与基态的势能差。U_{eff} 越大，则奥巴赫弛豫过程所需吸收的声子能量越高，弛豫时间也越长。由于奥巴赫过程的弛豫速率与温度符合阿伦尼乌斯定律，因而 $\ln\tau$ 与 $1/T$ 将呈线性关系，利用这个关系，可以在实验上判断某温度区间的弛豫过程是否为奥巴赫过程主导。

理论研究表明，两个能态的磁矩取向差异，即各向异性轴取向差异，是决定它们之间能否进行奥巴赫弛豫的关键[7]。各向异性轴取向差别越大，发生奥巴赫弛豫的概率就越高；反之，若两能态的各向异性轴接近平行，则进行奥巴赫弛豫的概率就会大大降低。如在 Winpenny 所报道的 $Dy@[Y_4K_2(O^tBu)_{12}]$ 中[8]，Dy^{3+} 的基态和第一激发态的各向异性轴朝向偏离很小（0.71°～2.73°），使得其中的奥巴赫过程最终通过第二激发态进行（1+→2+→3+→2−→1−），从而展现出了较高的势能垒。而如果第一激发态和第二激发态的各向异性轴也接近一致时，奥巴赫过程则会通过第三激发态能级进行，依次类推。因此通过控制稀土离子的配位场构型，使它的基态和各激发态的各向异性轴取向尽可能一致，可以极大地提高奥巴赫过程的有效势能垒，从而获得更长的弛豫时间。迄今，在三价稀土分子纳米磁体中，通过第五激发态的弛豫是所观察到的最高阶的奥巴赫过程，如在 Mills 和 Layfield 所报道的单离子磁体 $[Dy(Cp^{ttt})_2]^{2+}$ 中[9]，奥巴赫弛豫过程是通过 $|\pm15/2\rangle\to|\pm13/2\rangle\to|\pm11/2\rangle\to|\pm9/2\rangle\to|\pm5/2\rangle\to|\mp3/2\rangle\to|\mp7/2\rangle\to|\mp11/2\rangle\to|\mp13/2\rangle\to|\mp15/2\rangle$ 的跃迁过程进行的，有效势能垒达到了 $1277cm^{-1}$。

（2）拉曼过程

与通过第一激发态的奥巴赫过程类似，拉曼过程，一般特指二阶拉曼过程，也是一个涉及激发态能级的双声子弛豫过程，但它所经过的激发态是受激虚态（virtual state）[10]，简称虚态，并不是实际的激发态，也没有磁能级的对应。与实际激发态不同，虚态的能量高低并不是固定的，因而在拉曼过程中，只要两个声子能量的差值等于基态双重态的能量差，便可以为拉曼过程所用，实际上，几乎所有频率的声子都可以为拉曼弛豫所用。而奥巴赫过程所涉及的激发态是实际的激发态，吸收的声子能量必须等于基态与激发态的能量差[11]，因此只有特定频率的声子才能激发奥巴赫过程，特别是在低温下，可供奥巴赫过程利用的声子往往不足，使得慢磁弛豫往往会转向其它机理进行。

拉曼过程的弛豫时间与温度符合：

$$\tau^{-1}=CT^n \tag{3.15}$$

其中 C 和 n 是系统自身性质决定的常数，n 通常在 2～9 之间，因此它的 $\ln\tau$ 与 $\ln T$ 之间呈线性相关，斜率的绝对值即为指数 n。需要注意的是，当声子瓶颈产生时，即系统在低温没有足够的声子供自旋-晶格弛豫进行，弛豫速率被迫减慢，τ^{-1} 与 T^2 也会展现出线性相关[12]，在这种情况下，要注意区分它与拉曼过程。一般来说，拉曼过程的指数 n 与分子的局部简谐振动模式是相关的，在抗磁稀释前后会保持基本不变，但抗磁稀释会降低系统中顺磁中心的密度，使得弛豫所需声子的数量大大减少，声子瓶颈通常会随之消失，因此利用抗磁稀释可以分辨这样的弛豫过程属于拉曼弛豫还是声子瓶颈。

（3）直接过程

与奥巴赫过程和拉曼过程不同，直接过程是一种单声子弛豫过程，即自旋通过吸收或释放一个声子，从一个能级跃迁至另外一个能级[13]。在分子纳米磁体的研究中，直接过程通常是指在基态双重态之间进行的弛豫过程，即自旋通过吸收或释放一个声子从+1跃迁至−1（或相反的过程），直接实现磁矩方向的翻转。克拉默离子的基态双重态在原则上是完全简并的，由于没有能量差，它们之间的直接过程应该是禁阻的，但固体内的磁偶极相互作用，以及外加横向磁场均会引起基态双重态的塞曼分裂，使它们不再完全简并，从而使得直接过程在克拉默离子中也可以进行。尽管如此，由于基态双重态之间的能量差非常小，导致它们之间的直接弛豫所需的声子频率非常低，只有很少一部分声子能够满足它的需要，因此在无强的外加磁场引起大的塞曼分裂时，直接过程发生的概率要远远低于奥巴赫过程和拉曼过程，通常可以忽略，而只有外加磁场足够大时，才能观察到直接过程。直接过程这种特性使得它的弛豫速率与外加磁场的大小有关，其关系式为：

$$\tau^{-1}=A_1H^4T \tag{3.16}$$

$$\tau^{-1}=A_2H^2T \tag{3.17}$$

式(3.16) 和式(3.17) 分别适用于克拉默离子和非克拉默离子体系，其中 A_1 与 A_2 为常数，H 为外加磁场。实际上，在任何两个能级之间都存在直接过程，尤其是能量差较大的两个能态之间，直接过程发生的概率相比在基态双重态内要高得多，但通常都把它们认为是构成奥巴赫过程或热激发的量子隧穿过程的步骤，因此通常并不单独讨论。

3.2.4 量子隧穿弛豫

除了通过与晶格振动耦合来进行弛豫外，自旋还可以通过量子隧穿机理来实现磁矩的翻转，这是一种不消耗任何声子能量的过程，它的发生是基于波函数重叠原理进行的。量子隧穿通常发生在很低的温度下，因为此时系统无法提供足够多且足够能量的声子来实现自旋-晶格弛豫，因而，不需要消耗声子的量子隧穿过程便占据了主导。

（1）量子隧穿的量子力学来源

由于微观粒子具有波粒二象性，其运动状态不能像宏观物体一样用具体的位置和动量来表示，而是用概率函数即波函数来表示。对于一个处于双势阱模型中的微观粒子，其基态能级是双重简并的，即其在某一时刻可以处于势阱的左侧或右侧，这两种状态的能量是相等的，从经典力学角度来看，当处于势阱左（右）侧的粒子要到达势阱右（左）侧，就必须吸收足够的能量到达“坡顶”，而后再释放能量滑向势阱的另一侧，在特定时刻，粒子只能处于势阱的一侧。但根据量子力学态叠加原理[14]，粒子处于势阱左侧或者右侧这两种状态的叠加态也是粒子的一种可能的状态，在这种叠加状态下，处于势阱左（右）侧的粒子有一定概率出现在势阱的右（左）侧，或者说粒子可以同时处于势阱的左侧和右侧，就好像粒子可以在势阱左侧和右侧之间来回穿梭，这种过程不需要吸收能量来翻越两者之间的势能垒，而是像穿过一个隧道一样直接在两种状态之间往复，量子力学将这种过程叫作量子隧穿，它在微观世界是普遍存在的。

将上述理论应用到单分子磁体领域，就意味着自旋可以通过量子隧穿途径直接实现磁矩的翻转，而不需要吸收声子能量，它是一种完全不同于自旋-晶格过程的弛豫途径。需要指出的是，要观察到量子隧穿过程，需要一种作用将两个能量简并的能级耦合起来[15]，从而得到两个新的耦合态（图 3.6），其中一个耦合态的能量要低于未耦合状态的能量，而另一个耦合态的能量要高于未耦合状态的能量，这与分子轨道理论中的成键轨道和反键轨道类似，这两个耦合态之间的能量差被称为隧穿分裂能（tunneling splitting energy），通常用 Δ_{tun} 或 Δ_T 来表示。粒子处于能量较低的耦合态，即前述的势阱左侧和右侧的叠加态，就意味着量子隧穿过程的发生。隧穿分裂能越大，观察到量子隧穿过程的概率就越大。这种通过某种作用使得两个能级简并的自旋态发生耦合，简并解除，得到两个能级不再简并的两个自旋态的现象，被称作能级免交叉或反交叉（avoided crossing、anticrossing 或 noncrossing），能级免交叉的产生就意味着量子隧穿的存在。必须明确的是，隧穿分裂能通常都非常小，如在 $Mn_{12}Ac$ 中，基态 $m_S=\pm 10$ 之间的隧穿分裂能大约在 10^{-10}K 数量级[14]，也就是说，能够使本来简并的双重态形成能级免交叉的作用对于系统来说是一种微扰作用，它对系统各能态的能量改变是微不足道的，但对系统的某些特性影响却是至关重要的。

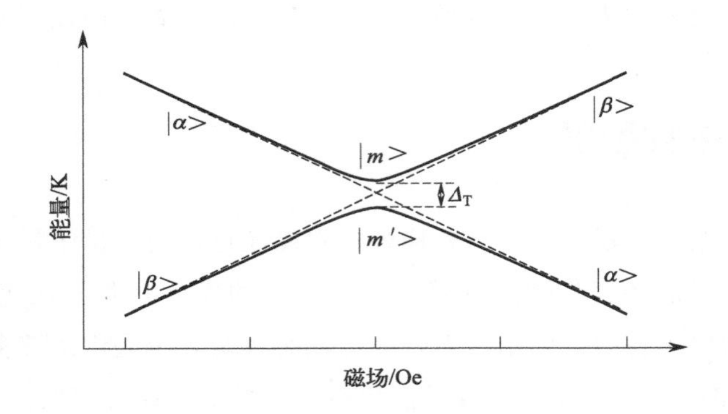

图 3.6　能级免交叉示意图（其中 $|\alpha>$ 和 $|\beta>$ 为未受到微扰作用的能态，$|m>$ 和 $|m'>$ 为微扰作用下的耦合态）

（2）引起量子隧穿的因素

对于稀土分子纳米磁体，目前的研究表明，能够作为微扰使得能量简并的能级发生耦合，从而引起量子隧穿的作用主要包括三种[14]：配体场分裂导致的横向各向异性、偶极-偶极相互作用和核自旋与电子自旋之间的超精细相互作用。

① 横向各向异性。稀土离子的基态 J 多重态在配体场中分裂的哈密顿量可以表示为[16]：

$$\hat{H}=\sum_{k=2,4,6}\sum_{q=-k}^{k}B_k^q\hat{O}_k^q(J) \tag{3.18}$$

其中，$\hat{O}_k^q$ 为广义 Stevens 算符，B_k^q 为配体场分裂参数，是取决于配体场构型和中心离子电子结构的实数，按照 $q=0$ 和 $q\neq 0$ 又可将它们分为纵向和横向配体场分裂项。纵向 $\hat{O}_k^q$（$q=0$）项的作用是移除 m_J 态的简并，产生轴各向异性；而横向 $\hat{O}_k^q$（$q\neq 0$）项则会将相差一定整数的 m_J 态混合[14]，使得分裂形成的斯塔克亚能态不是纯的 m_J 态，而是多个 m_J 态按照一定比例混杂而成，即产生横向各向异性。横向 $\hat{O}_k^q$（$q\neq 0$）的作用最终会使 $\pm m_J$ 态之间发生混杂，从而引起量子隧穿弛豫的产生。在 m_J 态发生混杂后，继续用 m_J 来标识特定的斯塔克亚能态显然已经不合适，因此通常直接用数字 ± 1、± 2 等来标识双重简并的基态和各激发态，且将它们视作 $S_{\text{eff}}=1/2$ 的自旋进行处理，其各向异性则由各向异性朗德因子 g_x、g_y 和 g_z 标识，前两者代表横向各向异性分量，后者则为轴向各向异性分量。g_x、g_y 越大的双重态之间，发生量子隧穿弛豫的概率越高，若 $g_x=g_y=0$，则说明该能态具有完全的轴向性，是某一纯的 m_J 态。

在大多数稀土分子纳米磁体中，横向各向异性都是导致量子隧穿的最主要因素，要尽可能抑制乃至完全消除横向各向异性，就必须使横向 B_k^q 尽可能小乃至完全退化为零。理论研究表明，B_k^q 是否为零与配体场的对称性具有直接联系，特定的对称性可以让特定的 B_k^q 项退化为零[2]，如在 $C_{6\text{h}}$ 对称性的配体场中，只有 B_6^{-6} 和 B_6^6 项不为零，而当配体场具有 $D_{4\text{d}}/S_8$、$C_{5\text{h}}/D_{5\text{h}}$、$C_n$（$n>6$）、$S_{12}/D_{6\text{d}}$ 等对称性时，所有横向 B_k^q 项均退化为零，横向各向异性引起的量子隧穿被完全消除。但必须要注意的是，配体场的对称性指的是电荷分布的对称性，而非配位几何构型的对称性，配位构型具有高对称性，并不意味着配体场也具有高对称性，特别是实际配位构型与理想几何构型之间总是存在一定的偏差，使得在实际的配合物中构建具有上述对称性的配体场几乎是不可能的，也就是说，横向各向异性在所有分子纳米磁体中都是实际存在的。尽管如此，若能使配体场尽可能接近于以上所述的对称性时，横向 B_k^q 可以被极大地削弱，从而降低量子隧穿发生的概率。

横向各向异性对克拉默离子和非克拉默离子中的量子隧穿的影响也是不同的。对自旋为整数的非克拉默离子，如 Tb^{3+} 和 Ho^{3+} 等，由于实际的配体场构型总是在一定程度上偏离轴对称性，它们的双重态并不是严格简并的，而是准双重态，由横向各向异性引起的隧穿分裂，也即量子隧穿效应，总是客观存在的；对于自旋为半整数的克拉默离子，如 Dy^{3+}、Er^{3+} 和 Yb^{3+} 等，克拉默定理表明它们在零磁场下的能态都是严格双重简并的，横向各向异性也无法使一对双重态混杂，不能进行量子隧穿弛豫，因此，在理论上，克拉默离子是构筑分子纳米磁体的更好选择，而这也确实得到了大量实际报道的验证。尽管如此，横向磁场，即垂直于易轴的磁场，可以通过塞曼效应将克拉默离子的双重简并能态混杂起来，导致量子隧穿的发生，且这种作用会被横向各向异性放大。因此，无论在克拉默离子还是非克拉默离子中，要抑制其中的量子隧穿效应，都必须尽可能地削弱配体场分裂引起的横向各向异性。

② 偶极-偶极相互作用。在固体中，每一个顺磁中心都相当于一个小磁体，会在其周围产生磁场，因此空间上距离较近的顺磁中心之间会通过磁场发生作用，这种作用即

为偶极-偶极相互作用。尽管偶极-偶极相互作用的等效磁场一般都很小，但它形成的横向磁场，仍能通过塞曼效应将双重简并的能态耦合起来，导致能级免交叉的发生，也即引起量子隧穿弛豫。

③ 超精细相互作用。在 2.4.3 中，我们已经介绍了超精细相互作用的概念和它对稀土离子能级分裂的影响。对于量子隧穿的发生，超精细相互作用的贡献体现在两方面：

a. 提供超精细磁场[17]，类似于偶极-偶极相互作用，具有磁矩的原子核与电子磁矩之间也存在偶极-偶极相互作用，这种作用也相当于在固体内部提供了一定大小的磁场，从而通过横向的塞曼分裂来诱导量子隧穿的发生。

b. 通过使斯塔克亚能级进行超精细分裂，为能级免交叉提供了更多的可能[18]。当不考虑超精细分裂时，一对配体场分裂形成的双重态只能在零场下出现一次能级交叉，但当考虑超精细分裂后，构成双重态的每一个斯塔克亚能态又进一步分裂为了（$2I+1$）个能级间隔很小的$|m_J>|m_I>$耦合态，其中$|m_J>$和$|m_I>$分别代表电子自旋态和核自旋态，在纵向的塞曼分裂能谱上，这两组$|m_J>|m_I>$耦合态在很窄的磁场范围内呈现出（$2I+1$）×（$2I+1$）个能级交叉位点，任意一个能级交叉位点在横向配体场分裂$\hat{O}_k^q$、横向磁场或超精细分裂作用下都可能形成能级免交叉，从而为量子隧穿的发生提供基础。如图 3.7 所示，$[TbPc_2]^-$的配体场分裂基态 $m_J=\pm6$[19]，在 Tb^{3+} 核（$I=3/2$）的超精细作用下分裂成了两组共 8 个$|m_J>|m_I>$($m_J=+6$、-6；$m_I=+3/2$、$+1/2$、$-1/2$、$-3/2$）耦合态，它们在纵向塞曼分裂能谱上展现出了 16 个能级交叉位点，在横向配体场分裂、超精细耦合或横向磁场作用下均能形成能级免交叉，$[TbPc_2]^-$的磁滞回线在±0.04T 的范围内出现了十多个按规律分布的阶梯状步骤，它们是量子隧穿发生的典型特征，而如此小的磁场说明这些能级免交叉来源于超精细耦合态，而非电子自旋态，同构的 $[HoPc_2]^-$ 和 $[DyPc_2]^-$ 也均展现出了类似的行为。

值得注意的是，超精细相互作用并非总是量子隧穿发生的助推剂。在五角双锥构型的 $[Ho(CyPh_2PO)_2(H_2O)_5]^{3+}$ 及其它相似的 Ho^{3+} 配合物中[20]，^{165}Ho 的 $J=8$ 的电子自旋和 $I=7/2$ 的核自旋的超精细耦合，使它成为准克拉默体系，反而抑制了量子隧穿。但这种情况在同构的 Tb^{3+} 配合物中却没有发生，在其它构型的 Ho^{3+} 配合物中也未观察到，其深层次原因还需进一步探索。

另外，需要说明的是，超精细相互作用并非只发生在顺磁离子自身的原子核和电子自旋之间，顺磁离子周围的 H 和 N 等原子的自旋不为零的核，同样会与顺磁离子之间发生超精细相互作用，它们对于量子隧穿的贡献在很多体系中也很重要。

（3）量子隧穿的分类

按照弛豫通过的能态，可将量子隧穿分为基态量子隧穿和通过激发态的量子隧穿，通常所说的量子隧穿一般默认为基态量子隧穿。

基态量子隧穿，即在基态双重态之间进行的量子隧穿，是最常遇到的量子隧穿类

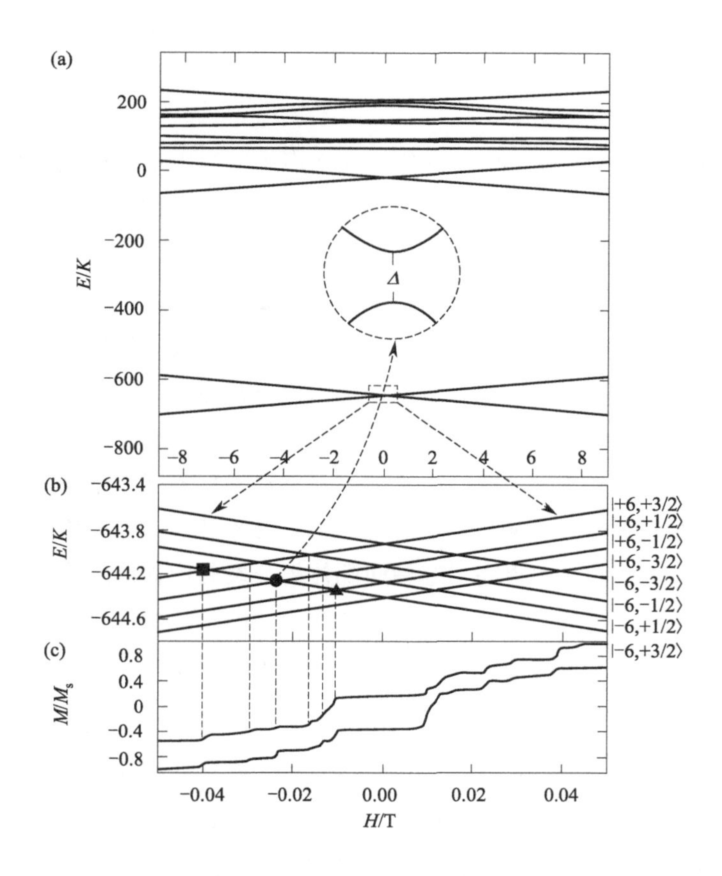

图 3.7 $[TbPc_2]^-$ 中超精细相互作用引起的量子隧穿原理图：(a) 塞曼效应能级分裂图，插图为超精细能态形成的能级免交叉；(b) 以塞曼效应能级分裂图展示的 $m_J=\pm 6$ 态的超精细分裂结构；(c) 磁滞回线

型，它是导致很多配体场极性不够强或对称性较低的体系难以展现出慢磁弛豫行为的主要原因，因此要成功地构建分子纳米磁体，基态量子隧穿必须被尽可能地抑制。由于不吸收声子能量，基态量子隧穿的弛豫时间与温度之间没有依赖关系，在 $\ln\tau \sim T^{-1}$ 图或 $\tau \sim T$ 图上表现为水平走势。

当基态双重态的横向各向异性非常弱时，量子隧穿将难以通过基态进行，系统需要通过奥巴赫过程或拉曼过程以实现磁矩的翻转，从而展现出慢磁弛豫行为。但实际上，量子隧穿也是可以通过激发态进行的，即粒子先吸收声子能量到达激发态，再在激发态双重态之间进行量子隧穿，如图 3.5 所示的通过第一或第二激发态进行的量子隧穿，由于需要吸收能量，因此它也被称为热辅助的量子隧穿。在绝大多数体系中，横向各向异性总是随着能态的升高而逐渐增强，在微扰作用下，激发态双重态更容易形成能级免交叉，隧穿分裂能更大，因此也更容易发生量子隧穿。作为一种热激发过程，热辅助量子隧穿的弛豫时间和温度遵循阿伦尼乌斯定律，即与奥巴赫弛豫具有相似的温度依赖行为，在 $\ln\tau \sim T^{-1}$ 图也表现为线性相关，因此热辅助量子隧穿与奥巴赫弛豫在实验层面是难以区分的，只有通过量子力学计算模拟，才能真正区分系统的弛豫究竟是奥巴赫过程还是热辅助的量子隧穿过程。

(4) 量子隧穿的抑制

量子隧穿的存在，使得分子纳米磁体即使在声子能量不足时也能直接进行磁矩的翻转，导致所存储的信息丢失，因此要得到实际应用，量子隧穿弛豫必须得到尽可能地抑制。

针对不同根源的量子隧穿，需要采用不同的方法来抑制。首先，对于横向各向异性导致的量子隧穿，最根本的解决方法是构建具有特定对称性的配体场，让横向配体场分裂参数退化为零。然而，实际配位构型与理想构型总是存在一定的偏差，且配位几何构型并不等于配位原子所形成的静电场构型，即使完全等同的配位原子与中心离子形成的配位键长也经常存在一定差异，这些因素使得要构建理想的能够消除所有横向配体场分裂项的配位场是不可能的。实验和理论研究表明，相对于提高实际配位构型的对称性，尽可能提高配体场的极性，即提高引起轴向配体场分裂的配体场强度，并减弱引起横向分裂的配体场强度，才是减弱中心离子横向各向异性的更加实际有效的策略。如理论上 D_{5h} 构型可以消除所有横向配体场分裂项，而 D_{4h} 构型中则保留有非零的 $B_4^{\pm4}$ 和 $B_6^{\pm4}$ 项，但近 D_{4h} 构型的 $[Dy(O^tBu)_2(Py^R)_4]^+$ (R=苯基/哌啶-1-基/四氢吡咯-1-基) 的 U_{eff}=1810～2075K[21]，略高于由同类型配体构成的近 D_{5h} 构型的 $[Dy(O^tBu)_2(Py)_5]^+$ (U_{eff}=1815K)[22]。特别是在基于环戊烯基负离子配体的二茂镝单离子磁体中[23]，将产生横向配体场分裂作用的赤道面配体移除后，它们的 T_B 普遍达到了 60K 左右，是此前分子纳米磁体 T_B 记录的三倍以上。

其次，针对偶极-偶极相互作用引起的量子隧穿，可采用抗磁离子稀释的方法来进行抑制。抗磁离子稀释，即用抗磁性金属离子取代分子纳米磁体中的大部分顺磁性金属离子，使剩余的顺磁性离子间隔得足够远，以近乎完全的消除其中的偶极-偶极相互作用。稀土离子相近的离子半径和化学性质，使它们在很多结构中都能互相代替，且这种代替对结构的改变程度非常小，几乎不影响剩余顺磁离子所处的化学环境，为抗磁离子稀释的执行和研究偶极-偶极作用在分子纳米磁体中发挥的作用提供了极大的便利。在当前，抗磁离子稀释已经成为稀土分子纳米磁体研究中的一种常规手段[24]，一般采用 Y^{3+} 为抗磁性金属离子，也有少数研究采用 Lu^{3+}，Y^{3+}/Lu^{3+} 与顺磁稀土离子的摩尔比一般 10∶1～30∶1。在合成时，只需将原料中的顺磁稀土金属盐按比例替换为抗磁稀土金属盐即可，以粉末 X 射线衍射测试来验证单晶结构是否保持不变。需要注意的是，原料与产物中的金属离子比例可能存在较大差别，因此必须采用特定的测试手段，一般为原子发射光谱法，来确定产物中的金属离子比例，另外，为了确保抗磁离子和顺磁离子在体系中是均匀分布的，还应用 X 射线能谱来表征它们在体系中的分布情况。在大多数体系中，抗磁离子稀释可以在较大程度上抑制量子隧穿弛豫，使得磁滞回线展现出更大的开口和更高的剩磁比，具体的例子见本书的 7.3.3 节。

最后，对于超精细相互作用所引起的量子隧穿，要从根本上抑制是极其困难的。对于具有核自旋为零的同位素的稀土离子，可以直接采用这些同位素为原料合成分子纳米磁体，这种方法无疑是成本高昂的，不可能成为常规的研究手段，也不符合实际应用对于成本控制的需求。但作为基础理论研究，它仍是可以采用的手段，如 Cador 对比了中心离子分别为 $I=0$ 的 ^{164}Dy 和天然 Dy 的 β-二酮单分子磁体的慢磁弛豫行为[25]，发现前者中的量子隧穿更弱，磁滞回线具有更高的剩磁比，说明这种策略可以有效地抑制量子隧穿，但不能完全抑制，因为体系中还存在其它的磁活性的原子核，如 H 和 N 原子。对于没有 $I=0$ 的同位素的稀土离子，目前还没有方法能够削弱其中的超精细相互作用，如 Ho 在自然界中只有一种 $I=7/2$ 的同位素 ^{165}Ho，超精细相互作用在任何 Ho 的分子纳米磁体中都是存在的。

除了从设计和合成层面来削弱量子隧穿效应外，也可以用外加直流磁场这一技术手段来抑制体系中的量子隧穿弛豫。通常采用的直流场在 300～3000Oe 范围内，这样大小的直流磁场产生的塞曼效应可以在一定程度上移除双重态之间的简并，削弱微扰作用对它们的混合程度，从而抑制量子隧穿，减慢系统弛豫的速率，但同时又不至于完全破坏双重态的简并，保留慢磁弛豫进行的基础。然而外加直流场并不是越大越好，随着直流场的增大，基态双重态之间的能量差逐渐增大，使得更多的声子可以被直接过程利用，而直接过程的激活，又会加快系统弛豫的速率，抵消抑制量子隧穿产生的正面效果。量子隧穿弛豫速率与直流磁场的依赖关系为[26]：

$$\tau^{-1}=B_1/(1+B_2H^2) \tag{3.19}$$

其中，B_1 和 B_2 是由系统自身性质决定的常数。将量子隧穿和直接过程综合考虑后，系统的弛豫速率与直流磁场的关系可表示为（直接过程以克拉默离子为例）：

$$\tau^{-1}=B_1/(1+B_2H^2)+A_1H^4T \tag{3.20}$$

在大多数系统中，τ 会随着 H 的增大呈先增大再减小的趋势，τ 最大时对应的磁场即为最优直流场，可在该最优场下研究系统的慢磁弛豫行为，相关的实例见本书 5.2.3 节。

另外，在很多只能观察到零场量子隧穿弛豫的系统中，外加直流场的引入往往可以有效地抑制量子隧穿，使它们展现出缓慢的自旋-晶格弛豫，这种体系被称为场诱导的分子纳米磁体。

总的来说，能够在宏观磁学性质中展现出量子隧穿行为，是分子纳米磁体的独有特征，它使分子纳米磁体成为沟通宏观与微观、研究量子行为的优秀平台，同时也使分子纳米磁体在量子计算领域展现出了潜在的应用前景。然而，对于磁存储应用，量子隧穿导致的磁矩快速翻转破坏了分子纳米磁体得以存储信息的基础，必须被尽可能地抑制乃至完全消除。围绕量子隧穿弛豫发生的基础和规律，研究者进行了大量的实验和理论研究，在很大程度上已经揭示了引起量子隧穿弛豫的关键因素，明确了如何从配体场的设计层面抑制量子隧穿，也开发出了诸如抗磁稀释和外加直流磁场等易操作的手段来抑制量子隧穿。但限于配位构型与配体场构型的差别，以及系统固有的超精细相互作用，量子隧穿还无法被完全根除，继续深入探索量子隧穿行为与分子纳米磁体结构的关系，寻求更加实际的且更加完全地抑制量子隧穿的方法，依然是分子纳米磁体领域的研究重点之一。

3.3 慢磁弛豫行为的实验分析

3.3.1 慢磁弛豫行为的判断

要判断一个体系是否具有慢磁弛豫行为，可以从直流磁化率和交流磁化率两方面入手，交流磁化率的走势是最主要的判断依据，而直流磁化率一般作为辅助来佐证，但对于性能较高的分子纳米磁体，其直流磁化率往往也会展现出典型的慢磁弛豫行为特征。

（1）直流磁化率

直流磁化率测试一般包括变温磁化率、变场磁化强度、场冷却和零场冷却磁化强度、磁滞回线等。其中，变温磁化率是研究体系磁学性质的最基础测试，其结果通常用 $\chi T \sim T$ 图来表示。$\chi T \sim T$ 曲线在液氦温度以上的变化趋势在 3.1.2 节已有讨论，这里不再重复。在更低温度下，如果观察到 $\chi T \sim T$ 曲线向低温方向表现出急剧下降的趋势（实例见本书第 5 章图 5.12），则表明体系中很可能存在慢磁弛豫行为，且达到了磁阻塞温度 T_B。这是因为体系在 T_B 下具有较长的弛豫时间，磁化强度 M 在温度改变后需要较长时间才能达到新的平衡态 M_{eq}，超出了数据记录的时间，也即，在 T_B 以下，仪器所记录的 M 与 χ 实际上远小于平衡态应有的 M_{eq} 与 χ_{eq}，且上升的程度很小，但由于 T 在快速下降，因此 χ 与 T 的乘积—χT 会表现出急剧下降的趋势。但如果体系中同时存在铁磁相互作用，它会部分甚至完全抵消磁阻塞对 χT 改变的影响，从而使得 $\chi T \sim T$ 曲线表现出缓慢下降、基本不变乃至上升的走势。对于阻塞温度在 2.0K 附近或以下的分子纳米磁体，通常它们的 U_{eff} 在 200K 以下，它们的 $\chi T \sim T$ 曲线在常规测试的温度范围不能展现出以上特征。因此，$\chi T \sim T$ 曲线在低温下未表现出急剧下降走势的体系，也可能具有慢磁弛豫行为。

在 T_B 以下，场冷却和零场冷却磁化强度测试会出现分叉，磁滞回线会出现开口，但由于长程有序或自旋玻璃体系也会出现类似的行为，因此它们作为研究慢磁弛豫行为的辅助手段，而并非直接判据。

（2）交流磁化率测试

交流磁化率是判断体系是否具有慢磁弛豫行为并进行具体研究的最直接且重要的手段，即使对于 T_B 低于测试下限温度的体系，其交流磁化率通常也会展现出慢磁弛豫行为。

交流磁化率的测定，是在零直流场或一定大小的外加直流磁场 H_{dc} 的基础上，对样品施加一个与 H_{dc} 方向平行的交流磁场 H_{ac}，H_{ac} 的方向和大小的周期性改变会引起体系平衡磁化强度 M_{eq} 的周期性改变，当体系具有慢磁弛豫行为时，其 M 便会通过慢磁弛豫不断向 M_{eq} 趋近，定义交流磁化率 χ_{ac} 为：

$$\chi_{ac}=\mathrm{d}M/\mathrm{d}H \tag{3.21}$$

由于弛豫的存在，M 的变化总是会滞后于 H_{ac} 的变化，两者之间存在一定的相位差 φ，因此得到的 χ_{ac} 是一个复数，由实部 χ' 和虚部 χ'' 组成，其中 χ'' 代表相位差，是研究慢磁弛豫行为最关键的部分。同样由于弛豫的存在，M 与 H_{ac} 的滞后会随着 H_{ac} 的角频率 ω（或线频率 ν，$\omega=2\pi\nu$）和体系自身弛豫时间 τ 的改变而变化，即 χ_{ac} 是 ω 和 τ 的函数，或者更确切地说，它是 ω 和 T 的函数。

现在，我们考虑体系在特定温度下的 χ_{ac}，由于 τ 在恒定温度下是固定值，因此 χ_{ac} 是 ω 或 ν 的函数。首先考虑两种极限情况：①$\omega \ll \tau^{-1}$，即交流磁场振荡的频率相对于体系的弛豫频率非常慢，此时，交流磁场改变后，体系会迅速达到平衡态，测得的 M 基本等于 M_{eq}，χ' 趋近于直流磁化率，此极限值被称为等温磁化率 χ_T（isothermal susceptibility），表达了自旋和晶格保持热平衡的事实，而由于 M 与 χ_{ac} 基本没有相位差，χ'' 趋近于零；②$\omega \gg \tau^{-1}$，由于交流磁场振荡频率过快，体系还未作出一定响应时，平衡态便已经发生改变，这会导致体系对交流磁场的改变在表观上失去响应，χ' 和 χ'' 均趋近于零，但理论上 χ' 会减小至一个极限值 χ_S，它被称为绝热磁化率（adiabatic susceptibility），表明在这种条件下，自旋来不及与晶格交换能量来实现弛豫。

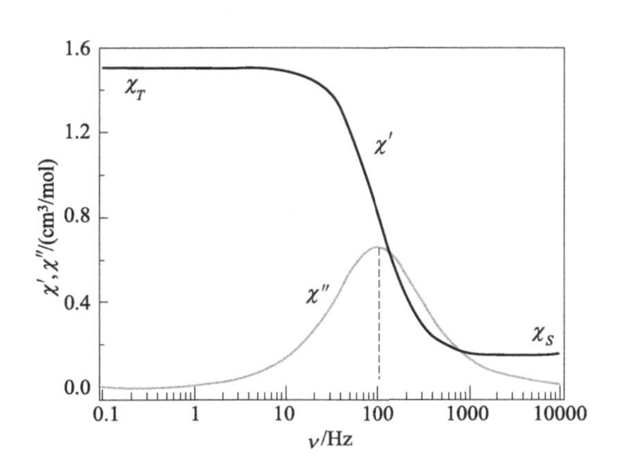

图 3.8　χ' 和 χ'' 随着 ν 变化的示意图

在上述两种极限情况之间，M 与 χ_{ac} 的相位差会随着 ω 的增大而增大，如图 3.8 所示，χ' 从 χ_T 逐渐减小至 χ_S，而 χ'' 则会先增大后减小。在 χ'' 的峰值处，交流磁场的频率与体系弛豫频率达到相等，即 $\omega=\tau^{-1}$，发生共振吸收。χ_{ac}、χ' 和 χ'' 与 ω 和 T 的具体数学关系由 Casimir 和 Du Pré 在 1938 年给出[27]：

$$\chi_{ac}=\chi_S+\frac{\chi_T-\chi_S}{1+i\omega\tau} \tag{3.22}$$

$$\chi'=\frac{\chi_T-\chi_S}{1+i\omega^2\tau^2}+\chi_S\text{；}\chi''=\frac{(\chi_T-\chi_S)\omega\tau}{1+\omega^2\tau^2} \tag{3.23}$$

由于该关系式与 Debye 于 1929 年提出的介电弛豫方程在形式上非常相似[28]，因此通常又把它称为标准 Debye 模型。

在实际的分子纳米磁体中，很多因素，如颗粒大小不统一、晶体缺陷、表面效应、多种弛豫途径共存等，使得体系在特定温度下的弛豫时间并不是一个特定的数值，而是具有一定的分布，需要对 Debye 模型进行一定的修正，引入弛豫时间分布参数 α[29]，才能更加准确地描述体系的慢磁弛豫行为，相应的关系式也修改为：

$$\chi_{ac}=\chi_S+\frac{\chi_T-\chi_S}{1+(i\omega\tau)^{1-\alpha}} \tag{3.24}$$

$$\chi'=\chi_S+(\chi_T-\chi_S)\frac{1+(\omega\tau)^{1-\alpha}\sin(0.5\alpha\pi)}{1+2(\omega\tau)^{1-\alpha}\sin(0.5\alpha\pi)+(\omega\tau)^{2-2\alpha}} \tag{3.25}$$

$$\chi''=(\chi_T-\chi_S)\frac{(\omega\tau)^{1-\alpha}\cos(0.5\alpha\pi)}{1+2(\omega\tau)^{1-\alpha}\sin(0.5\alpha\pi)+(\omega\tau)^{2-2\alpha}} \tag{3.26}$$

它们被称为广义 Debye 模型，其中 α 的取值范围为 0～1，越小的数值，说明体系的弛豫时间分布越窄。

交流磁化率测试通常可分为变频交流磁化率和变温交流磁化率测试两类。变频交流磁化率测试是指在特定的某些温度下，测量 χ_{ac} 对 ν 的变化曲线，得到与图［图 3.9(a)］同类型的结果。如果体系具有慢磁弛豫行为，且弛豫频率处于测试所用交变磁场的频率范围内，则可以得到一系列峰值随温度升高而向高频区域移动的 χ''～ν 曲线［图 3.9(b)］。在低温部分，χ''的峰值频率可能不随温度变化而移动，这是量子隧穿弛豫主导的结果。但如果体系的弛豫频率高于测试所用交变磁场的最高频率，则在 χ''～ν 曲线上将观察不到完整的峰形。需要注意的是，在部分体系中，χ''～ν 曲线的低频部分，通常在 10Hz 以下，会展现出一系列不随温度变化而移动的峰或半峰[30]，它们可能是量子隧穿行为，但也可能是分子间相互作用导致的一种特别的弛豫，这种弛豫不是基于单离子各向异性

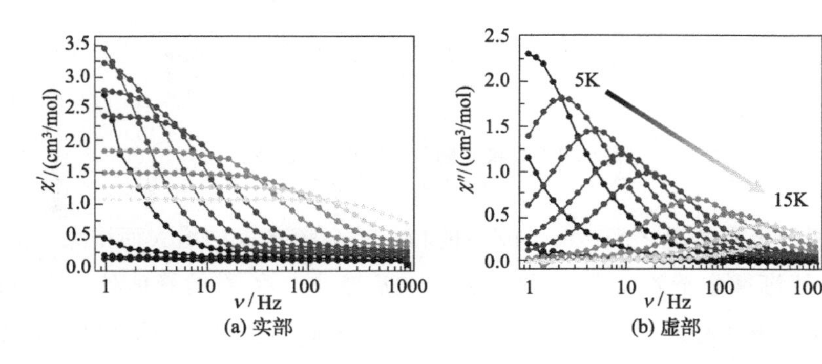

图 3.9　典型的具有慢磁弛豫行为的变频交流磁化率

的，通常不做特别讨论。

变温交流磁化率测试是在一系列特定的频率下，测量 χ_{ac} 对 T 的变化曲线，当体系具有慢磁弛豫行为，且弛豫频率处于测试所用交变磁场的频率范围内时，可得到如图 3.10 所示的典型结果。与变频交流磁化率不同，变温交流磁化率的实部和虚部曲线具有相似的走势，在高温区间的一系列频率依赖的峰形是热激发的慢磁弛豫行为的特征，相同频率下，$\chi'\sim T$ 曲线的峰值温度会略高于 $\chi''\sim T$ 曲线，后者的峰值温度同样代表体系在该处的弛豫频率与交流磁场频率达到相等。在低温部分，$\chi'\sim T$ 曲线和 $\chi''\sim T$ 曲线经常会展现出向低温方向上扬的走势，这是量子隧穿成为主导弛豫过程的特征。

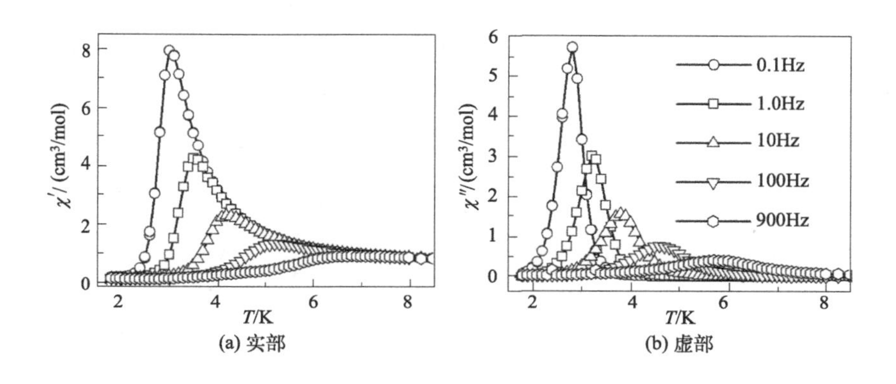

图 3.10 典型的具有慢磁弛豫行为的变温交流磁化率

必须要说明的是，当体系具有长程有序或自旋玻璃行为时，其变温磁化率也会有峰形出现，必须要与慢磁弛豫行为加以区分。长程有序中的铁磁、亚铁磁和弱铁磁有序会在 $\chi'\sim T$ 曲线和 $\chi''\sim T$ 曲线上均展现出峰形，反铁磁有序则只在 $\chi'\sim T$ 曲线上才有峰形出现，与慢磁弛豫行为不同的是，长程有序行为的峰值温度均没有频率依赖性，即不同频率下的 $\chi'(\chi'')\sim T$ 曲线会在同一温度下出现峰值。自旋玻璃体系的 $\chi'(\chi'')\sim T$ 曲线的峰值温度则具有较弱的频率依赖性，且它的峰形在高温一侧比较陡峭，在低温一侧则相对平缓。为了更加准确地区分慢磁弛豫行为和自旋玻璃行为，Mydosh 提出了利用参数 $\varphi=(\Delta T_p/T_p)/\Delta(\lg\nu)$ 来对峰形的频率依赖度进行定量[31]，其中 T_p 为 $\chi'\sim T$ 的峰值，ΔT_p 为测试所用的最高频率和最低频率峰值的差别，φ 在 0.01～0.08 之间，表明物质具有自旋玻璃行为，而 φ 在 0.1～0.3 之间是超顺磁行为的特征。

3.3.2 弛豫时间的提取

弛豫时间的提取通常可以采用两种方法，一是利用广义 Debye 模型对交流磁化率数据进行拟合，二是测定样品磁矩随时间的衰减变化，并进行拟合，这两种方法具有不同的适用范围。

（1）利用交流磁化率数据来提取弛豫时间

虽然在 $\chi''\sim\nu$ 或 $\chi''\sim T$ 曲线的峰值处，都有 $2\pi\nu=\tau$ 的数学关系，但限于人为寻找峰值对应的频率或温度总是会存在一定的误差，且结果会因人而异，因此通常不直接利用该方法来提取体系的弛豫时间 τ。更为科学的方法是以 χ' 和 χ'' 分别为横坐标和纵坐标作图，得到相应的 Cole-Cole 图（图 3.11），再利用由式(3.25）和式(3.26）推导出的式(3.27）对其进行拟合，得出 χ_T、χ_S 和 α 三个参数的值。再将它们代入式(3.25）和式(3.26）对 $\chi'\sim\nu$ 和 $\chi''\sim\nu$ 数据进行拟合，得出弛豫时间 τ。Cole-Cole 图可以直观地反映系统弛豫时间的分布，$\alpha=0$，即系统具有单一的弛豫时间时，Cole-Cole 图呈现标准的半圆形；α 在 0～1 内且逐渐增大，即弛豫时间分布逐渐变宽时，Cole-Cole 图会逐渐变得扁平。此外，英国曼彻斯特大学的 *Chilton* 教授开发的 CC-FIT 程序[32]，可以方便快速地对大量的 $\chi'(\chi'')\sim\nu$ 数据进行拟合，大大提高了磁性数据处理的效率。

$$\chi''=0.5\frac{(\chi_T-\chi_S)}{\tan[0.5\pi(1-\alpha)]}+\sqrt{(\chi'-\chi_T)(\chi_S-\chi')+\frac{0.25(\chi_S-\chi_T)^2}{\{\tan[0.5\pi(1-\alpha)]\}^2}} \quad (3.27)$$

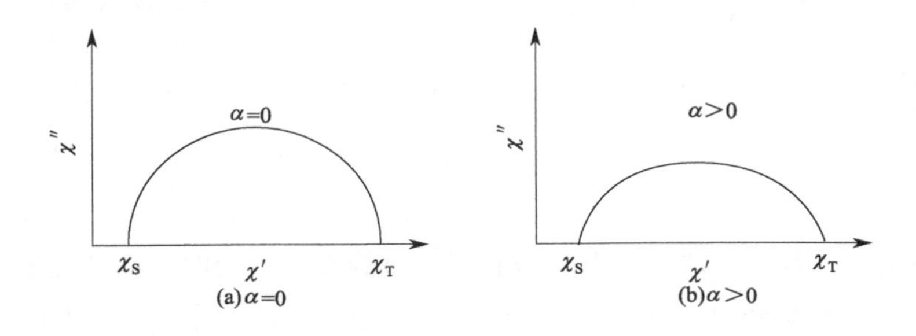

图 3.11　χ' 对 χ'' 作图所得的 Cole-Cole 图

在物质磁性研究领域，最通用也是测量精度最高的磁强计是 Quantum Design 公司所开发的 SQUID MPMSXL-5/7 和 SQUID MPMS3 两种型号仪器，它们的交流磁化率测试范围分别在 0.1～1500Hz 和 0.1～1000Hz 之间，因此利用交流磁化率测试，可以覆盖的弛豫时间 τ 通常在 $10^{-4}-10^{0}$s 之间。对于弛豫时间更短的磁体，SQUID PPMS 则可以将测量频率扩展至 10000Hz，也就是将 τ 扩展至 10^{-5} s 级别。如果体系的 τ 在 10^{-5}s 以下，则目前还没有好的手段去进行研究；而如果 τ 在 10^{0}s 以上，则需要利用直流磁矩衰减测试进行研究。

（2）利用直流磁矩衰减测试提取弛豫时间

直流磁矩衰减的测试方法为：①在较高温度下，对样品施加一较强的直流磁场，以将其磁化；②将样品冷却至所要测试的温度；③将外加磁场以尽可能快的速率降低至零，随后开始持续记录样品磁矩的衰减数据，直至其不再衰减，从而得出系统磁化强度

随时间衰减的 $M \sim t$ 曲线（图 3.12），并利用式(3.11) 对其进行拟合[33]：

$$M(t)=M_{eq}+(M_0-M_{eq})\exp[(t/\tau)^{\beta}] \quad (3.28)$$

其中，t 为衰减时间，$M(t)$ 为 t 时刻的磁化强度，M_0 和 M_{eq} 分别为初始磁化强度 ($t=0$) 和平衡磁化强度 ($t=\infty$)，β 为一无量纲的系数，取值在 0～1 之间。在理想的具有单一弛豫机理的系统中，$\beta=1$，但实际体系中复杂的弛豫机理和过程，使得磁矩的衰减总是偏离理想系统，β 越小，表明这种偏离越大。在实际的测试中，我们发现，温度越低，β 偏离 1 往往越多，尤其在量子隧穿弛豫机理开始主导的温度下，β 的值通常都在 0.7 以下。

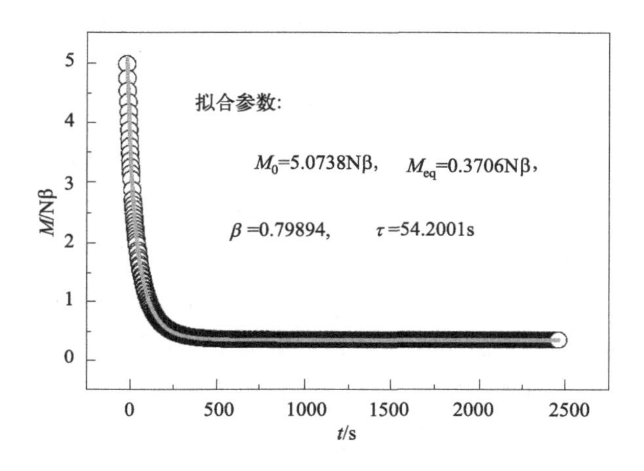

图 3.12 典型的直流磁矩衰减测试数据及拟合结果

与外加直流场下的交流磁化率测试类似，直流磁矩衰减测试也可以用于研究磁体在外加直流场下的弛豫行为，只需在样品冷却后，将初始的强磁场降低至所需大小的磁场，再进行后续的测试即可。需要注意的是，只有当磁体的弛豫时间 τ 达到数秒以上时，才可以用直流磁矩衰减测试来提取 τ 值，这是因为磁强计单次测量的时间在 2s 左右（SQUID MPMS3），弛豫时间过快，会导致所记录的数据均是平衡磁矩，或只能记录少量的磁矩变化数据，无法得到可靠的 τ 值。

总的来说，要提取分子纳米磁体的弛豫时间 τ，需要根据不同温度下 τ 的大小，来选择合适测量方法，或者综合运用交流测试和直流测试方法，来得到尽可能多的不同温度下的 τ 值，以便能尽可能准确地分析体系的慢磁弛豫行为。

3.3.3 弛豫时间的拟合与弛豫途径的分析

在 3.2 中，我们介绍了慢磁弛豫的四种具体弛豫机理，它们分别是奥巴赫过程、拉曼过程、直接过程和量子隧穿过程。在实际体系中，这四种弛豫途径往往是共存的，但在某一温度或温度区间内，总是其中一种弛豫途径占据主导地位，其它途径处于次要地位，何种途径处于主导或次要地位，取决于它们弛豫频率的不同。我们知道，在并联电路中，电阻小的路径通过的电流更大，或者可以说电子会优先通过电阻小的路径。与其类似，在慢磁弛豫中，自旋也会优先选择以阻力小即速率快的途径进行弛豫。我们以$\tau_{\rm Orbach}$、$\tau_{\rm Raman}$、$\tau_{\rm Dierct}$和$\tau_{\rm QTM}$分别代表奥巴赫过程、拉曼过程、直接过程和量子隧穿过程的弛豫时间，则它们的倒数$\tau_{\rm Orbach}^{-1}$、$\tau_{\rm Raman}^{-1}$、$\tau_{\rm Dierct}^{-1}$和$\tau_{\rm QTM}^{-1}$就分别代表它们的弛豫频率，单离子磁体总的弛豫频率可以用式(3.29)表示：

$$\tau^{-1}=\tau_{\rm Orbach}^{-1}+\tau_{\rm Raman}^{-1}+\tau_{\rm Dierct}^{-1}+\tau_{\rm QTM}^{-1} \tag{3.29}$$

由式(3.29)可以看出，弛豫频率越大的项对τ^{-1}的贡献越大，即占据主导地位，而弛豫时间越长，弛豫频率越低，则其对总体的弛豫行为贡献越少。将这四种弛豫过程对于温度的依赖行为代入式(3.29)，可以得到更加具体的式(3.30)：

$$\tau^{-1}=\tau_0{}^{-1}\exp(-U_{\rm eff}/kT)+CT^n+AT+\tau_{\rm QTM}^{-1} \tag{3.30}$$

其中，右侧的四项与式(3.29)中右侧的四项一一对应，各参数的意义与3.2节中相同。

利用式(3.30)对不同温度下的弛豫时间数据进行拟合，得出相应物理量的值，从而剖析分子纳米磁体的弛豫机理，是分子纳米磁体研究中的重要环节。但需要注意的是，虽然奥巴赫、拉曼、直接和量子隧穿过程在实际体系的慢磁弛豫中是共存的，但当某个弛豫过程对总体弛豫的贡献很小时，需要在式(3.30)中将其忽略，否则会因为过于参数化，而得到很多组看似合理但与实际弛豫不符的数值，影响我们对主要弛豫过程的判断。因此，要得到尽可能接近真实弛豫过程的数据，关键在于对所涉及的主要弛豫过程的正确判断，从而利用尽可能少的弛豫过程项的组合公式进行拟合。而要尽可能正确地判断实际体系所涉及的主要弛豫过程，可以遵循以下三点进行：

① 根据弛豫时间τ对温度T的依赖关系进行判断。通过对四种弛豫途径的τ^{-1}与T的依赖关系式取自然对数，可以得到：$\ln\tau_{\rm Orbach}=\ln\tau_0+U_{\rm eff}/kT$、$\ln\tau_{\rm Raman}=-\ln C-n\ln T$、$\ln\tau_{\rm Direct}=-\ln A-\ln T$及$\ln\tau_{\rm QTM}=$常数，即奥巴赫过程的$\ln\tau_{\rm Orbach}$与$T^{-1}$呈线性关系，拉曼过程和直接过程的$\ln\tau_{\rm raman}$（$\ln\tau_{\rm Direct}$）与$\ln T$呈线性关系，而量子隧穿过程的弛豫时间则与温度没有关系。因此，将τ与T绘制成$\ln\tau\sim T^{-1}$图（纵坐标为等自然对数间隔的$\tau\sim T^{-1}$图也可以）后（图3.13），可以根据$\ln\tau$与T^{-1}之间的依赖关系对所涉及的主要弛豫过程进行分析，即$\ln\tau$与T^{-1}呈线性相关的部分可认为是奥巴赫过程主导，水平部分为量子隧穿过程主导，而弯曲部分既可能是拉曼过程/直接过程主导，也可能是奥巴赫过程和量子隧穿过程的过渡区域，在实际拟合时，应首先尝试用（奥巴赫+量子隧穿）或（奥巴赫+拉曼/直接）的组合进行尝试，当拟合数据和实验数据吻合较差时，再用（奥巴赫+拉曼/直接+量子隧穿）的组合进行拟合，即用尽可能少的弛豫过程的组合进行拟合。

② 奥巴赫过程并不是必需的。为了得到有效势能垒，研究者通常会将$\ln\tau\sim T^{-1}$曲线的高温线性部分默认为奥巴赫过程，但当$\ln\tau\sim T^{-1}$曲线在所测温度区间内呈完全走势时，应该注意默认的奥巴赫过程可能并非真正的奥巴赫过程，因为当选择的数据点

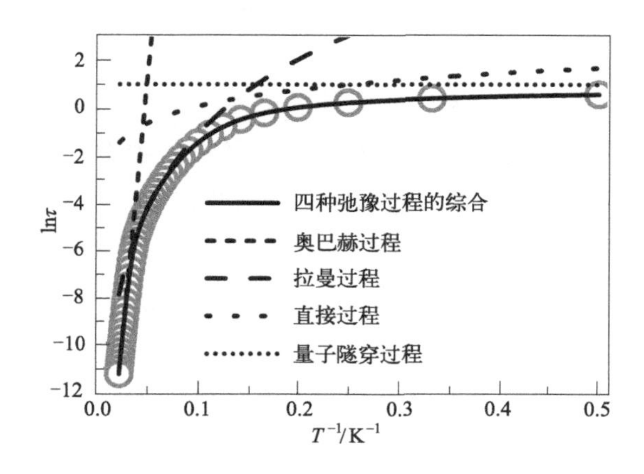

图 3.13 典型的 $\ln\tau \sim T^{-1}$ 图及利用式(3.13) 拟合的结果

拟合参数：$\tau_0=6\times10^{-10}$s、$U_{\rm eff}=450$K、$C=6\times10^{-4}{\rm s}^{-1}\cdot{\rm K}^{-4.5}$、$n=4.5$、$\tau_{\rm QTM}=2.5$s

较少时，它们总是可以呈现近线性相关。为了避免这种错误，应该先将弛豫时间与温度绘制成 $\ln\tau \sim \ln T$ 图（$\lg\tau \sim \lg T$ 也可，或横纵坐标均为自然对数间隔的 $\tau \sim T$ 图），观察高温部分的数据是否呈（近）线性相关，若呈（近）线性相关，则对其进行线性拟合，若得到的斜率绝对值接近 1，则可将其归属为直接过程；若斜率绝对值在 2～9 之间，则为拉曼过程；若斜率绝对值大于 9，则应考虑将其归属为奥巴赫过程，并利用 $\ln\tau \sim T^{-1}$ 是否呈线性相关进行进一步验证。如图 3.14(a) 中的 $\ln\tau \sim T^{-1}$ 曲线在所测温区间内呈弯曲走势，如果将高温部分的弛豫认为是奥巴赫机理主导，低温部分认为是拉曼过程主导，则可以得到看似合理的拟合参数，但如果将数据以 $\ln\tau \sim \ln T$ 的形式呈现，则它在所测温度区间内呈很好的线性相关，斜率绝对值为 4.70，处于拉曼弛豫的范围，说明慢磁弛豫在所测温度区间内很可能是由拉曼过程主导的。

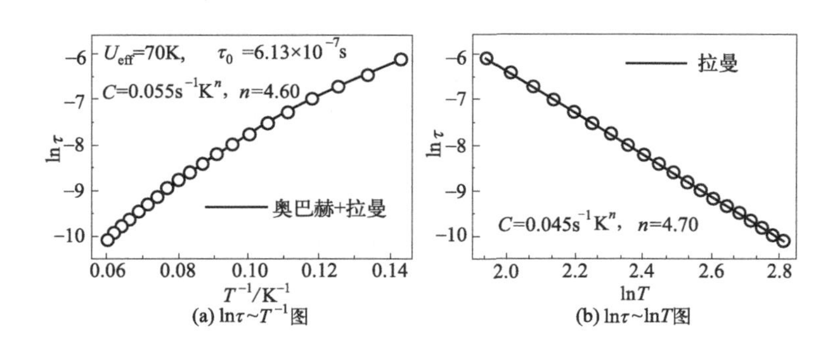

图 3.14 同一组慢磁弛豫数据以不同的形式作图和拟合

③ 根据测试条件对所涉及的主要弛豫过程进行判断。这里主要指直接过程，直接过程通常只有在外加直流场下才会考虑，因此在拟合零直流场下的数据时，可以将式 3.30 中的 AT 项删除，而拟合外加直流场下的数据时，则一般应该保留 AT 项。

除了要正确地判断体系所涉及的主要弛豫过程外，在具体的拟合中，还应该注意以下几点：

a. 当高温部分的弛豫过程为奥巴赫途径主导时，应先对该区间数据进行线性拟合，得出有效势能垒 U_{eff} 和指前因子 τ_0，再将其代入整体的拟合公式来对全程数据进行拟合，得出其它物理量的值，否则，可能会得出浮动范围较大的 U_{eff}。

b. 当涉及外加直流场下的弛豫时间数据时，应该先从变场弛豫时间数据的拟合中得到直接过程的系数 A 和量子隧穿过程的弛豫时间 τ_{QTM}，再将它们代入式 3.30 中进行拟合。

c. 拟合得出的每个参数应该都是合理的。判断拟合的参数是否合理，既要从拟合结果的自身来判断，如调整 R^2 应尽可能接近 1，每个参数的标准差相对于拟合值应该尽可能地小，也要与每个参数的理论范围进行对比，如 τ_0 应该在 $10^{-6}\sim10^{-12}$s 之间，C 应该在 2～9 之间。

总的来说，要通过对弛豫数据的拟合，得到尽可能正确的结果，从而正确地剖析体系的慢磁弛豫机理，既要综合考虑测试的条件与测试的结果，对体系涉及的主要弛豫过程做出正确的分析判断，又要遵循合理的拟合流程，给出合理的参数值，且这两方面是相辅相成的。

参考文献

[1] Kahn O. Molecular Magnetism. New York, VCH publisher, 1993.

[2] Liu J L, Chen Y C, Tong M L. Symmetry strategies for high performance lanthanide-based single-molecule magnets. Chem Soc Rev, 2018, 47: 2431-2453.

[3] Evans P, Reta D, Whitehead G F S, et al. Bis-monophospholyl dysprosium cation showing magnetic hysteresis at 48 K. J Am Chem Soc, 2019, 141: 19935-19940.

[4] Gatteschi D, Sessoli R, Villain J. Molecular Nanomagnets. Oxford University Press: Oxford, 2006.

[5] 黄昆，韩汝琦．固体物理学，北京：高等教育出版社，1988.

[6] Heitler W, Teller E. Time Effects in the Magnetic Cooling Method-I. Proc Roy Soc A, 1936, 155: 629-639.

[7] Ungur L, Chibotaru L F. Magnetic anisotropy in the excited states of low symmetry lanthanide complexes. Phys Chem Chem Phys, 2011, 13: 20086-20090.

[8] Blagg R J, Ungur L, Tuna F, et al. Magnetic relaxation pathways in lanthanide single-molecule magnets, Nat Chem, 2013, 5: 673-678.

[9] Goodwin C A P, Ortu F, Reta D, et al. Molecular magnetic hysteresis at 60 kelvin in dysprosocenium, Nature, 2017, 548: 439-442.

[10] Jackson C Y, Moseley I P, Martinez R, et al. A reaction-coordinate perspective of magnetic relaxation. Chem Soc Rev, 2021, 50: 6684-6699.

[11] Orbach R. Spin-lattice relaxation in rare-earth salts: field dependence of the two-photon process. Proc R Soc Lond A, 1961, 264, 485-495.

[12] Giordmaine J A. Photon bottleneck and frequency distribution in paramagnetic relaxation at low temperatures.

Phys Rev, 1965, 138: A1511-1523.

[13] Scorr P L, Jeffries C D. Spin-lattice relaxation in some rare-earth salts at helium temperatures; observation of the phonon bottleneck, Phys Rev, 1962, 127: 32-51.

[14] Gatteschi D, Sessoli R, Quantum tunneling of magnetization and related phenomena in molecular materials. Angew Chem Int Ed, 2003, 42: 268 - 297.

[15] Griffiths D J. Introduction to quantum mechanics. Pearson Prentice Hall Press, 2nd edn, 2005.

[16] Sorace L, Benelli C, Gatteschi D. Lanthanides in molecular magnetism: old tools in a new field. Chem Soc Rev, 2011, 40: 3092-3104.

[17] Wernsdorfer W, Caneschi A, Sessoli R, et al. Effects of nuclear spins on the quantum relaxation of the magnetization for the molecular nanomagnet Fe8, Phys Rev Lett, 2000, 84: 2965-2968.

[18] Ishikawa N, Sugita M, Wernsdorfer W. Quantum tunneling of magnetization in lanthanide single-molecule magnets: bis (phthalocyaninato) terbium and bis (phthalocyaninato) dysprosium anions, Angew Chem Int Ed, 2005, 44: 2931-2935.

[19] Taran G, Bonet E, Wernsdorfer W, The role of quadrupolar interaction in the tunneling dynamics of lanthanide molecular magnets. J Appl Phys, 2019, 125: 142903.

[20] Chen Y C, Liu J L, Wernsdorfer W, et al. Hyperfine-interaction-driven suppression of quantum tunneling at zero field in a holmium (Ⅲ) single-ion magnet. Angew Chem Int Ed, 2017, 56: 4996-5000.

[21] Ding X L, Zhai Y Q, Han T, et al. A Local D_{4h} symmetric dysprosium (Ⅲ) single-molecule magnet with an energy barrier exceeding 2000 K, Chem Eur J, 2020, 27: 2623-2627.

[22] Ding Y S, Chilton N F, Winpenny R E P, et al. On approaching the limit of molecular magnetic anisotropy: A near-perfect pentagonal bipyramidal dysprosium (Ⅲ) single-molecule magnet. Angew Chem Int Ed, 2016, 55 (52): 16071-16074.

[23] Guo F S, Day B M, Chen Y C, et al. Magnetic hysteresis up to 80 kelvin in a dysprosium metallocene single-molecule magnet. Science, 2018, 362: 1400-1403.

[24] Jia L, Chen Q, Meng Y M, et al. Elucidation of slow magnetic relaxation in a ferromagnetic 1D dysprosium chain through magnetic dilution. Chem Commun, 2014, 50: 6052-6055.

[25] Pointillart F, Bernot K, Golhen S, et al. Magnetic memory in an isotopically enriched and magnetically isolated mononuclear dysprosium complex. Angew Chem Int Ed, 2015, 54: 1504-1507.

[26] Zadrozny J M, Atanasov M, Bryan A M, et al. Slow magnetization dynamics in a series of two-coordinate iron (Ⅱ) complexes. Chem Sci, 2013, 4: 125-138.

[27] Casimir H B G, du Pré F K, Note on the thermodynamic interpretation of paramagnetic relaxation phenomena. Physica, 1938, 5 (6): 507-511.

[28] Debye P. Polar Molecules. The Chemical Catalog Company, New York, 1929.

[29] Cole, K S, Cole R H. Dispersion and absorption in dielectrics I. alternating current characteristics. J Chem Phys, 1941, 9 (4): 341-351.

[30] Meihaus K R, Rinehart J D, Long J R, Dilution-induced slow magnetic relaxation and anomalous hysteresis in trigonal prismatic dysprosium (Ⅲ) and uranium (Ⅲ) complexes. Inorg Chem, 2011, 50: 8484-8489.

[31] Mydosh J A. "Spin Glasses: An Experimental Introduction" . Taylor & Francis Press, London, 1993.

[32] http: //www. nfchilton. com/cc-fit. html

[33] Chamberlin R V, Mozurkewich G, Orbach R. Time Decay of the Remanent Magnetization in Spin-Glasses. Phys Rev Lett, 1984, 52: 867-870.

第4章 基于氧化膦配体的五角双锥构型稀土单离子磁体

在近年来的分子纳米磁体研究中，基于Dy^{3+}的五角双锥构型稀土单离子磁体因大部分能展现出高的U_{eff}和T_B，受到了格外的关注。根据静电排斥模型，强轴向弱赤道面型的配体场可以最大化Dy^{3+}的单轴各向异性，从而得到性能最高的稀土单离子磁体[1]。最理想的配位构型莫过于线性二配位构型，但由于过高的化学活性，这种配位构型的Ln^{3+}配合物迄今还未被合成出来。在能够实现的配位构型中，三角双锥、四方锥、五角双锥、六角双锥因包含线性的［A—Ln—A］结构单元（A代表轴向配体），成为除理想二配位构型外的次优选择。在这四类可实现的配位构型中，三角双锥和四方锥构型的配位数过低，六角双锥构型需要同时将六个配位原子置于赤道面中，彼此之间的距离过近，因此它们稳定性均不如五角双锥构型。此外，理想的五角双锥配位构型具有D_{5h}对称性，可以完全消除横向配体场分裂[2]，从而在很大程度上抑制量子隧穿，因此成为构建高性能稀土单离子磁体的最优选择之一。

需要明确的是，五角双锥构型的Dy^{3+}单离子磁体要展现出优异的慢磁弛豫性能，轴向必须被如醇/酚氧负离子、氨基负离子、氧化膦等强场配体占据，而赤道面则须被如中性氧配体、胺、氯/溴离子等弱场配体占据。轴向与赤道面的晶体场强度是决定其慢磁弛豫性能高低的关键，表现在分子结构中，即为轴向与赤道面的配位键长对比，轴向键长越短，赤道面键长越长，则Dy^{3+}的单离子各向异性越强，能展现出越优异的慢磁弛豫性能。

在本章的研究中，为了合成对空气和湿气稳定的高性能Dy^{3+}单离子磁体，我们以六甲磷酰三胺（HMPA，结构式见图4.1）和H_2O分别为强场配体和弱场配体，合成了两个具有五角双锥构型的单核Dy^{3+}配合物：$[Dy(HMPA)_2(H_2O)_5]_2Br_6 \cdot 2HMPA \cdot 2H_2O$(**1**)和$[Dy(HMPA)_2(H_2O)_5]_2Cl_6 \cdot 2HMPA \cdot 2H_2O$(**2**)。磁学研究表明**1**和**2**均具有慢磁弛豫行为，且具有较高的U_{eff}和T_B，是两例性能较高的单离子磁体。磁构分析表明：除了五角双锥配体场构型所产生的强轴向型配体场外，降低赤道面第二配位层的配体场强度也在很大程度上提高了中心离子的单轴各向异性，优化了它的慢磁弛豫性能。为了验证这一结论的可靠性和适用性，我们还以基态电子云同为扁椭球形的Ho^{3+}来代替Dy^{3+}，合成了两例具有类似五角双锥结构的Ho^{3+}单离子磁体：$[Ho(HMPA)_2$

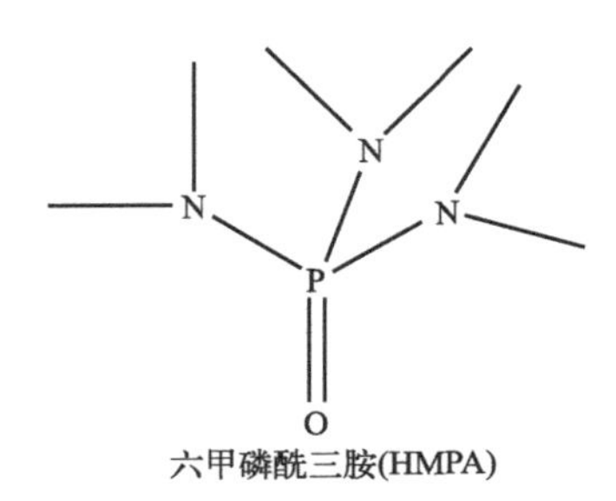

图4.1　HMPA配体的分子结构

$(H_2O)_5]_2Cl_6 \cdot 2HMPA \cdot 2H_2O$(**3**)和$[Ho(HMPA)_2(H_2O)_5]_2Br_3 \cdot 2HMPA$(**4**)，研究表明：第二配位层中抗衡离子的改变有效提高了体系的慢磁弛豫性能，证明了这一策略在调控稀土单离子磁体性能中的有效性，此外，配体场的高对称性与超精细相互作用的共同作用使得Ho^{3+}成为了准克拉默离子体系，有效抑制了零场下的量子隧穿弛豫。

4.1 五角双锥钬单离子磁体

4.1.1 配合物的合成

(1) 实验试剂与仪器

本章实验所用试剂均为市售，在实验前未进行二次处理，详细信息列于表 4.1 中，实验过程所用仪器列于表 4.2 中。

表 4.1 实验试剂

试剂和药品	纯度	生产厂家
六甲基磷酰三胺	分析纯	上海阿拉丁生化科技股份有限公司
溴化钬六水合物	分析纯	广州云山生化科技有限公司
氯化钬六水合物	分析纯	广州云山生化科技有限公司
四氢呋喃	分析纯	天津市北联精细化学品开发有限公司
二氯甲烷	分析纯	天津市大茂化学试剂
正己烷	分析纯	天津市大茂化学试剂
甲苯	分析纯	天津市大茂化学试剂

表 4.2 实验所用仪器

仪器名称	型号	生产厂家
电子分析天平	BSA224S	赛多利斯科学仪器公司
热重分析仪	TGA/DSC1	梅特勒-托利多公司
紫外光谱仪	UV-2600	日本岛津制作所
微量元素分析仪	Vario Micro	德国 ELEMENTAR 公司
超导核磁共振仪	VNMR-1	美国瓦里安公司
智能恒温磁力搅拌器	ZNCL	河南爱博特科技发展有限公司
傅里叶红外光谱仪	VERTEX70	德国布鲁克仪器有限公司
X 射线粉末衍射仪	Bruker D8 ADVANCE	德国布鲁克仪器有限公司
X 射线单晶衍射仪	SMART-APEX II CCD	德国布鲁克仪器有限公司

(2) 合成方法

$[Dy(HMPA)_2(H_2O)_5]_2Br_6 \cdot 2HMPA \cdot 2H_2O$（**1**）的合成：将 $DyBr_3 \cdot 6H_2O$（0.4mmol）和 HMPA（0.4mL，2.28mmol）加入到 10mL 四氢呋喃中，常温搅拌 1h。用旋转蒸发仪除去溶剂，将所得黏稠状物质用正己烷充分洗涤 3 次，过滤，得到白色粉末固体。将白色粉末固体置于空气中晾干，随后将其溶解于 10mL 二氯甲烷：甲苯＝1：1 的混合溶剂中，静置挥发，约一周后，从溶液中析出大量无色棱柱状晶体。将晶体从溶液中过滤并用冷的正己烷快速洗涤 3 次后，置于空气中晾干，收集即可。

$[Dy(HMPA)_2(H_2O)_5]_2Cl_6 \cdot 2HMPA \cdot 2H_2O$(**2**)的合成：配合物 **2** 的合成方法与 **1** 相同，只需将 **1** 中 $DyBr_3 \cdot 6H_2O$ 替换为等物质的量的 $DyCl_3 \cdot 6H_2O$ 即可。**2** 为无色棱柱状晶体。

1@Y 的合成：**1@Y** 为 **1** 的抗磁稀释样品，合成方法与 **1** 相同，但需用 $DyBr_3 \cdot 6H_2O$：$YBr_3 \cdot 6H_2O$＝1：19 的混合稀土盐代替 $DyBr_3 \cdot 6H_2O$，采用电感耦合等离子体原子发射光谱法测定了最终产物中 Dy 与 Y 的摩尔比，结果为 1：21.7。

4.1.2 结构表征

(1) 单晶 X 射线衍射表征及分析

为了得到 **1** 和 **2** 的晶体结构，首先挑选尺寸适合且质量良好的单晶，进行了单晶 X 射线衍射分析。表 4.3 列出了单晶衍射测试给出的 **1** 和 **2** 的晶胞参数及重要的精修参数。从晶胞参数上可以看出，**1** 和 **2** 具有相似的晶体结构，晶胞参数上的微小差别是由卤素离子的不同造成的，因此下文以 **1** 为代表来介绍它们的晶体结构。

表 4.3 配合物 1 和 2 结构精修和晶体学数据

晶胞参数及精修参数	配合物 1	配合物 2
分子式	$C_{36}H_{132}N_{18}O_{18}P_6Br_6Dy_2$	$C_{36}H_{132}N_{18}O_{18}P_6Cl_6Dy_2$
相对分子质量	2095.86	1829.11
测试温度/K	298	293(2)
晶系	单斜	单斜
空间群	$P2_1/c$	$P2_1/c$
a/Å	11.6240(17)	11.431(3)
b/Å	39.353(6)	38.611(9)
c/Å	19.919(3)	19.975(5)
α/(°)	90	90
β/(°)	101.509(3)	101.938(5)
γ/(°)	90	90
晶胞体积/(Å^3)	8929(2)	8626(4)

续表

晶胞参数及精修参数	配合物 **1**	配合物 **2**
Z	8	4
理论密度/(g/cm^3)	1.559	1.409
μ/mm^{-1}	4.511	2.076
$F(000)$	4200	3768.0
GOOF 值	0.925	0.955
R_{int} 值	0.1608	0.1052
R_1, $wR_2[I>2\sigma(I)]$	0.0707, 0.1286	0.0598, 0.1161
R_1, wR_2(所有数据)	0.2067, 0.1774	0.1306, 0.1451
残余电子密度/(e/Å^3)	1.42/−0.81	1.64/−0.91

单晶衍射结果表明，**1** 结晶在单斜晶系的 $P2_1/c$ 空间群中。如图 4.2 所示，**1** 的最小不对称单元是由两个$[Dy(HMPA)_2(H_2O)_5]^{3+}$单元、两个游离的 HMPA 配体、六个 Br^- 和两个 H_2O 组成。最小不对称单元中的 Dy1 和 Dy2 均具有七配位的五角双锥配位构型，其中，HMPA 占据轴向位置，五个水分子则充当赤道面配体。表 4.4 列出了$[Dy(HMPA)_2(H_2O)_5]^{3+}$单元的主要键长和键角数据。其中，轴向 O—Dy1—O 和 O—Dy2—O 键角分别为 177.7 (3)°和 176.4 (3)°，均十分接近线性，轴向和赤道面的配位氧原子与中心离子形成的 $O_{轴}$—Dy—$O_{水}$ 键角在 (90±3.1)°范围内。由于轴向氧原子与非轴向氧原子的电荷密度不同，两个方向上的 Dy—O 键长也有很大的差别，轴向两个 Dy1—$O_{轴}$ 键的键长分别为 2.195Å 和 2.228Å，赤道面 Dy1—$O_{水}$ 键长在 2.334～

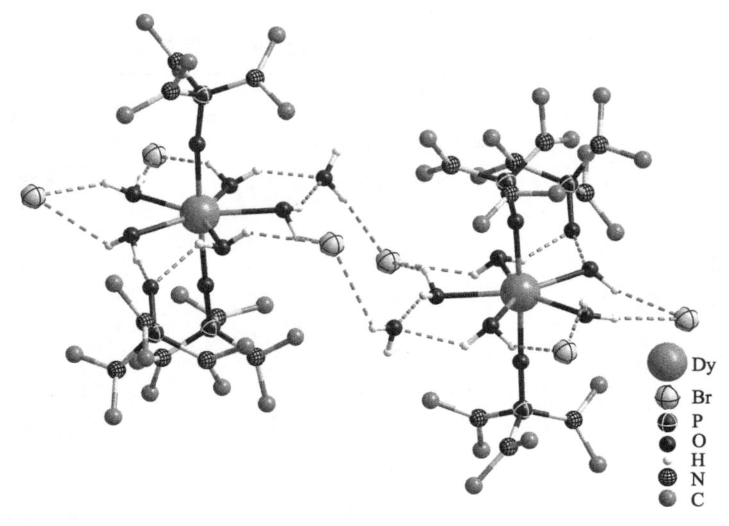

图 4.2　配合物 **1** 的分子结构图

(为了观察方便，删除了 HMPA 配体上的 H，虚线代表氢键)

2.383Å范围内，轴向 Dy2—$O_{轴}$的键长分别为 2.218Å 和 2.224Å，赤道面 Dy2—$O_{水}$键长在 2.346～2.368Å 之间，可以看出赤道面的 Dy—O 键长明显长于轴向，因此，两个晶体学独立的 Dy^{3+}均处于轴向压缩的五角双锥型配体场中。此外，通过 SHAPE 2.0 程序评估了 Dy^{3+}所处的配位构型与理想构型的偏离程度[3]，结果见表 4.5，从表中可以看出，Dy^{3+}所处的配位构型与理想五角双锥构型的偏离程度最小。

在 **1** 中，每个$[Dy(HMPA)_2(H_2O)_5]^{3+}$单元的赤道面外围还存在三个 Br^-、一个游离的 HMPA 配体和一个游离的 H_2O，它们通过氢键与五个配位水分子连接形成五角星状的十元环结构。在晶体内部，邻近的$[Dy(HMPA)_2(H_2O)_5]^{3+}$单元通过 O—H…Br 氢键相连，形成沿晶体学 *a* 方向延伸的一维“之”字形超分子链（图 4.3），链内相邻的 Dy…Dy 间隔交替为 9.2681（15）Å 和 9.2789（15）Å。链与链之间通过分子间作用力堆积成三维超分子结构（图 4.4），链间最短的 Dy…Dy 间隔为 9.8732（18）Å。

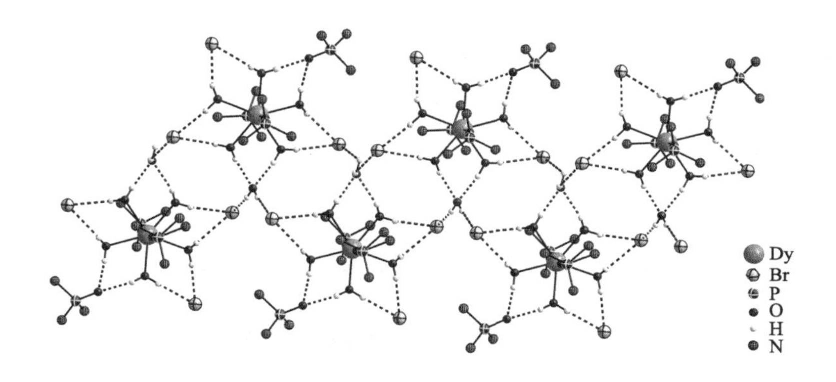

图 4.3　配合物 **1** 的一维超分子链（虚线代表氢键，且 N—C 键未画出）

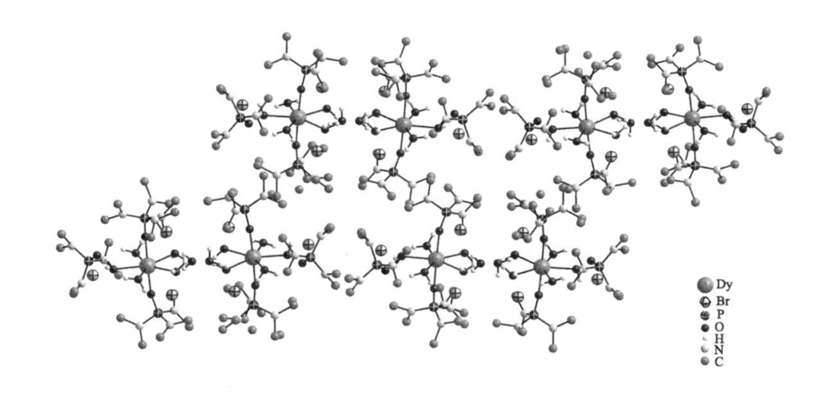

图 4.4　配合物 **1** 的三维堆积结构图（为了观察方便，删除了 HMPA 配体上的 H，虚线代表氢键）

配合物 **2** 与 **1** 的结构类似，除了作为抗衡离子的 Br^-被 **2** 中的 Cl^-替代以及由此引起的键长和键角的微小差别外，它们的分子结构及整体的堆积结构均一致，即**2**中也存在两个晶体学独立的五角双锥构型的$[Dy(HMPA)_2(H_2O)_5]^{3+}$单元，相应的主要键长和键角数据也列于表4.4中。从表4.4中的**1**和**2**的主要键长与键角数据对比，可以看出：**2**的$O_{轴}$—Dy—$O_{水}$键角更接近于直角，并且轴向Dy—O键长之间也有很大的区别。从表4.5中可以看出**1**中的Dy2和**2**中的Dy1更接近于五角双锥构型。在**2**的一维"之"字形超分子链中，相邻Dy…Dy间隔交替为9.0891 (18) Å和9.1699 (19) Å，链间最短的Dy…Dy间隔为9.9723 (25) Å，显然这些间隔要比**1**中的相应间隔更短，这是由于Cl^-的半径比Br^-小，使得离子的堆积变得更加紧密导致的。

表4.4 配合物1和2的主要键长与键角数据

键长与键角	配合物1	配合物2
Dy1—$O_{轴}$/Å	2.195,2.228	2.212,2.215
Dy2—$O_{轴}$/Å	2.219,2.224	2.246,2.206
平均Dy1—$O_{水}$/Å	2.3544	2.3572
平均Dy2—$O_{水}$/Å	2.3582	2.3582
平均$O_{轴}$—Dy1—$O_{水}$/(°)	90.01	89.98
平均$O_{轴}$—Dy2—$O_{水}$/(°)	90.01	90.00

表4.5 SHAPE 2.0程序给出的配合物1和2的中心离子配位构型与标准构型的偏差

中心离子	HP-7	HPY-7	PBPY-7	COC-7	CTPR-7	JPBY-7	JETPY-7
1(Dy1)	34.232	25.269	0.196	7.568	5.785	2.789	23.472
1(Dy2)	34.314	24.936	0.114	7.923	6.046	2.701	24.612
2(Dy1)	34.323	25.016	0.154	7.242	5.574	2.809	24.125
2(Dy2)	34.232	25.430	0.284	6.547	4.797	2.964	23.336

注：HP-7＝七边形(D_{7h})；HPY-7＝六角锥(C_{6v})；PBPY-7＝五角双锥(D_{5h})；COC-7＝单帽八面体(C_{3v})；CTPR-7＝单帽三棱柱(C_{2v})；JPBPY-7＝约翰逊五角双锥(D_{5h})；JETPY-7＝约翰逊拉长三角锥柱(C_{3v})；数值越小代表实际构型与标准构型的偏差越小。

(2) 元素分析和粉末X射线衍射

为了验证所合成的多晶样品的纯度，以确保后续研究的可靠性，我们对配合物**1**和**2**的多晶样品进行了元素分析测试和粉末X射线衍射(XRD)测试。

表4.6列出了**1**和**2**的C、H和N元素的理论含量和测试含量，其中理论含量是根据单晶X衍射结果计算所得。从理论值和实测值的对比可以看出，**1**和**2**的C、H和N元素的实测值与理论值均吻合得很好，最大绝对差值不超过0.5%，证明批量样品与所测的单晶具有几乎相同的元素组成。

表 4.6　配合物 1 和 2 的多晶样品的元素分析结果

配合物	产率/%	计算值(质量分数)/%			实验值(质量分数)/%		
		C	H	N	C	H	N
1	35.7	20.63	6.35	12.03	20.92	6.68	12.10
2	36.4	23.62	7.22	13.78	23.64	7.25	13.73

图 4.5 为 **1** 和 **2** 的实测粉末 X 射线衍射谱图和理论谱图，其中理论谱图是单晶 X 射线衍射数据经 Mercury 软件计算所得。**1** 和 **2** 的实验谱图与模拟谱图吻合得很好，表明 **1** 和 **2** 的粉末样品具有很高的相纯度。而综合上述两种测试结果，可以确定 **1** 和 **2** 的多晶样品具有很高的纯度。此外，**1@Y** 的粉末衍射谱图与 **1** 的理论谱图也相吻合，证明抗磁稀释样品与 **1** 同构，从而确保了抗磁稀释研究的可靠性。

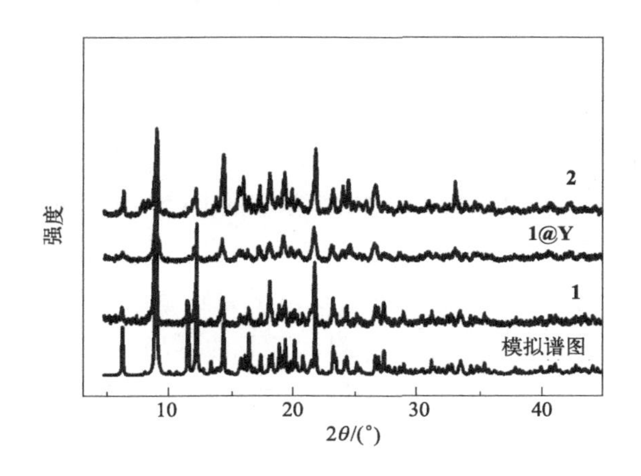

图 4.5　配合物 **1**、**1@Y** 和 **2** 的粉末 X 射线衍射谱图

4.1.3 磁学性质研究

(1) 静态磁学性质

在 1000Oe 的直流磁场下，对 **1** 和 **2** 进行了 300～2K 温度区间内的变温直流磁化率测试（图 4.6）。在室温下，**1** 和 **2** 的 $\chi_M T$ 值分别为 28.44(cm^3·K)/mol 和 28.30(cm^3·K)/mol，与两个未耦合的 Dy^{3+} 的理论值 28.34(cm^3·K)/mol 非常接近。从图 4.6 可以看出，在 300～20K 的温度区间内，**1** 和 **2** 的 $\chi_M T$ 值随着温度降低呈非常缓慢的下降趋势，这是温度降低使 Dy^{3+} 激发态的布居数下降引起的，而 $\chi_M T$ 在如此宽的温度区间内下降值如此小，说明它们的基态与激发态之间有很大的能量差，即使在室温下，也仅有很少量粒子处于激发态。**1** 和 **2** 的 $\chi_M T$ 值分别在 10K 和 7K 以下开始急剧下降，这是典型的磁阻塞现象，说明它们在低温下具有慢磁弛豫行为，且在低温下具有较长的弛豫时间。此外，在 **2** 中，观察到 $\chi_M T$ 值在 14～7K 之间出现一定程度的上升，说明分子间可能存在弱的

铁磁相互作用。

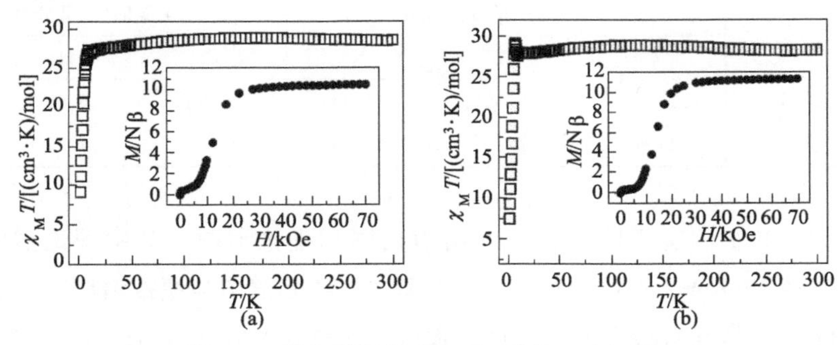

图 4.6 外加磁场为 1000Oe 下的 **1**（a）和 **2**（b）的变温直流磁化率曲线及 2K 下的场依赖磁化率曲线（插图）

在 2K 下，测试了 **1** 和 **2** 的场依赖磁化强度（图 4.6 的插图），从图中可以看出，随着场强的增大，它们的磁化强度逐渐增大，且均在 40kOe 处达到饱和，饱和值分别为 10.48Nβ 和 10.25Nβ，说明 Dy^{3+} 在 40kOe 的磁场作用下已经完全处于基态，不存在激发态的布居。对于 **1** 和 **2**，平均每个 Dy^{3+} 的饱和磁矩分别为 5.24Nβ 和 5.13Nβ，均十分接近于具有 Ising 各向异性的 $m_J=15/2$ 基态的 Dy^{3+} 的饱和磁矩 5.0Nβ，说明它们均具有强 Ising 各向异性。

鉴于 **1** 和 **2** 的 $\chi_M T \sim T$ 图在低温下展现出了磁阻塞的典型特征，为了进一步确定其阻塞温度，在 1000Oe 的外加磁场下，测试了 **1** 的零场冷却（ZFC）和场冷却（FC）磁化曲线。如图 4.7(a) 所示，**1** 的 ZFC 和 FC 曲线在 12K 左右出现分叉，若以 ZFC 和 FC 曲线的分叉温度为 T_B 的定义，可以确定 **1** 的 T_B 为 12K，ZFC 曲线在 7K 时达到最大值。在 50Oe 的外加磁场下，测试了 **2** 的 ZFC 和 FC 曲线，如图 4.7(b) 所示，它的 ZFC 和 FC 曲线也在 12K 左右出现分歧，可以确定 **2** 的 T_B 为 12K，但与 **1** 不同的是，随着温度继续降低，**2** 的 ZFC 曲线一直呈上升趋势，没有出现峰值，说明 50Oe 磁场过小，不足以抑制低温下的快速量子隧穿弛豫过程。

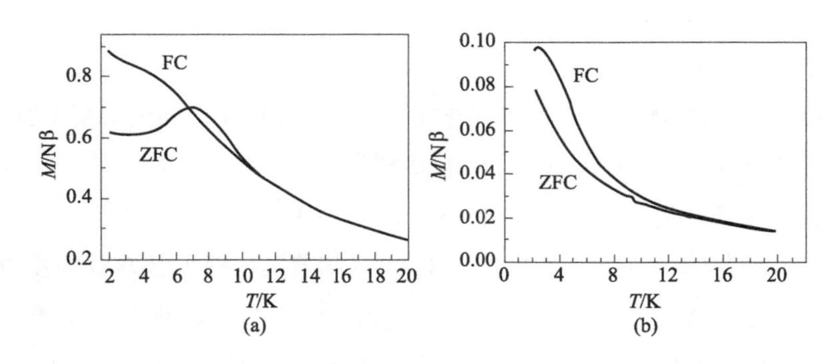

图 4.7 配合物 **1**（a）和 **2**（b）的零场冷却和场冷却磁化曲线

（2）动态磁学行为

为了研究配合物的磁动力学行为，首先在零直流场下对 **1** 和 **2** 进行了变温和变频交流磁化率测试（图 4.8 和图 4.9）。**1** 和 **2** 的交流磁化率实部（χ'）和虚部（χ''）在所测温度区间内均显示出强的温度和频率依赖行为，且随着温度的升高，变温 χ''的峰值均由低频向高频移动，说明弛豫速率随温度升高而加快，这是典型的慢磁弛豫行为特征。**1** 的 χ''峰值出现在 23～33K 的温度范围内，**2** 的 χ''峰值出现在 22～28K 内。在 1000Hz 下，**1** 和 **2** 的 χ''峰值所对应的温度分别为 33K 和 29K。

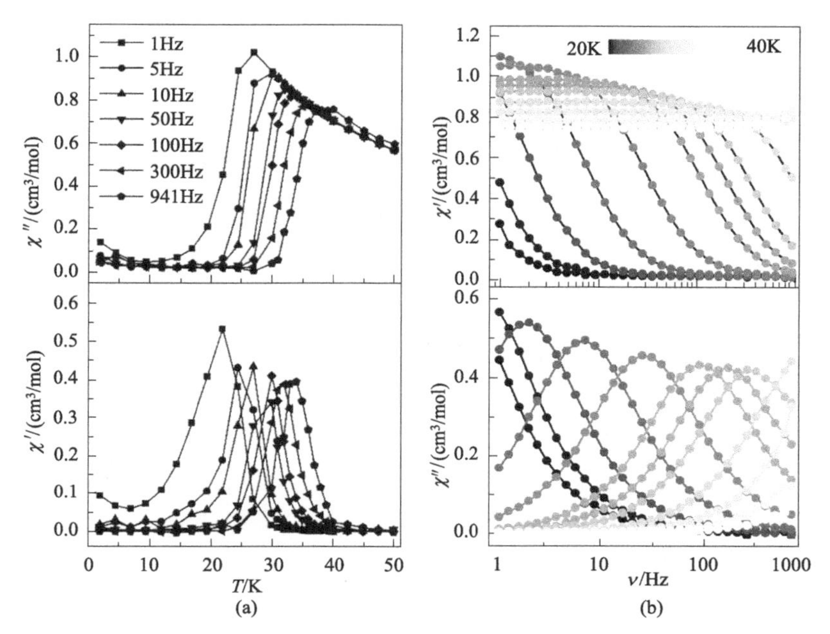

图 4.8　配合物 **1** 的变温交流磁化率曲线（a）和变频交流磁化率曲线（b）

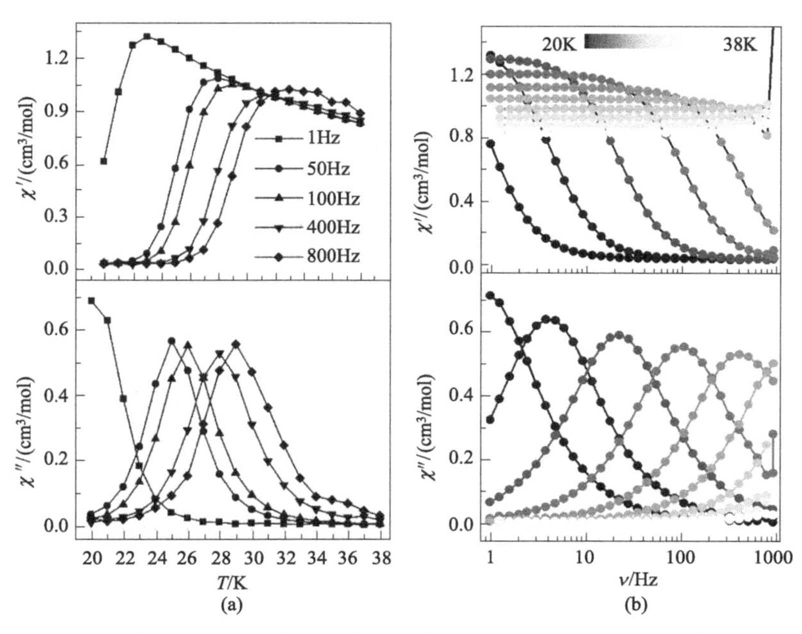

图 4.9　配合物 **2** 的变温交流磁化率曲线（a）和变频交流磁化率曲线（b）

利用变频交流磁化率数据，作出了**1**和**2**的Cole-Cole图（图4.10），它们在所测温度范围内均呈现出良好的半圆形。使用广义德拜模型对它们的Cole-Cole图进行了拟合，得到它们在所测温度区间内的弛豫时间 τ 和弛豫时间分布参数 α（表4.7和表4.8）。从表中数据可以看出，**1**和**2**的 α 在所测温度区间内均小于0.1，说明它们在测试温度区间内的弛豫时间分布很窄，说明对于**1**或**2**，单晶结构中存在的两个晶体学独立的 Dy^{3+} 具有几乎相同的弛豫行为。

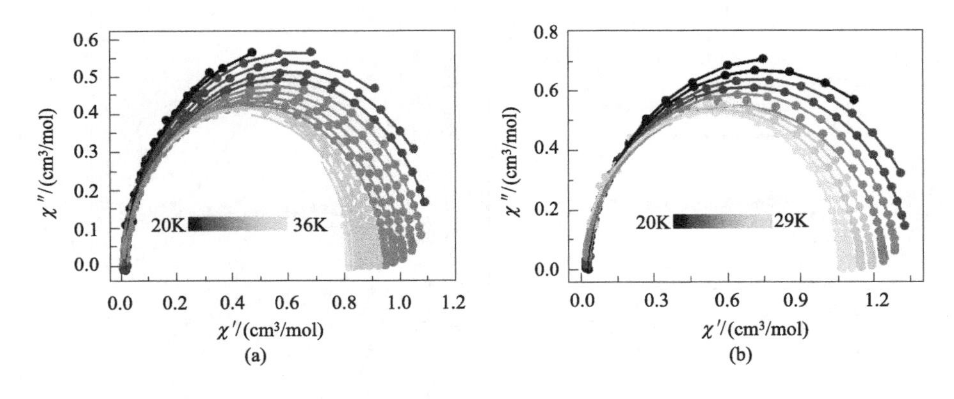

图4.10 配合物**1**（a）和**2**（b）的Cole-Cole图（实线为拟合曲线）

表4.7 配合物1的Cole-Cole图拟合参数

T/K	χ_S/(cm^3/mol)	χ_T/(cm^3/mol)	τ/s	α
20	0.01808	1.12818	0.30993	0.01361
21	0.01758	1.31656	0.30286	0.04181
22	0.01714	1.2751	0.21524	0.04298
23	0.01639	1.24585	0.14129	0.05254
24	0.01383	1.2216	0.08337	0.07066
25	0.01261	1.1853	0.04402	0.08283
26	0.01223	1.14254	0.02194	0.08441
27	0.01103	1.10025	0.01071	0.08537
28	0.00949	1.05991	0.00532	0.08391
29	0.00939	1.02249	0.00271	0.08162
30	0.0036	0.98763	0.00141	0.07898
31	9.84069×10^{-16}	0.95631	7.64871×10^{-4}	0.07458
32	2.18111×10^{-15}	0.92517	4.30026×10^{-4}	0.0638
33	6.89439×10^{-16}	0.89585	2.50864×10^{-4}	0.04345
34	4.61974×10^{-32}	0.875	1.51793×10^{-4}	0.05637
35	7.09848×10^{-32}	0.84608	9.78859×10^{-5}	4.32305×10^{-10}
36	1.03409×10^{-31}	0.82662	6.37915×10^{-5}	4.52927×10^{-10}

表 4.8 配合物 2 的 Cole-Cole 图拟合参数

T/K	χ_S/(cm^3/mol)	χ_T/(cm^3/mol)	τ/s	α
20	0.02797	1.57237	0.17089	0.05405
21	0.03912	1.55919	0.08371	0.0505
22	0.02408	1.42246	0.0381	0.0556
23	0.02326	1.35836	0.01647	0.05301
24	0.02067	1.30029	0.0072	0.05078
25	1.03416×10^{-11}	1.26275	0.00326	0.08711
26	4.7367×10^{-12}	1.19888	0.00152	0.0547
27	5.21×10^{-12}	1.15246	7.48897×10^{-4}	0.04514
28	6.41847×10^{-12}	1.11061	3.85574×10^{-4}	0.03078
29	3.46822×10^{-11}	1.07211	2.10049×10^{-4}	0.00609

对于**1**来说，因为20K以下的τ较长，超出了MPMS3型磁强计的交流磁化率所测范围，因此我们在2～11K的温度范围内对其进行了直流磁矩衰减测试（图4.11），得到它在该温度区间内的τ，以进行更加全面的慢磁弛豫行为研究和分析。对直流磁矩衰减数据，用式(3.28)对其进行了拟合。拟合结果与测试数据高度吻合，给出的**1**在2～11K温度区间内的弛豫时间τ见表4.9。从表中可以看出，**1**在2K下的τ达到了20.35s。

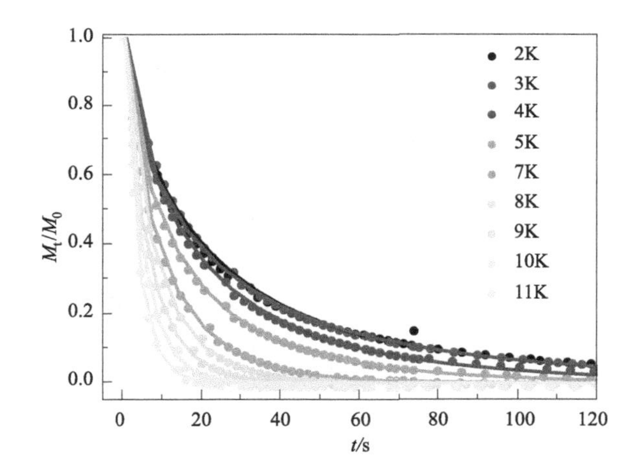

图 4.11 零直流场下，配合物**1**在2～11K下归一化的磁矩衰减曲线

[实线为基于式(3.28)的拟合曲线]

表 4.9 零直流场下，配合物 1 的磁化强度衰减拟合参数

T/K	M_t/M_0	M_f/M_0	τ/s	β
2	1.02473	0.00421	20.3535	0.64684
3	1.02762	0.00397	21.45572	0.68495

续表

T/K	M_t/M_0	M_f/M_0	τ/s	β
4	1.02137	0.00032695	18.20233	0.70888
5	1.01075	6.81356×10^{-23}	13.89797	0.72386
7	1.0028	1.13724×10^{-32}	9.58285	0.81689
8	1.00026	1.22968×10^{-22}	7.8238	0.85959
9	0.99986	1.48445×10^{-23}	6.10766	0.88554
10	0.99971	3.96581×10^{-25}	4.77086	0.92493
11	0.99932	1.21215×10^{-24}	3.46552	0.94468

根据以上测试结果，给出**1**在2～36K区间内的$\ln\tau\sim T^{-1}$图[图4.12(a)]。从图中可以看出，$\ln\tau\sim T^{-1}$在25K以上呈线性相关，说明此温度区间内的弛豫过程由奥巴赫过程主导。随着温度的降低，$\ln\tau\sim T^{-1}$曲线逐渐偏离线性，表明弛豫过程由奥巴赫过程主导转变为拉曼过程主导；在更低的温度下，曲线变为水平，弛豫时间不随温度变化，表明量子隧穿过程在低温下占据了主导。为了给出三个弛豫过程更为明确的数学关系，用下述公式

$$\tau_0^{-1}=\tau_0^{-1}\exp(-U_{\mathrm{eff}}/kT)+CT^n+\tau_{\mathrm{QTM}}^{-1} \tag{4.1}$$

对整体数据进行拟合，式中各项和各物理量的意义参见3.3.3节。为了避免过于参数化，我们首先用阿伦尼乌斯方程对高温部分的数据进行了拟合，得出奥巴赫过程对应的$U_{\mathrm{eff}}=556\mathrm{K}$和$\tau_0=9.33\times10^{-12}\mathrm{s}$，再将$U_{\mathrm{eff}}$代入式(4.1)，得到所有的拟合参数：$U_{\mathrm{eff}}=556\mathrm{K}$，$\tau_0=1.26\times10^{-11}\mathrm{s}$，$C=2.41\times10^{-5}\mathrm{s}^{-1}\mathrm{K}^{-n}$，$n=3.87$，$\tau_{\mathrm{QTM}}=20.0\mathrm{s}$。可以看出**1**具有很大的$U_{\mathrm{eff}}$，是性能相对较好的单离子磁体。

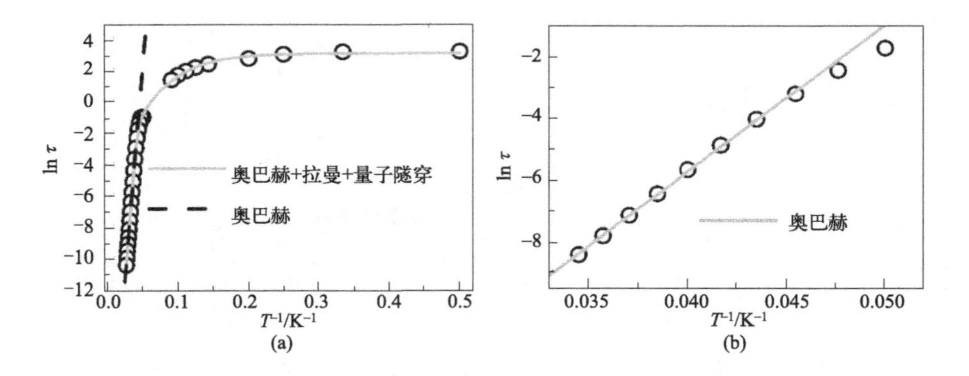

图4.12 零直流场下，配合物**1**(a)和**2**(b)的$\ln\tau\sim T^{-1}$曲线

由于未测试**2**在低温下的弛豫时间，我们对它的$\ln\tau\sim T^{-1}$曲线只进行了简单的线性拟合[图4.12(b)]，得出$U_{\mathrm{eff}}=477\mathrm{K}$和$\tau_0=2\times10^{-11}\mathrm{s}$。从图中可以看出，当温度在17K以下时，**2**的$\ln\tau\sim T^{-1}$曲线也偏离了线性，表明弛豫过程从奥巴赫机理主导转变为拉曼机理主导。

磁滞回线是反映单离子磁体的慢磁弛豫行为的另一个重要判据，与铁磁体不同的是，超顺磁体的磁滞回线开口是测试所得的磁化强度滞后于平衡磁化强度导致的，由于该测试是基于直流磁场进行的，因此只有当弛豫速率慢于一定程度时，即弛豫时间长于测试所需的时间，才可以观察到开口。鉴于交流磁化率测试反映 **1** 和 **2** 均具有较优异的慢磁弛豫行为，我们在 200Oe/s 的扫场速率下，对 **1** 和 **2** 进行了 2～12K 范围内的磁滞回线测试，结果见图 4.13。从图中可以看出，**1** 和 **2** 均展现出了腰部收紧的磁滞回线，说明零场下的弛豫行为在 12K 下受量子隧穿机理主导，随着温度的升高，磁滞回线开口逐渐减小，这是弛豫时间随温度升高而缩短导致的。从图 4.13(a) 和图 4.13(b) 的插图可以看出，**1** 在 12K 下的磁滞回线仍表现出一定程度的开口，但 **2** 的磁滞回线在 12K 下几乎完全闭合，说明在相同温度下，**1** 具有更慢的弛豫速率，也进一步表明 **1** 具有比 **2** 更高的 T_B。

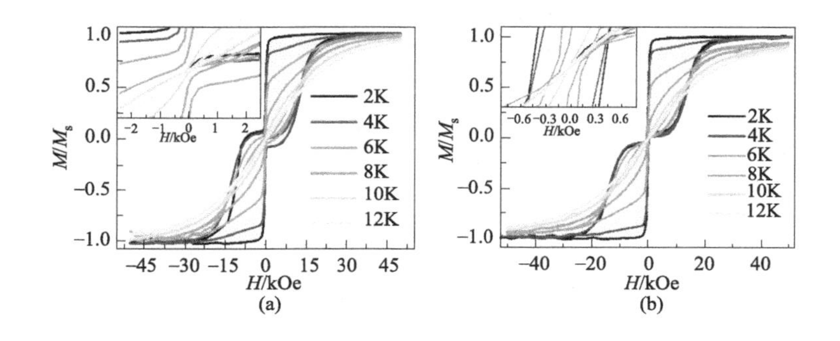

图 4.13　零直流场下，配合物 **1**（a）和 **2**（b）的磁滞回线

（3）量子隧穿弛豫行为的研究

1 的 $\ln\tau \sim T^{-1}$ 曲线在 5K 以下呈水平走势，且 **1** 和 **2** 的磁滞回线在零场下呈现出明显的阶梯状，均说明 **1** 和 **2** 在低温下存在磁化的量子隧穿效应。在超顺磁体中，当存在量子隧穿时，即使温度低于 T_B，磁化矢量也可以通过量子隧穿实现翻转，导致所存储信息的丢失，限制了它的实际应用，因此如何抑制量子隧穿是单离子磁体研究中的重点之一。鉴于 **1** 和 **2** 在结构和磁学行为上的相似性，此处我们选择 **1** 为对象，研究了外加直流磁场和抗磁稀释对其中量子隧穿过程的影响。

① 外加直流磁场对 **1** 中量子隧穿的影响。在外加磁场为 1200Oe 的条件下，测试了 **1** 在 24～36K 范围内的变频交流磁化率[图 4.14(a)]和 2～15K 区间内的直流磁矩衰减[图 4.14(b)]，以给出 **1** 在外加磁场下的慢磁弛豫行为。从测试结果可以看出，**1** 的变频交流磁化率曲线与零场下的数据基本一致，在所测频率范围内没有发生显著的平移或其它方面的改变。利用广义德拜模型对相应的 Cole-Cole 图进行拟合[图 4.14(c)]，得到的 τ(1200Oe) 和 α(1200Oe)（表 4.10）相比于零场下的数据均无显著变化，充分说明外加磁场对该温度区间内的弛豫行为无明显影响。用式(3.28) 对 1200Oe 下的直流磁矩衰减数据进行了拟合，得到 2～15K 区间内的 τ(1200Oe)（表 4.11)。与 24～36K

区间内的数据不同的是，2～15K 区间内的 τ(1200Oe) 相比于零直流场下的 τ(0Oe) 显著增大，且随着温度的降低，增大的程度也急剧增大：τ(1200Oe)/τ(0Oe) 在 11K、8K、5K 和 2K 下分别为 3.5、6.9、54 和 100。由于外加直流场对奥巴赫和拉曼过程的影响很小，而对量子隧穿弛豫具有显著影响，因此 2～15K 区间内的 τ 在加场前后的显著变化，再次证明了量子隧穿的存在，且随着温度的降低，它逐渐成为主导的弛豫机理。

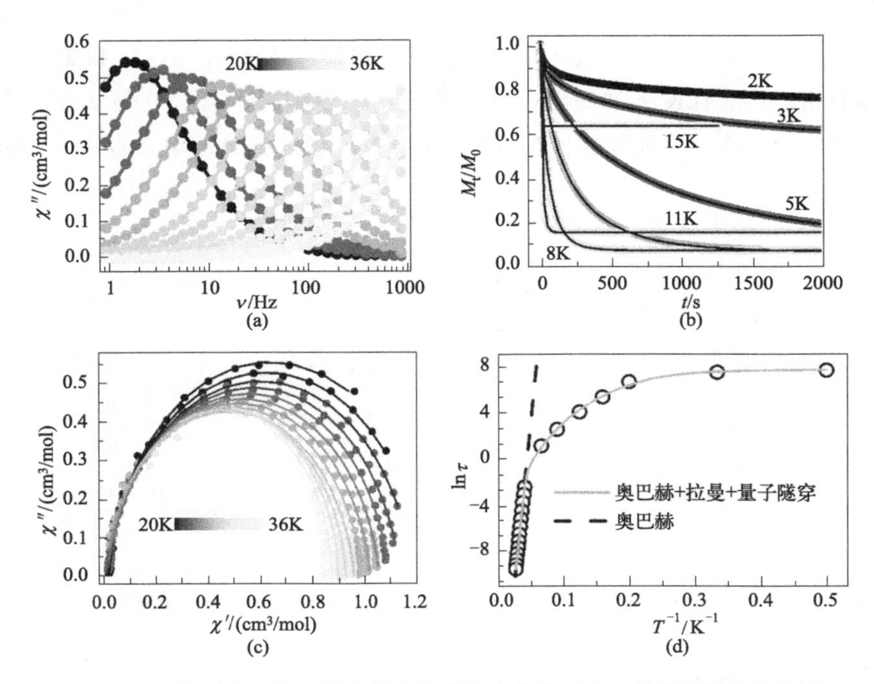

图 4.14　1200Oe 场下配合物 **1** 的虚部交流磁化率曲线（a）、直流磁矩衰减曲线（b）、Cole-Cole 图（c）和 lnτ～T^{-1} 曲线(d)[(b)、(c) 和 (d) 中的直线及虚线均为拟合结果]

表 4.10　1200Oe 直流场下配合物 1 的 Cole-Cole 图拟合参数

T/K	χ_S/(cm^3/mol)	χ_T/(cm^3/mol)	τ/s	α
24	0.01914	1.2626	0.08475	0.07103
25	0.01588	1.22945	0.04554	0.08673
26	0.01356	1.18861	0.02266	0.09434
27	0.01352	1.13865	0.01101	0.08775
28	0.01318	1.0968	0.00545	0.08435
29	0.00887	1.05778	0.00277	0.08171
30	0.0066	1.02166	0.00145	0.07674
31	1.43263×10^{-16}	0.98888	7.79334×10^{-4}	0.07521
32	1.34492×10^{-16}	0.95908	4.42432×10^{-4}	0.07219
33	2.30371×10^{-17}	0.92786	2.61368×10^{-4}	0.04411

续表

T/K	χ_S/(cm³/mol)	χ_T/(cm³/mol)	τ/s	α
34	6.29411×10^{-18}	0.89931	1.53519×10^{-4}	0.01492
35	1.255×10^{-17}	0.87319	9.70537×10^{-5}	0.00426
36	4.46166×10^{-17}	0.85337	6.38201×10^{-5}	1.89805×10^{-11}

表 4.11　1200Oe 直流场下配合物 1 的磁矩衰减拟合参数

T/K	M_t/M_0	M_f/M_0	τ/s	β
2	1.02108	0.61588	2002.67819	0.30643
3	1.01020	0.41325	1701.440	0.41520
5	0.97970	0.06081	753.07138	0.67376
6	1.00584	0.06703	198.10346	0.73986
8	1.01760	0.07434	54.2002	0.79894
11	1.00421	0.15698	12.25133	0.87192
15	1.00008	0.63899	3.01431	0.86666

根据上述实验和分析所得的 τ 值，作出 **1** 在 1200Oe 及 2～36K 区间内的 $\ln\tau \sim T^{-1}$ 图[图 4.14(d)]。它与零场下的 $\ln\tau \sim T^{-1}$ 图在变化趋势上十分相似，所不同的是，1200Oe 下 $\ln\tau \sim T^{-1}$ 曲线达到水平走势的温度更低，说明直流磁场有效地抑制了低温下的量子隧穿，但仍无法完全根除它的存在。用式(4.1) 对 1200Oe 下的 $\ln\tau \sim T^{-1}$ 曲线进行了拟合，得到：$U_{eff}=560K$，$\tau_0=1.20\times10^{-11}s$，$C=2.89\times10^{-7}s^{-1}K^{-n}$，$n=5.21$，$\tau_{QTM}=2167s$。与零场下的数据对比可知，$U_{eff}$ 在加场前后基本不变，但 τ_{QTM} 变为零场下的约 100 倍，进一步证明量子隧穿效应被有效地抑制了。此外，我们也尝试了用仅包含奥巴赫过程和拉曼过程的公式以及仅包含奥巴赫过程和直接过程的公式对 1200Oe 下的 $\ln\tau \sim T^{-1}$ 数据进行拟合，但拟合数据始终不能与测试数据吻合，说明量子隧穿效应未被完全消除。

② 抗磁稀释对 **1** 中量子隧穿的影响。抗磁稀释可以削弱甚至消除磁性分子或离子间的偶极作用，从而抑制偶极作用导致的量子隧穿效应，因此为了研究偶极作用对 **1** 中量子隧穿效应的影响，我们进行了抗磁稀释的研究。在零直流磁场下，对抗磁稀释样品 **1@Y** 进行了 24～36K 温度范围内的变频交流磁化率测试和分析（图 4.15）。结果显示抗磁稀释样品在此温度区间内的磁化率曲线与 **1** 相似，表明抗磁稀释对该温度区间内的慢磁弛豫行为基本无影响。利用德拜模型对相应的 Cole-Cole 图进行拟合[图 4.15(c)和表 4.12]，并根据所得数据绘制出 **1@Y** 的 $\ln\tau \sim T^{-1}$ 图[图 4.15(d)]，对该图的线性拟合给出 **1@Y** 的 U_{eff} 为 550K，与 **1** 几乎相同，这说明偶极作用对该温度区间内的主导弛豫机理——奥巴赫过程没有明显影响。

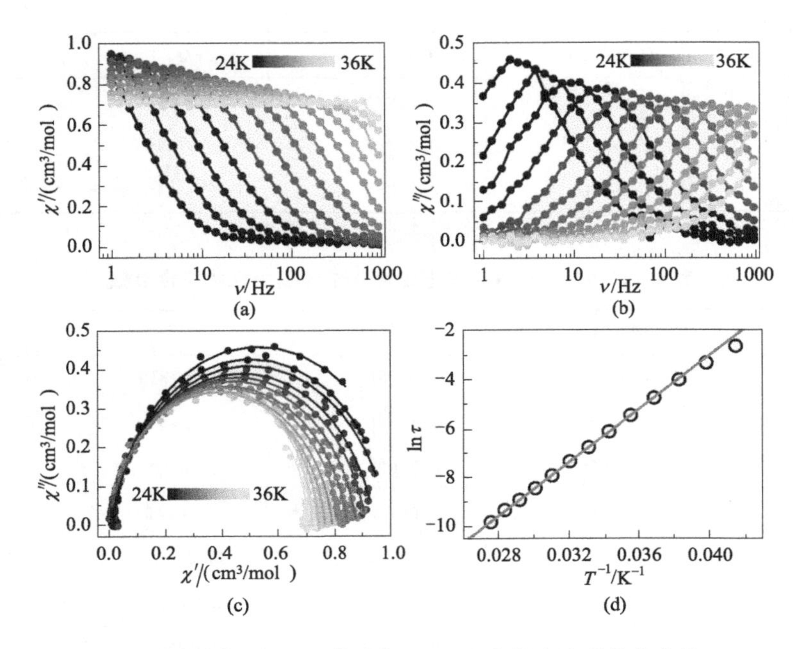

图 4.15 零直流场下 **1@Y** 的实部（a）和虚部交流磁化率曲线（b）、Cole-Cole 图（c）和 $\ln\tau \sim T^{-1}$ 曲线（d）[（c）和（d）中的实线为拟合曲线]

表 4.12 1200Oe 直流场下配合物 1@Y 的 Cole-Cole 图拟合参数

T/K	χ_S/(cm³/mol)	χ_T/(cm³/mol)	τ/s	α
24	0.01914	1.2626	0.08475	0.07103
25	0.01588	1.22945	0.04554	0.08673
26	0.01356	1.18861	0.02266	0.09434
27	0.01352	1.13865	0.01101	0.08775
28	0.01318	1.0968	0.00545	0.08435
29	0.00887	1.05778	0.00277	0.08171
30	0.0066	1.02166	0.00145	0.07674
31	1.43263×10^{-16}	0.98888	7.79334×10^{-4}	0.07521
32	1.34492×10^{-16}	0.95908	4.42432×10^{-4}	0.07219
33	2.30371×10^{-17}	0.92786	2.61368×10^{-4}	0.04411
34	6.29411×10^{-18}	0.89931	1.53519×10^{-4}	0.01492
35	1.255×10^{-17}	0.87319	9.70537×10^{-5}	0.00426
36	4.46166×10^{-17}	0.85337	6.38201×10^{-5}	1.89805×10^{-11}

为了研究 **1@Y** 在低温下的磁行为，测试了它在 2～12K 区间内的磁滞回线，采用的扫场速度与 **1** 相同。如图 4.16 所示，**1@Y** 的磁滞回线在 12K 以下均展现出了显著的开口，且开口程度远大于 **1**，说明 **1@Y** 在 12K 以下具有更慢的弛豫速率，这显然是量子隧穿被有效抑制促成的。特别的是，在零直流场下，**1@Y** 的磁滞回线虽然仍具有

阶梯状的量子隧穿步骤，但却展现出了很高的剩磁比，其中 2K 下的剩磁比为 0.67，远远高于未稀释样品在该温度的剩磁比（0.1），表明偶极作用的消除，有效抑制了量子隧穿的进行，使得低温下的弛豫时间被大大延长。而 **1@Y** 中依然存在的较弱的量子隧穿效应，可能是超精细相互作用导致的，它无法被抗磁稀释抑制。

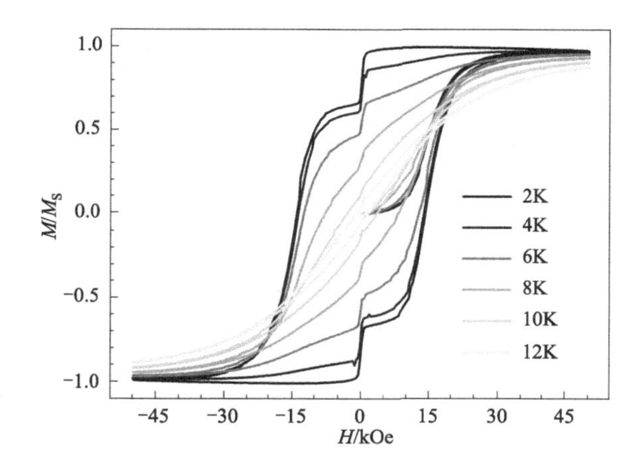

图 4.16　零直流场下配合物 **1@Y** 的磁滞回线

4.2 五角双锥钬单离子磁体

4.2.1 配合物的合成

（1）实验试剂与仪器

本节实验所用试剂均为市售，在实验前未进行二次处理，详细信息列于表 4.13 中，实验过程所用仪器同 4.1.1 节，这里不再赘述。

表 4.13　实验试剂

试剂和药品	纯度	生产厂家
六甲基磷酰三胺	分析纯	上海阿拉丁生化科技股份有限公司
溴化钬六水合物	分析纯	广州云山生化科技有限公司
氯化钬六水合物	分析纯	广州云山生化科技有限公司
四氢呋喃	分析纯	天津市北联精细化学品开发有限公司
二氯甲烷	分析纯	天津市大茂化学试剂
正己烷	分析纯	天津市大茂化学试剂
甲苯	分析纯	天津市大茂化学试剂

(2) 合成方法

配合物$[Ho(HMPA)_2(H_2O)_5]_2Cl_6 \cdot 2HMPA \cdot 2H_2O$(**3**)的合成：将 $HoCl_3 \cdot 6H_2O$ (0.5mmol) 和 HMPA (0.5mL，2.86mmol) 加入到 10mL 四氢呋喃中，搅拌使其溶解，随后继续搅拌 2 小时，在此过程中，溶液逐渐变浑浊。搅拌完成后，过滤溶液，将所得滤液静置缓慢挥发，约两天后得到浅粉色块状晶体，用适量冷的正己烷洗涤所得晶体，置于空气中晾干并收集。基于金属 Ho 的产率为 75%。红外光谱(cm^{-1})：3448(br)，2940(m)，2897(m)，2850(w)，2815(w)，1637(m)，1618(m)，1483(m)，1458(m)，1382(w)，1301(m)，1184(m)，1120(vs)，1068(w)，995(vs)，756(s)，712(w)，623(w)，474(w)。

配合物$[Ho(HMPA)_2(H_2O)_5]Br_3 \cdot 2HMPA$(**4**)的合成：将 $HoBr_3 \cdot 6H_2O$ (0.5mmol) 和 HMPA(0.5mL，2.86mmol) 加入到 10mL 四氢呋喃中，搅拌使其溶解，随后继续搅拌 2 小时，在此过程中，溶液中有大量白色固体生成。搅拌完毕，过滤溶液，将所得滤液静置缓慢挥发，约四天后得到浅粉色块状晶体。基于金属 Ho 的产率为 8%。红外光谱(cm^{-1})：3443(br)，2940(m)，2905(m)，2861(w)，2819(w)，1615(w)，1465(m)，1299(m)，1189(m)，1116(vs)，1073(w)，980(vs)，749(vs)，624(w)，473(w)。

4.2.2 结构表征

(1) 单晶 X 射线衍射表征及分析

挑选尺寸适合且质量良好的 **3** 和 **4** 的单晶，进行了单晶 X 射线衍射测试及分析，得到两者的晶体结构。表 4.14 列出了单晶衍射测试给出的 **3** 和 **4** 的晶胞参数及重要的精修参数。值得注意的是，虽然 **3** 和 **4** 的合成中也仅存在卤素离子的不同，但反应过程中的现象以及产率却差别很大，而单晶衍射测试给出的 **3** 和 **4** 的晶体结构也不同，其中 **3** 具有与 **1** 和 **2** 相同的晶体结构。显然，**1**～**4** 的合成及结构的对比，既体现了不同稀土离子在化学性质上的相似性，又体现了它们各自的独特性。

表 4.14　配合物 3 和 4 的结构精修和晶体学数据

晶胞参数和精修参数	配合物 3	配合物 4
分子式	$C_{36}H_{132}Cl_6Ho_2N_{18}O_{18}P_6$	$C_{24}H_{82}Br_3HoN_{12}O_9P_4$
相对分子质量	1833.97	1211.55
测试温度/K	296.15	120.0(10)
晶系	单斜	单斜
空间群	$P2_1/c$	Cc
a/Å	11.3789(9)	15.2772(6)
b/Å	38.503(3)	15.5914(4)

续表

晶胞参数和精修参数	配合物 **3**	配合物 **4**
c/Å	19.9088(16)	22.7448(7)
α/(°)	90	90
β/(°)	101.950(2)	106.623(4)
γ/(°)	90	90
晶胞体积/(Å^3)	8533.4(12)	5191.2(3)
Z	4	4
理论密度/(g/cm^3)	1.428	1.550
μ/mm^{-1}	2.201	4.006
F(000)	3776.0	2456.0
GOOF 值	1.014	0.984
R_{int} 值	0.0766	0.0440
R_1,wR_2[$I>2\sigma(I)$]	0.0501,0.0955	0.0420,0.0609
R_1,wR_2(所有数据)	0.0985,0.1146	0.0521,0.0670
残余电子密度/(e/Å^3)	0.63/−0.74	1.33/−0.90

① 配合物 **3** 的晶体结构

单晶衍射结果表明，**3** 结晶在单斜晶系的 $P2_1/c$ 空间群中。如图 4.17 所示，**3** 的最小不对称单元由两个[Ho(HMPA)$_2$(H$_2$O)$_5$]$^{3+}$ 单元、两个游离的 HMPA 配体、六个 Cl$^-$ 和两个 H_2O 分子组成。Ho1 和 Ho2 均处于七配位的五角双锥构型配位构型中，其中轴向被两个 HMPA 占据，赤道面则由五个 H_2O 构成。对于 Ho1，轴向的两个 Ho1—O$_{轴}$ 键长分别为 2.197(4)Å 和 2.224(4)Å，形成的 O—Ho1—O 键角为 178.12(18)°，十分接近线形，赤道面的五个 Ho1—O$_{水}$ 键长在 2.334～2.383Å 之间，且相邻的 Ho1—O$_{水}$ 键构成的 O—Ho1—O 的键角在 71.77(17)～72.64(17)°之间，使得 Ho1 处在一个轴向压缩的准五角双

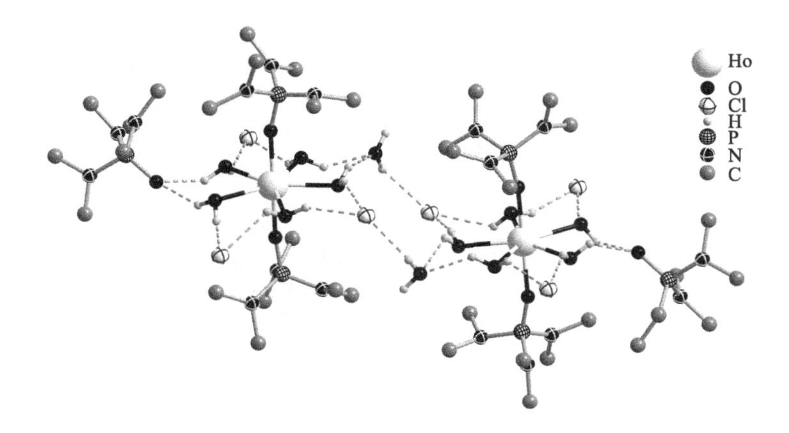

图 4.17 配合物 **3** 的分子结构图（为了方便观察，删除了 HMPA 配体上的 H，虚线代表氢键）

锥配位构型中。Ho2 具有与 Ho1 十分相似的配位构型，Ho2—$O_{轴}$ 和 Ho2—$O_{水}$ 的平均键长分别为 2.204(4)Å 和 2.400(4)Å，前者略短于 Ho1—$O_{轴}$，而后者则长于 Ho1—$O_{水}$，说明 Ho2 处在一个轴向更为压缩的五角双锥构型中。通过 SHAPE 2.0 软件评估了 Ho^{3+} 所处的配位构型与理想多面体构型的偏离程度（表 4.15），它们的配位构型均最接近于五角双锥构型，得到的相应的偏差为：S(Ho1)=0.154，S(Ho2)=0.127，证明 Ho2 的配位构型更接近于标准的五角双锥构型。

此外，每个 Ho^{3+} 的赤道面外围还存在三个 Cl^-、一个游离的 HMPA 配体和一个游离的 H_2O，它们通过氢键与五个配位 H_2O 连接形成五角星状的十元环结构。邻近的 $[Ho(HMPA)_2(H_2O)_5]^{3+}$ 通过 O—H⋯Cl 氢键相连，形成了沿晶体学 a 方向延伸的一维"之"字形超分子链（图 4.18），链内相邻的 Ho⋯Ho 间隔为 9.0597Å 或 9.1416Å。这些一维氢键链又通过分子间作用力堆积成三维超分子结构（图 4.19），链间最短的 Ho⋯Ho 间隔为 9.9279Å。

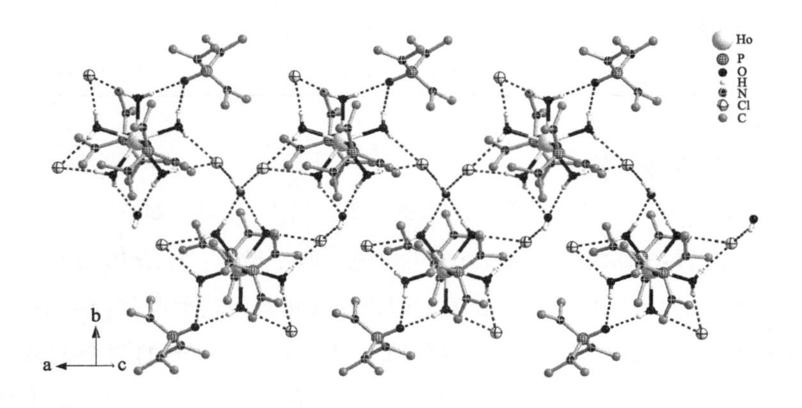

图 4.18　配合物 **3** 的一维超分子链（为了方便观察，删除了 HMPA 配体上的 H，虚线代表氢键）

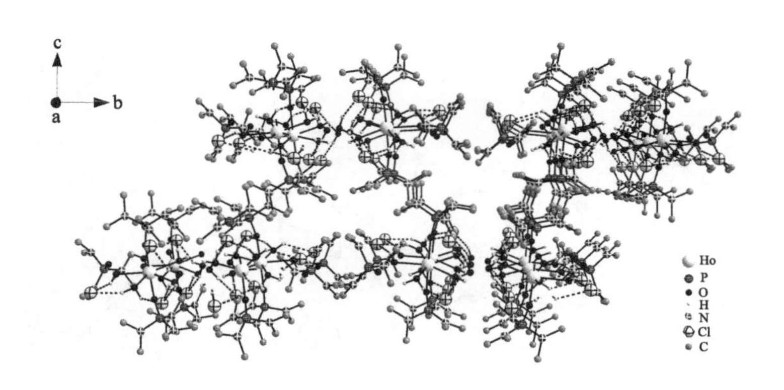

图 4.19　配合物 **3** 的三维堆积图（为了方便观察，删除了 HMPA 配体上的 H，虚线代表氢键）

② 配合物 **4** 的晶体结构

与**3**不同，**4**结晶于单斜晶系的*Cc*空间群中。如图4.20所示，**4**的最小不对称单元只含有一个$[Ho(HMPA)_2(H_2O)_5]^{3+}$单元、三个$Br^-$和两个HMPA配体。$Ho^{3+}$也具有七配位的五角双锥配位构型，其配位原子来自于两个HMPA配体中的氧原子和赤道面的五个水分子中的氧原子。轴向两个Ho—O键长分别为2.203(6)Å和2.222(7)Å，O—Ho—O键角为179.2(3)°。在赤道面上，Ho—O键长在2.338(7)～2.354(6)Å之间，相邻的Ho—O键形成的O—Ho—O键角在70.8(3)～73.8(3)°之间。轴向和赤道面的Ho—O平均键长分别为2.213(7)Å和2.348(7)Å，表明Ho^{3+}所处的五角双锥配位构型是轴向压缩的。用SHAPE 2.0软件评估了Ho^{3+}所处的配位构型与理想多面体构型的偏离程度（表4.15），得到它与标准五角双锥构型的偏差为0.105，可见与**3**相比，**4**中的Ho^{3+}具有更接近于理想五角双锥体的配位构型。每个$[Ho(HMPA)_2(H_2O)_5]^{3+}$单元的赤道面还环绕着三个$Br^-$和两个HMPA配体，它们与五个配位水分子通过氢键也连接成了五角星状的十元环结构。但由于缺少了水分子，相邻的$[Ho(HMPA)_2(H_2O)_5]^{3+}$单元间没有形成氢键链，只通过分子间作用力，形成了三维堆积结构（图4.21），其中Ho…Ho的最短空间间隔为10.9143(7)Å。

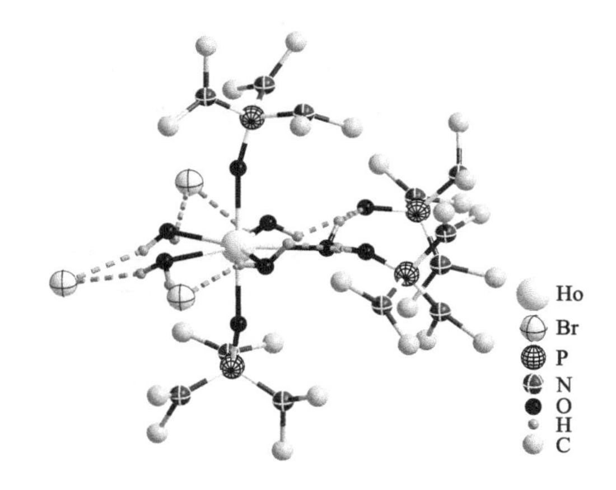

图4.20　配合物**4**的分子结构图（为了方便观察，删除了HMPA配体上的H，虚线代表氢键）

表4.15　SHAPE 2.0程序给出的配合物3和4的中心离子配位构型与标准构型的偏差

配合物	HP-7	HPY-7	PBPY-7	COC-7	CTPR-7	JPBY-7	JETPY-7
3(Ho1)	34.417	25.678	0.154	7.408	5.618	2.846	23.880
3(Ho2)	34.496	25.281	0.127	7.566	5.852	2.733	24.624
4(Ho)	34.341	25.815	0.105	7.956	6.130	2.727	24.524

注：HP-7＝七边形（D_{7h}）；HPY-7＝六角锥（C_{6v}）；PBPY-7＝五角双锥（D_{5h}）；COC-7＝单帽八面体（C_{3v}）；CTPR-7＝单帽三棱柱（C_{2v}）；JPBPY-7＝约翰逊五角双锥（D_{5h}）；JETPY-7＝约翰逊拉长三角锥柱（C_{3v}）；数值越小代表实际构型与标准构型的偏差越小。

（2）元素分析和粉末X射线衍射

为了验证所合成的多晶样品的纯度，以确保后续研究的可靠性，我们对配合物**3**和**4**进行了元素分析测试和粉末X射线衍射测试。

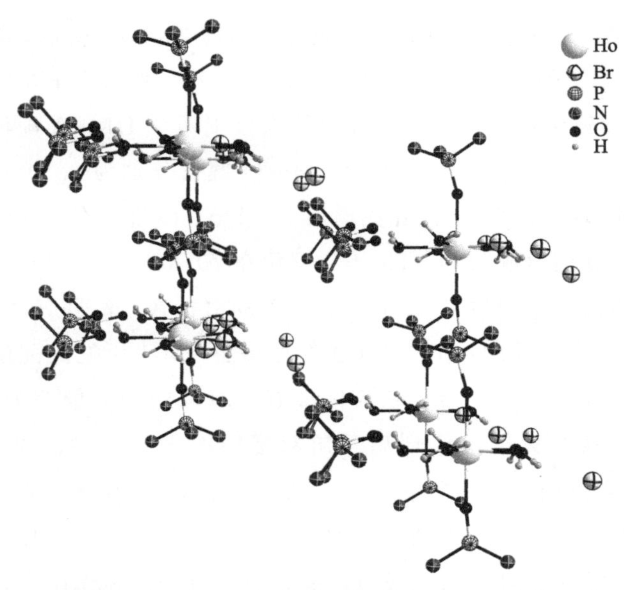

图 4.21　配合物 **4** 的三维堆积图（为了方便观察，删除了 HMPA 配体上的，且 N—C 键未画出）

表 4.16 列出了 **3** 和 **4** 中的 C、H 和 N 元素的理论含量和测试含量，其中理论含量是根据单晶 X 衍射结果计算所得。从理论值和实测值的对比可以看出，**3** 和 **4** 的 C、H 和 N 元素的实测值与理论值均吻合得很好，最大绝对差不超过 0.5%，证明批量样品与所测的单晶具有几乎相同的元素组成。

表 4.16　配合物 3 和 4 的多晶样品的元素分析结果

配合物	计算值(质量分数)/%			实验值(质量分数)/%		
	C	H	N	C	H	N
3	23.58	7.26	13.57	20.98	7.25	13.46
4	23.79	6.82	13.87	24.13	6.68	13.61

图 4.22 为 **3** 和 **4** 的实测粉末 X 射线衍射谱图和模拟谱图，其中模拟谱图是单晶 X 射线衍射数据经 Mercury 软件计算所得。**3** 和 **4** 的实验谱图与模拟谱图吻合得很好，表明它们的粉末样品均具有很高的相纯度。而综合元素分析与粉末衍射的测试结果，可以确定 **3** 和 **4** 的多晶样品具有很高的纯度。

4.2.3　磁学性质研究

(1) 静态磁学性质

在 1000Oe 的直流磁场下，测试了 **3** 和 **4** 的粉末样品在 300～2K 温度区间内的变温直流磁化率（图 4.23），在测试前，粉末样品已经被充分研磨以消除颗粒取向导致的各向异性。测试结果表明，**3** 和 **4** 的室温 $\chi_M T$ 值分别为 27.88(cm^3 · K)/mol 和 14.11(cm^3 ·

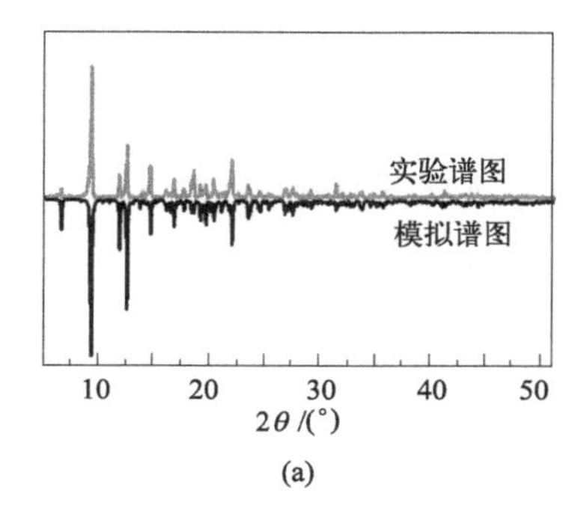

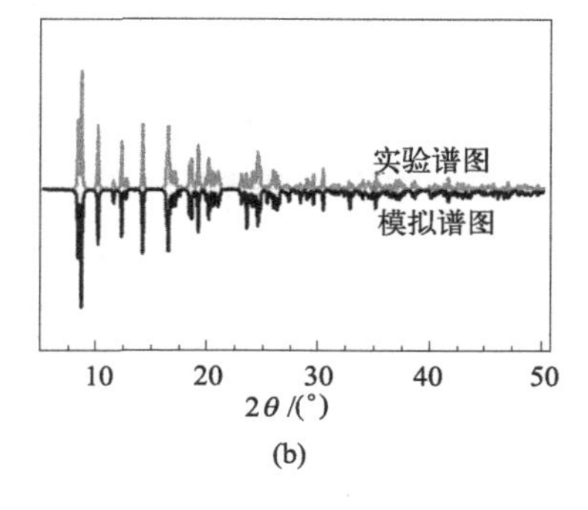

图 4.22　配合物 **3**（a）和 **4**（b）的粉末 X 射线衍射谱图和模拟谱图

K)/mol，分别与两个和单个自由 Ho^{3+} （$^5I_8$，$g_J=5/4$）的理论 $\chi_M T$ 值相吻合，进一步说明粉末样品具有很高的纯度。在冷却过程中，**3** 和 **4** 的 $\chi_M T$ 值均呈现出非常缓慢的下降趋势，这是粒子在高激发态上的布居数减小引起的，相比之下，**4** 的 $\chi_M T$ 下降趋势比 **3** 更为缓慢，说明 **4** 的基态与激发态之间存在更大的能量差。**3** 和 **4** 的 $\chi_M T$ 值在 10K 以下下降速度加快，但在 2K 下，$\chi_M T$ 值仍然较大，分别为 11.80(cm^3 · K)/mol 和 13.29 (cm^3 · K)/mol。

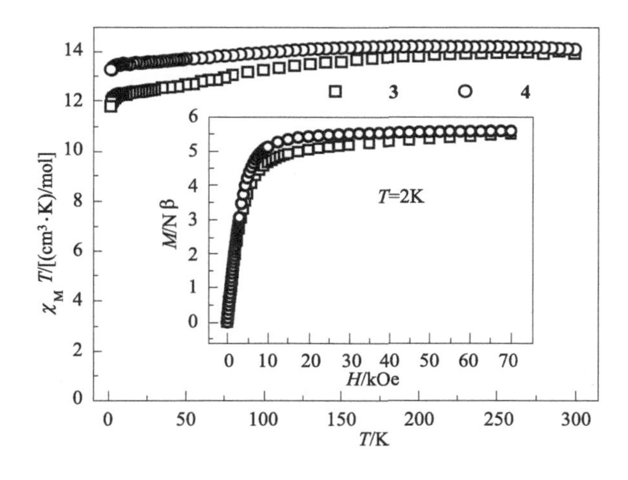

图 4.23　外加磁场为 1000Oe 下配合物 **3** 和
4 的变温直流磁化率曲线以及 2K 下的场依赖磁化率曲线（插图）

在 2K 下，测试了 **3** 和 **4** 的场依赖磁化强度（图 4.23 插图）。在低场中，**3** 和 **4** 的磁化强度随着场强的增大而急剧上升，在高场中，**3** 的磁化强度仍在缓慢上升，但 **4** 的磁化强度在 20kOe 处已基本饱和，说明 **4** 具有更强的磁各向异性，较小的磁场便能使其迅速磁化饱和。70kOe 下，**3** 和 **4** 的磁化强度最大值分别为 5.5Nβ 和 5.6Nβ，它们虽然远小于自由 Ho^{3+} 的理论饱和值 10Nβ，但却十分接近于 Ising 型基态的理论饱和值 5Nβ（$m_J=\pm8$），说明两者的基态均具有很高的单轴各向异性。

此外，为了探究**3**和**4**中是否存在慢磁弛豫行为，在1000Oe的外加磁场下，测试了它们的ZFC和FC曲线以及2K下的磁滞回线。如图4.24所示，**3**和**4**的ZFC和FC曲线直到2K下也没有出现分叉，且始终保持随温度降低而增大的趋势，表明其中或不存在慢磁弛豫行为，或慢磁弛豫的速率在所测温度区间过快。**3**和**4**在2K及200Oe/s的扫场速率下的磁滞回线也没有展现出明显的开口（图4.25），也进一步验证了上述结论。而要继续确定两者中是否真的存在慢磁弛豫行为，则必须通过能够反映更快弛豫速率行为的交流磁化率测试进行。

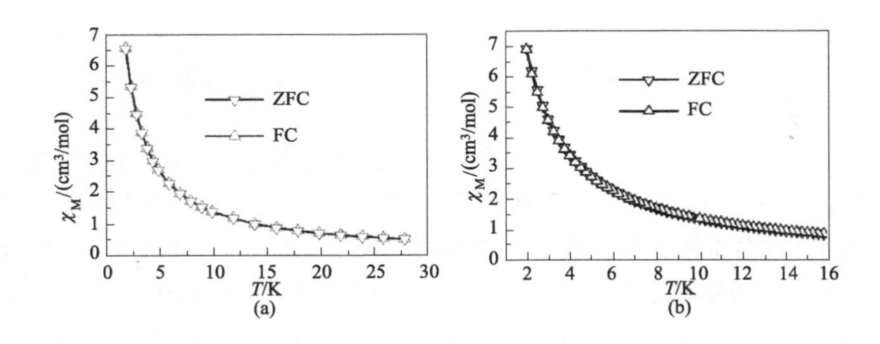

图4.24 配合物**3**（a）和**4**（b）的零场冷却（ZFC）和场冷却（FC）磁化曲线

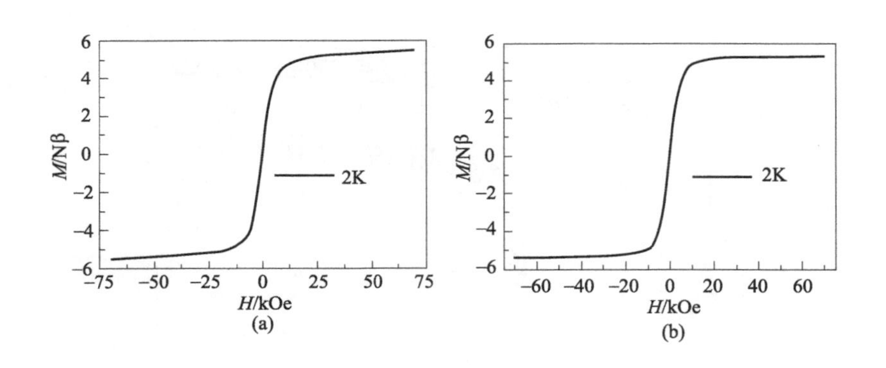

图4.25 配合物**3**（a）和**4**（b）在2K下的磁滞回线

（2）动态磁学行为研究

为了进一步研究配合物的磁动力学行为，在零直流场下对**3**和**4**进行了变温（图4.26）和变频交流磁化率测试（图4.27）。从测试结果可以看出，**3**和**4**展现出了相似的(χ)χ''～T和(χ)χ''～ν曲线，且均具有显著的频率和温度依赖性。**3**的变温交流磁化率虚部峰值出现在6～23K的温度范围内，**4**的峰值出现在6～20K的温度范围内，且随着温度的升高，χ''的峰值均由低频向高频移动，这是典型的慢磁弛豫行为特征，也证明了**3**和**4**均为单离子磁体。对比发现，相同的频率下，**3**的χ''峰值温度略低于**4**，说明**4**具有比**3**更慢的弛豫速率。在低温区，随着温度的降低，**3**的χ''继续增大，表明温度降低使弛豫机理从自旋晶格过程转变为量子隧穿过程，**3**的转变温度约为5K，而**4**

直到 3K 才发生类似的转变，说明 **3** 中存在更剧烈的量子隧穿效应。

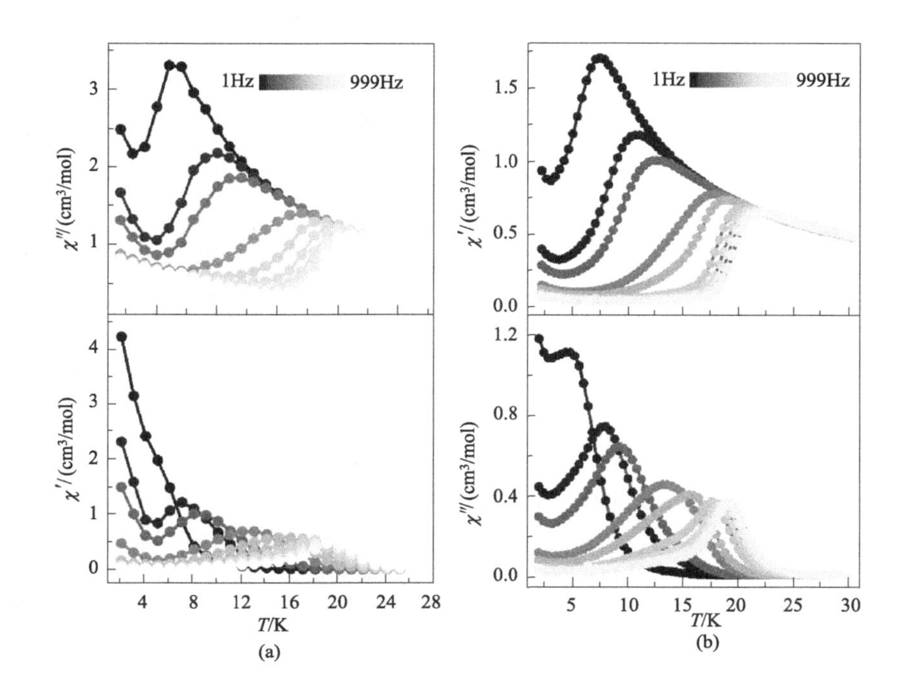

图 4.26　配合物 **3**（a）和 **4**（b）的变温交流磁化率曲线

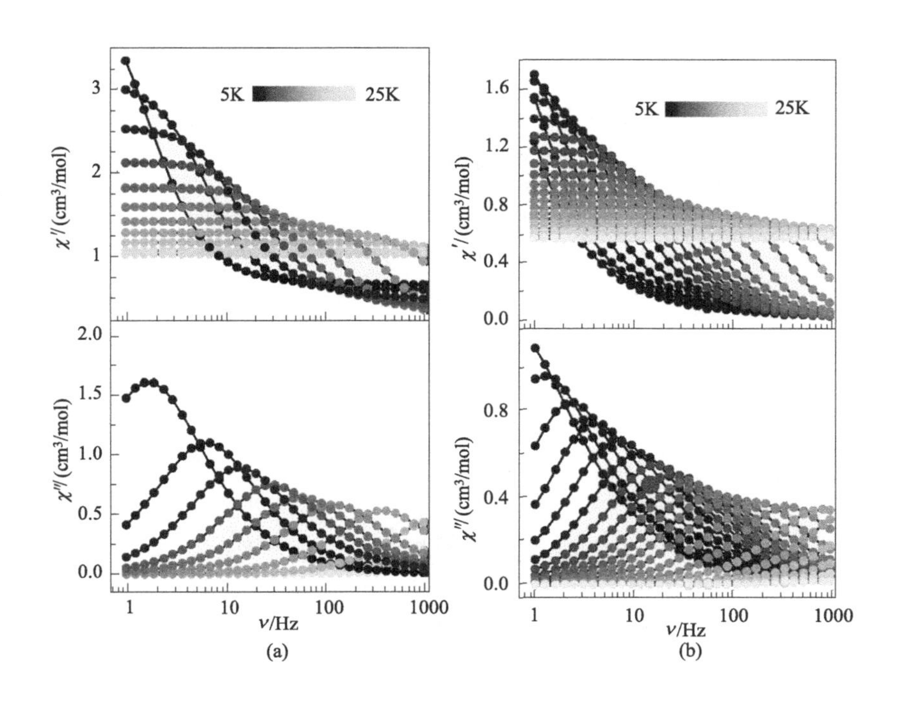

图 4.27　配合物 **3**（a）和 **4**（b）的变频交流磁化率曲线

使用广义德拜模型对 **3** 和 **4** 的 Cole-Cole 图进行了拟合（图 4.28），得到了它们在

所测温度区间内的 τ 和 α（表 4.17 和表 4.18）。随着温度的升高，**3** 的 α 从 0.23 逐渐减小至接近于零，说明温度的升高使得 **3** 的弛豫时间分布变窄，即温度越高，粒子的弛豫行为越一致。**4** 的 α 随温度的变化趋势与 **3** 相似。

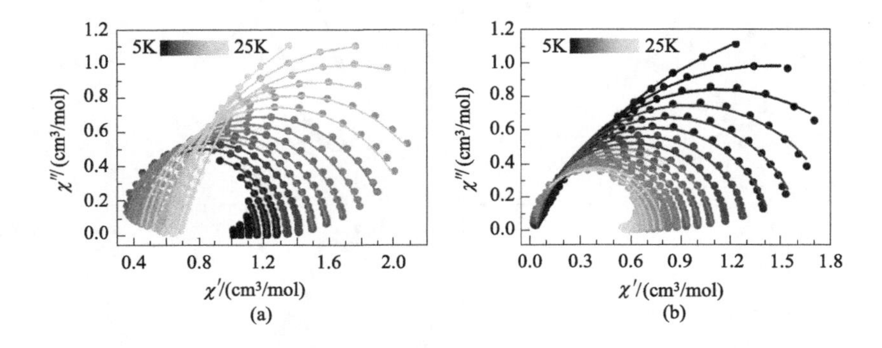

图 4.28 配合物 **3**（a）和 **4**（b）的 Cole-Cole 图，实线为拟合结果

表 4.17 配合物 3 的 Cole-Cole 图拟合参数

T/K	χ_S/(cm³/mol)	χ_T/(cm³/mol)	τ/s	α
5	0.67982	6.11662	0.17989	0.22592
6	0.64989	4.57699	0.12329	0.09416
7	0.62345	3.7298	0.09231	0.048
8	0.5923	3.1134	0.08012	0.0248
9	0.55876	2.82883	0.06984	0.01667
10	0.51668	2.5494	0.07907	0.0119
11	0.47278	2.31686	0.0752	0.00727
12	0.43661	2.12219	0.07245	0.00506
13	0.4064	1.96116	0.0697	0.00362
14	0.38003	1.82001	0.06343	0.00261
15	0.35723	1.69869	0.05454	0.00185
16	0.3396	1.59223	0.03985	0.00123
17	0.32481	1.49993	0.02357	7.36397×10^{-4}
18	0.32715	1.41398	1.45319×10^{-4}	4.13924×10^{-4}
19	0.32646	1.34344	9.93965×10^{-5}	2.20384×10^{-4}
20	0.36266	1.279	7.69567×10^{-5}	1.20261×10^{-4}
21	0.32189	1.21989	6.89452×10^{-6}	7.41742×10^{-5}
22	0.29013	1.15978	2.18952×10^{-10}	3.9616×10^{-5}
23	0.28798	1.11002	3.27882×10^{-10}	2.23447×10^{-5}
24	0.30129	1.0589	5.23987×10^{-10}	1.32191×10^{-5}
25	0.31234	1.01497	5.12234×10^{-10}	8.15583×10^{-6}

表 4.18　配合物 4 的 Cole-Cole 图拟合参数

T/K	χ_S/(cm^3/mol)	χ_T/(cm^3/mol)	τ/s	α
5	0.04048	3.90803	0.36305	0.27614
6	0.04359	2.8149	0.14556	0.21951
7	0.04772	2.22044	0.06861	0.16791
8	0.0486	1.86555	0.03691	0.13168
9	0.0461	1.6259	0.02159	0.10889
10	0.04447	1.44742	0.0135	0.09331
11	0.04331	1.30758	0.00893	0.08155
12	0.04243	1.19398	0.00619	0.0725
13	0.04145	1.09877	0.00441	0.06434
14	0.04037	1.01915	0.00321	0.05792
15	0.03788	0.94923	0.00228	0.04956
16	0.0364	0.88976	0.00152	0.03958
17	0.02398	0.83722	8.74234×10^{-4}	0.03778
18	0.01384	0.78971	4.45697×10^{-4}	0.03432
19	0.00354	0.74695	2.11917×10^{-4}	0.02929
20	0.02092	0.70881	1.05963×10^{-4}	0.01002
21	0.03156	0.67623	5.46445×10^{-5}	1.00027×10^{-14}
22	4.43096×10^{-16}	0.64682	2.75546×10^{-5}	2.71468×10^{-14}
23	7.17823×10^{-16}	0.61952	1.46135×10^{-5}	2.83283×10^{-14}
24	9.37437×10^{-16}	0.59332	8.45066×10^{-6}	4.11698×10^{-14}
25	1.33679×10^{-15}	0.57037	5.81199×10^{-6}	5.41421×10^{-14}

根据交流磁化率数据，得到 **3** 和 **4** 的 $\ln\tau\sim T^{-1}$ 曲线（图 4.29）。从图中可以看出，**3** 和 **4** 的 $\ln\tau\sim T^{-1}$ 在 17K 以上均呈线性相关，而在 17K 以下则均偏离线性关系，说明它们的慢磁弛豫行为在 17K 以上由奥巴赫过程主导，而在更低温度下则由拉曼过程主导。为了证实以上分析结果，我们对 **3** 和 **4** 的 $-\ln\tau\sim\ln T$ 图进行了分析（图 4.30），可以看出它们在 17K 以下均表现出了良好的线性关系，斜率分别为 4.13 和 4.51，符合拉曼过程对应的斜率（2～9）；在高温区，**3** 和 **4** 的 $-\ln\tau\sim\ln T$ 曲线的斜率均在 10 以上，超出了拉曼过程对应斜率的合理范围，说明该温度区间内的弛豫过程应为奥巴赫机理主导。因此，我们用包含奥巴赫过程项和拉曼过程项的组合公式

$$\tau^{-1}=\tau_0^{-1}(-U_{\mathrm{eff}}/kT)+CT^n \tag{4.2}$$

对两者的 $\ln\tau\sim T^{-1}$ 曲线进行了拟合，得到的最佳拟合参数为：$U_{\mathrm{eff}}=290\mathrm{K}$，$\tau_0=7.55\times10^{-11}\mathrm{s}$，$C=0.00591\mathrm{s}^{-1}\cdot\mathrm{K}^{-n}$，$n=4.18$（**3**）；$U_{\mathrm{eff}}=320\mathrm{K}$，$\tau_0=1.42\times10^{-11}\mathrm{s}$，$C=0.00237\mathrm{s}^{-1}\cdot\mathrm{K}^{-n}$，$n=4.47$（**4**）。可以看出 **4** 的 U_{eff} 要略高于 **3**。

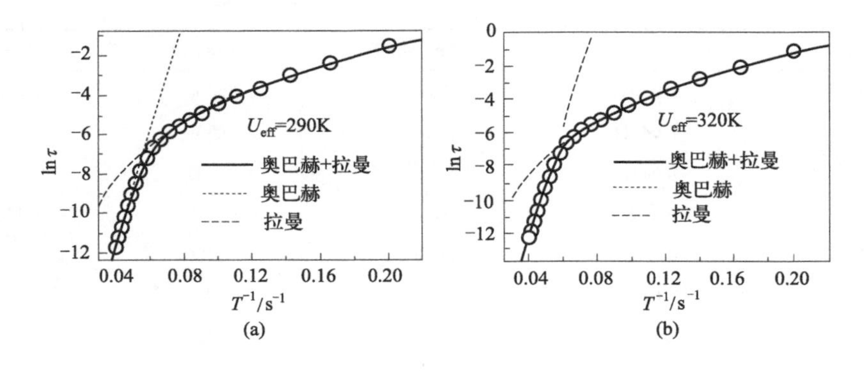

图 4.29　零直流场下，配合物 **3**（a）和 **4**（b）的 $\ln\tau \sim T^{-1}$ 曲线

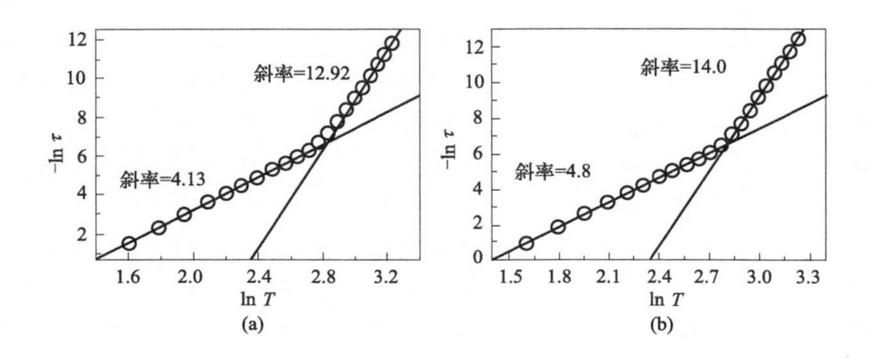

图 4.30　零直流场下，配合物 **3**（a）和 **4**（b）的 $-\ln\tau \sim \ln T$ 曲线，实线为拟合结果

4.3　磁构关系研究

磁构关系研究，即探索分析配合物的结构与磁学性质之间的联系，阐明影响其磁学性能的关键结构因素，总结两者之间的影响规律，是分子磁体研究中的重点。合理有效的磁构关系研究，是理解和解释现有配合物的磁学行为，预测特定结构配合物的磁学性质并指导高性能分子磁体设计的关键。

4.3.1　阴离子诱导的结构与磁学性质调控

1 和 **2** 的中心离子均处于五角双锥配位构型中，但不同于其它该类型的镝单离子磁体，**1** 和 **2** 的最小不对称单元包含了两个晶体学独立的 Dy^{3+}。在 **1** 中，两个 Dy^{3+} 中心的 Dy—$O_{轴}$ 平均键长为 2.212Å 和 2.221Å，相差 0.009Å，Dy—$O_{水}$ 平均键长相差 0.005Å；在 **2** 中，两个 Dy—$O_{轴}$ 的平均键长分别为 2.213Å 和 2.226Å，相差 0.013Å，Dy—$O_{水}$ 平均键长分别为 2.357Å 和 2.355Å，相差 0.002Å。这些晶体中较小的平均键长差异可以解释虚部交流磁化率数据中较小的弛豫时间分布 α，即在特定温度下，Dy1 和 Dy2 具有几乎相同的弛豫时间。相对于 **2**，**1** 的轴向 Dy—O 键长更短，即具有更强的轴向晶体场，这可能是 **1** 的有效能垒更大的原因之一。

值得注意的是，在我们研究基于 HMPA 的稀土单离子磁体的同时，Murrie 课题组[4] 也报道了两个基于 HMPA 合成的镝单离子磁体$[Dy(H_2O)_5(HMPA)_2]I_3$ · 2HMPA(**1′**)和$[Dy(H_2O)_5(HMPA)_2]Cl_3$ · HMPA · H_2O(**2′**)，**2′**即为本章中的 **2**，其测试得到的 **2′**的 U_{eff}=460K，与 **2** 相接近。**1′**、**1** 和 **2** 均具有相同的五角双锥型$[Dy(HMPA)_2(H_2O)_5]^{3+}$单元，主要差别在于卤素离子的不同，三个配合物的 U_{eff} 大小顺序为 **1′**(600K)＞**1**(556K)＞**2**(477K)，这一顺序与它们所包含的卤素离子的体积大小是一致的。从分析得知，配合物中 Dy…X^- 的距离分别在 5.038～5.068Å（**1′**）、4.703～4.842Å（**1**）和 4.511～4.646Å（**2**）三个区间内，其中 Dy…I^- 的距离最长，使得 **1′**的横向配体场表面电荷密度最低，U_{eff} 最高。

此外，研究者还报道了一些其它氧化膦配体的五角双锥构型镝单离子磁体，如$[Dy(Cy_3PO)_2(H_2O)_5]Br_3$ · $2(Cy_3PO)$ · $2H_2O$ · 2EtOH(a)[5]、$[Dy(Cy_3PO)_2(H_2O)_5]Cl_3$ · $(Cy_3PO)H_2O$ · EtOH(b)[5]、$[Dy(^tBuPO(NH^iPr_2))_2(H_2O)_5]I_3$ · $(^tBuPO(NH^iPr_2))$ · H_2O(c)[6]、$[Dy(CyPh_2PO)_2(H_2O)_5]Br_3$ · $2(CyPh_2PO)$ · EtOH · $3H_2O$(d)[7]。在这些配合物中，轴向配体 R 基的不同，致使 Dy—O 的键长也不相同。表 4.19 列出了这些配合物的轴向与赤道面的平均键长、轴向键角、U_{eff} 以及与理想五角双锥构型的偏离程度。从表中数据可以看出：U_{eff} 与键长、键角以及与五角双锥构型的偏离程度之间没有明确的依赖关系。但当我们比较由相同卤素离子和不同 R 基配体形成的配合物时，发现它们的 U_{eff} 相差不大，如 **A** 和 **1** 的抗衡离子均为 Br^-，其 U_{eff} 分别为 543K 和 556K；**B** 和 **2** 的抗衡离子均为 Cl^-，其 U_{eff} 分别为 472K 和 477K。而同一配体与不同卤素离子形成的配合物则具有显著不同的 U_{eff}，即卤素离子改变对这些单离子磁体性能的影响要远高于氧化膦配体改变的影响。因此，在后续的研究中，我们可以利用一些体积较大且表面电荷较低的抗衡离子，如 $[BPh_4]^-$、$[PF_6]^-$ 等，来进一步提高此类单离子磁体的性能。

表 4.19　典型的基于氧化膦配体的五角双锥镝单离子磁体的晶体学参数和 U_{eff}

配合物	Dy—$O_{轴}$平均键长/Å	Dy—$O_{水}$平均键长/Å	$O_{轴}$—Dy—$O_{轴}$键角/(°)	与标准五角双锥构型的偏差	U_{eff}/K
A	2.200	2.352	179.04	0.142	543
B	2.219	2.359	175.79	0.239	472
C	2.206	2.364	175.14	0.224	651

续表

配合物	Dy—O轴平均键长/Å	Dy—O水平均键长/Å	O轴—Dy—O轴键角/(°)	与标准五角双锥构型的偏差	U_{eff}/K
D	2.217	2.364	174.2	0.174	508
1(Dy1)	2.212	2.354	177.8	0.196	556
1(Dy2)	2.221	2.359	176.9	0.114	
2(Dy1)	2.213	2.357	177.3	0.154	477
2(Dy2)	2.226	2.356	177.4	0.284	
1′	2.205	2.360	178.0	0.131	600

阴离子诱导的结构和慢磁弛豫性能的改变在基于 Ho^{3+} 的五角双锥构型单离子磁体中同样有所体现。为了结论的可靠性，除了 **3** 和 **4** 外，我们还考察了同样具有五角双锥构型的 $[Ho(CyPh_2PO)_2(H_2O)_5]I_3 \cdot 2(CyPh_2PO) \cdot H_2O \cdot EtOH$(**3′**)[8] 和 $[L_2Ho(H_2O)_5]I_3 \cdot L_2 \cdot H_2O$[**4′**, L=$^tBuPO(NH^iPr)_2$][9]，这四个钬单离子磁体的关键结构数据和 U_{eff} 见表 4.20。从表中数据可以看出，轴向 Ho—O 的平均键长顺序为：**4′**<**3′**<**3**(Ho2)<**3**(Ho1)<**4**，赤道面 Ho—O水 的平均键长顺序为：**3**(Ho1)<**4′**<**4**<**3′**<**3**(Ho2)，这两个顺序均与 U_{eff} 的顺序 **3**<**4**<**3′**<**4′**不一致，说明轴向和赤道面的 Ho—O 键长不是导致 U_{eff} 差别的最关键因素。在进一步考察赤道面配位构型外围的卤素离子与游离的 HMPA 构成的第二配位层时，我们发现 Ho…X^- 距离与 U_{eff} 顺序一致，即越长的 Ho…X^- 对应的体系具有越高的 U_{eff}，这与 Murugavel[9] 对 **4′**的理论研究一致，该理论认为第二配位层能够稳定较小的 $|m_J|$，降低第一激发态的轴向性，有利于非奥巴赫过程的发生，降低第二配位层与中心离子的作用，则可以抑制非奥巴赫弛豫过程的进行，提高中心离子的单轴各向异性。尽管如此，在 **3** 和 **4** 中，第二配位层是由 HMPA、Br^- 和 H_2O 构成的，它们通过氢键和静电相互作用影响赤道面配体场的强度，因此，我们很难将 U_{eff} 的不同简单地归因于第二配位层中卤素离子的不同，而忽略 H_2O 和 HMPA 的作用。但不可否认的是，不同的抗衡离子的引入确实改变了 **3**、**3′**、**4** 和 **4′**的单离子磁体行为，该调控策略显然也可以用于其它类型的单离子磁体中，来进一步提高它们的慢磁弛豫性能。

表 4.20 典型的基于氧化膦配体的五角双锥钬单离子磁体的晶体学参数和 U_{eff} 对比

配合物	**3**(Ho1)	**3**(Ho2)	**4**	**3′**	**4′**
平均 Ho—O轴键长/Å	2.211	2.204	2.213	2.198	2.194
平均 Ho—O水键长/Å	2.237	2.400	2.348	2.364	2.343
O轴—Ho—O轴键角/°	178.12	176.63	179.2	177.9	175.07
平均 Ho…X^-间距/Å	4.578	4.576	4.744	5.014	5.021
与标准五角双锥构型的偏差	0.154	0.127	0.105	0.160	0.20
U_{eff}/K	290	290	320	341	355

4.3.2 超精细相互作用

Ho^{3+}为非克拉默离子，理论研究表明，它只有在较严格的轴对称型配体场中，才具有双重简并的基态能级，而这又是Ho^{3+}化合物能展现出慢磁弛豫行为的必要条件。在**3**和**4**中，虽然Ho^{3+}所处的配位构型十分接近于具有D_{5h}对称性的五角双锥配位构型，但从晶体学上看，**3**和**4**的实际分子结构均不具有严格的轴对称性，因此Ho^{3+}的基态能级仅为近似双重简并，其中存在固有的隧穿分裂，基态双重态间的量子隧穿弛豫将不可避免。但磁学研究表明，即使在零外加磁场下，**3**和**4**中的量子隧穿也得到了有效的抑制，因而在高温下展现出了以自旋-晶格弛豫为主导的慢磁弛豫行为。这种特殊的现象可以用超精细相互作用解释，天然的Ho元素为100%的^{165}Ho，它具有$I=7/2$的核角动量，而Ho^{3+}的电子自旋基态角动量为$J=8$，在考虑核自旋与电子自旋之间的耦合时，Ho^{3+}的总角动量将为奇数，它将成为准克拉默体系，从而使得其中的基态量子隧穿得到抑制。但如果Ho^{3+}处于显著偏离轴对称性的配体场中，电子自旋基态将显著偏离双重简并，在这种情况下，即使考虑超精细耦合，它也不能被看作是克拉默体系，因此将不会展现出慢磁弛豫行为，可见在**3**和**4**中，准五角双锥的配位构型是它们能展现出准克拉默体系行为的关键。

值得注意的是，Tb^{3+}虽然也是非克拉默离子，具有整数的电子自旋基态$J=6$和非整数的核自旋$I=5/2$，但与**1**～**4**同构的Tb^{3+}配合物却没有在零场下展现出慢磁弛豫行为，超精细相互作用在其中没有发挥到抑制零场量子隧穿的作用，具体的原因仍不甚清楚，需要进一步的理论和实验研究。

参考文献

[1] Rinehart J D, Long J R, Exploiting single-ion anisotropy in the design of f-element single-molecule magnets. Chem Sci, 2011, 2 (11): 2078-2085.

[2] Liu J L, Chen Y C, Tong M L. Symmetry strategies for high performance lanthanide-based single-molecule magnets. Chem Soc Rev, 2018, 47: 2431-2453.

[3] Pinsky M, Avnir D. Continuous symmetry measures. 5. The classical polyhedral. Inorg Chem, 1998, 37: 5575-5582.

[4] Canaj A B, Singh M K, Wilson C, et al. Chemical and in silico tuning of the magnetisation reversal barrier in pentagonal bipyramidal Dy (Ⅲ) single-ion magnets. Chem Commun, 2018, 54: 8273-8276.

[5] Chen Y C, Liu J L, Ungur L, et al. Symmetry supported magnetic blocking at 20 K in pentagonal bipyramidal Dy (Ⅲ) single-ion magnets. J Am Chem Soc, 2016, 138: 2829-2837.

[6] Gupta S K, Rajeshkumar T, Rajaraman G, et al. An air-stable Dy (Ⅲ) single-ion magnet with high anisotropy barrier and blocking temperature. Chem Sci, 2016, 7: 5181-5191.

[7] Chen Y C, Liu J L, Lan Y H, et al. Dynamic magnetic and optical insight into a high performance pentagonal bi-

pyramidal Dy^{III} single-ion magnet. Chem Eur J，2017，23：5708-5715.

［8］ Chen Y C，Liu J L，Wernsdorfer W，et al. Hyperfine-Interaction-Driven Suppression of Quantum Tunneling at Zero field in a Holmium（Ⅲ）Single-Ion Magnet. Angew Chem Int Ed，2017，56：4996-5000.

［9］ Gupta S K，Rajesshkumar T，Rajaraman G，et al. Is a strong axial crystal-field the only essential condition for a large magnetic anisotropy barrier? The case of non-Kramers Ho（Ⅲ）versus Tb（Ⅲ）. Dalton Trans，2018，47：357-366.

第5章 基于 NITR 配体的稀土单分子磁体

稀土-氮氧自由基配合物已经被广泛用于单分子磁体的研究。由于稀土离子与自由基之间往往存在铁磁耦合作用，因此可以用来构筑具有大的基态磁矩的分子体系。目前所报道的具有慢磁弛豫性质的零维稀土-氮氧自由基配合物基本可分为三类：①单核双自旋配合物，这类配合物是由一个 $Ln(hfac)_3$ 单元和一个自由基配体相连接形成的，其中 $hfac^-$ 为六氟乙酰丙酮负离子，代表化合物为 2010 年所报道的[$Tb(hfac)_3$(NIT-2-Py)][1]，其中自由基配体以螯合方式与 $Tb(hfac)_3$ 配位形成八配位的结构，该配合物也是具有单分子磁体性质的第一例单核 Ln-NITR 配合物；②单核三自旋配合物，这类配合物是由两个自由基分子以单齿配位方式与 $Ln(hfac)_3$ 连接形成的，代表性的例子如[$Tb(hfac)_3$(NIT-COOMe)$_2$][2]，它在外加直流场下呈现出了单分子磁体行为，这种构型的配合物已有较多报道，但其中展现出慢磁弛豫性质的例子仍然较少；③双核四自旋环状结构配合物，要构筑此类配合物，所用的自由基配体的-R 基团上需具有一个功能性配位原子，一个自由基分子中一个氮氧基团与其中一个 $Ln(hfac)_3$ 单元配位，而另一端的配位原子与另一个 $Ln(hfac)_3$ 相连，而另一个自由基分子则以相反的方式与两个 $Ln(hfac)_3$ 连接，最终形成双核四自旋的结构，这类配合物最早的报道是 Sessoli 所合成的[$Dy(hfac)_3$(NIT-4-Py)]$_2$[3]，它在低温下也展现了慢磁弛豫行为。遗憾的是，零维 Ln-NITR 配合物所展现的慢磁弛豫性质普遍较差，能垒一般都很低，但由于其结构简单，为研究自由基与镧系离子之间的磁相互作用提供了便利的途径，因此具有重要的理论意义。

5.1 NITPhCOOMe 的合成与磁性研究

由于存在成单电子，氮氧自由基除了被用作配体来构筑金属自由基配合物外，它自身也可以作为自旋载体来构筑分子磁性材料，因此研究和理解自由基之间的磁相互作用，对于选择合适的自由基以得到性能更加优异的分子磁性材料就显得尤为重要。迄今，已经有部分氮氧自由基的磁性研究见诸报道[4~6]，其中既有展现出反铁磁相互作用的，也有展现铁磁相互作用的，还有同时存在反铁磁和铁磁相互作用的例子。本节中我们对 NITPhCOOMe 的结构和磁学性质进行了具体的研究分析。

本节研究所采用的主要实验试剂和仪器分别见表 5.1 和表 5.2。所有试剂均为市售。三氯甲烷经氢化钙干燥，其它试剂未进行二次处理。

表 5.1　实验试剂

试剂和药品	纯度	生产厂家
2-硝基丙烷	分析纯	上海阿拉丁生化科技股份有限公司

续表

试剂和药品	纯度	生产厂家
4-甲酰基苯甲酸甲酯	分析纯	北京百灵威科技有限公司
苯并噻吩-2-甲醛	分析纯	北京百灵威科技有限公司
液溴	分析纯	天津康科德科技有限公司
高碘酸钠	分析纯	天津科密欧化学试剂有限公司
锌粉	分析纯	天津科密欧化学试剂有限公司
五氧化二磷	分析纯	天津科密欧化学试剂有限公司
碳酸钾	分析纯	天津科密欧化学试剂有限公司
氢氧化钠	分析纯	天津科密欧化学试剂有限公司
氯化铵	分析纯	天津科密欧化学试剂有限公司
甲醇	分析纯	天津康科德科技有限公司
三氯甲烷	分析纯	天津康科德科技有限公司
正己烷	分析纯	天津康科德科技有限公司
乙酸乙酯	分析纯	天津康科德科技有限公司
甲苯	分析纯	天津康科德科技有限公司

表 5.2　实验仪器

试剂和药品	型号	生产厂家
集热式恒温磁力搅拌器	DF-101D	巩义市予华仪器责任有限公司
智能数显磁力搅拌器	SZCL-2	巩义市予华仪器责任有限公司
低温冷却液循环泵	DLSB-10	巩义市予华仪器责任有限公司
索氏提取器	ZH1354C	北京欣维尔玻璃仪器有限公司
旋转蒸发仪	RE-2000B	上海亚荣生化科技有限公司

5.1.1　合成与基本表征

如图 5.1 所示，氮氧自由基的系统合成最早是由 Ullman 教授报道的[7]。这种方法采用醛与 2,3-二甲基-2,3-二羟胺基丁烷缩合形成含有五元双氮杂环的中间体，再经高碘酸钠或二氧化铅氧化，便可得到稳定的氮氧自由基。这种自由基的主体部分都是一致的，所用有机醛的不同会导致咪唑啉环 2-位上取代基的不同，因此一般简写成 NITR。高纯度的氮氧自由基即使在常温空气气氛中也可稳定较长时间，通常会放置于棕色瓶低温储存。

NITPhCOOMe 的具体合成流程：将 0.8208g（5.0mmol）的对甲酰基苯甲酸甲酯和 0.8141g（5.5mmol）的 2,3-二甲基-2,3-二羟胺基丁烷加入至 25.0mL 无水甲醇中，于室温下搅拌 30h 后，将所得混合物旋蒸至干。在冰浴条件下向所得固体中加入

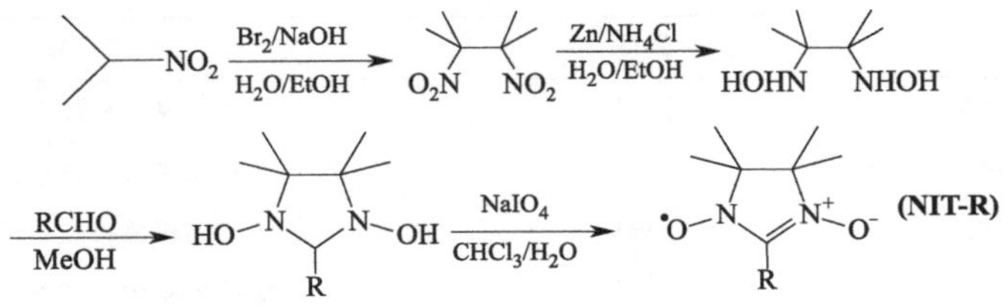

图 5.1　Ullman 法合成 NITR 的一般流程

150.0mL $CHCl_3$ 和 50.0mL 的 $NaIO_4$（5.0mmol）溶液，剧烈振荡 15min 后，用分液漏斗分离有机层和水层。将有机层用蒸馏水洗涤，并用 $MgSO_4$ 干燥，最后经旋蒸得深蓝色固体，以乙酸乙酯：正己烷＝2：1 的洗脱剂于柱层析色谱中分离上述固体，收集蓝色色带的溶液，旋蒸得深蓝色微晶产物，即为目标产物 NITPhCOOMe。产率（以对甲酰基苯甲酸甲酯的量计算）：38.9%。元素分析（质量分数）：理论计算的 C 为 61.84%，H 为 6.57%，N 为 9.62%；实验测试的 C 为 61.62%，H 为 6.29%，N 为 9.72%。熔程：145～146℃。

5.1.2　NITPhCOOMe 的单晶结构

由于 NITPhCOOMe 可以结晶出尺寸合适且形貌良好的单晶样品，因此为了研究自由基分子在固态中的构象、堆积方式及磁学性质，首先采用单晶 X-射线衍射方法测试并解析了 NITPhCOOMe 的单晶结构，得出的晶体学数据和重要的晶体精修参数见表 5.3。

表 5.3　NITPhCOOMe 的晶体学数据和精修参数

晶体学数据和精修参数	NITPhCOOMe	晶体学数据和精修参数	NITPhCOOMe
分子式	$C_{15}H_{19}N_2O_4$	Z	4
分子量	291.32	理论密度/(g/cm³)	1.301
晶系	三斜	实验温度/K	120(2)
空间群	*P*-1	*F*(000)	620
a/Å	9.5761(6)	*θ* 范围/(°)	2.96～25.50
b/Å	10.1949(7)	完成度/%	99.8
c/Å	15.8509(10)	残余电子密度/(e/Å³)	0.179，−0.330
α/(°)	102.611(5)	GOOF 值	1.042
β/(°)	96.527(5)	R_1，wR_2([$I>2\sigma(I)$])	0.0415，0.0948
γ/(°)	96.021(5)	R_1，wR_2(所有数据)	0.0527，0.1018
V/Å³	1486.87(17)		

单晶衍射分析表明 NITPhCOOMe 结晶于三斜晶系的 P-1 空间群中，最小不对称单元中包含两个晶体学独立的自由基分子。如图 5.2 所示，在晶体结构中，NO 基团之间最短的距离有以下四种：O3…N3＝3.976(1)Å，N4…O2＝3.777(6)Å，O4…O2＝3.855(8)Å，O2…N2＝3.845(6)Å。虽然氮氧自由基中的单电子以离域形式存在，但其主要集中在 NO 基团上[8]，因此我们推测这种短距离间隔的 NO 基团之间可能存在较强的偶极-偶极磁相互作用。从磁性分析角度来看，它们交替作用形成了一维链状结构，链之间的 NO 基团最短间隔为 8.639(5)Å。PLATON 程序计算的晶体结构中存在的氢键作用如图 5.3 所示，均为 C—H…O（H：—CH_3，—PhH；O：—NO，—C ═O）型氢键。其中分子间氢键的 H…O 距离在 2.389 (2) 到 2.550 (5) Å 之间，C—H…O (N) 角度在 122.640 (6)°至 172.762 (5)°之间。

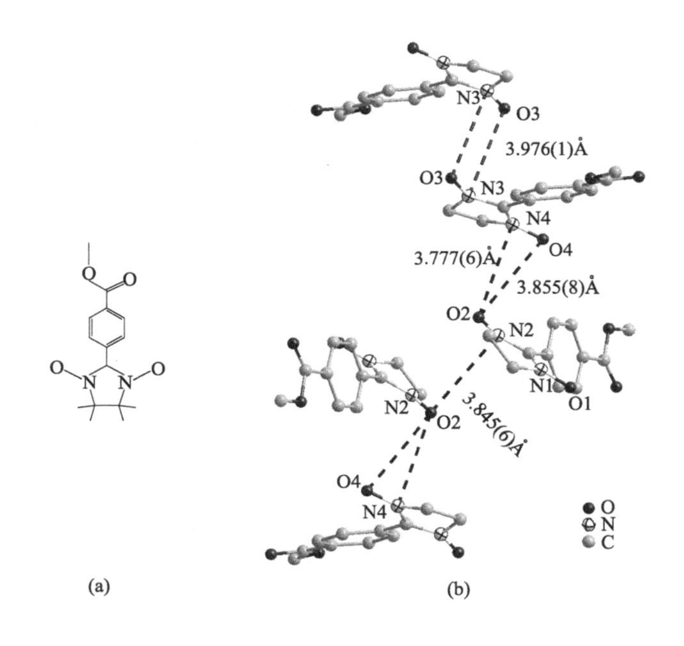

图 5.2 NITPhCOOMe 的分子结构 (a) 和晶体中存在的一维超分子链结构 (b)
（为了清晰起见，NITPhCOOMe 结构中的甲基及氢原子在一维超分子链结构图中未画出）

5.1.3 NITPhCOOMe 的磁性研究

为了研究 NITPhCOOMe 的固相磁学性质，我们首先测试了 NITPhCOOMe 粉末样品在室温下的 X-Bond 电子顺磁共振谱（EPR）。如图 5.4 所示，NITPhCOOMe 的 EPR 测试展现出一条尖锐的单线谱图，没有观察到超精细分裂特征，计算出来的 g 因子为 2.007，与自由基的理论值（2.0023）非常接近。

NITPhCOOMe 在 1000Oe 下的变温直流磁化率如图 5.5(a) 所示。室温下 $\chi_M T$ 值为 0.376(cm^3 · K)/mol，与单个未耦合的自由基的理论值 0.375(cm^3 · K)/mol 相吻

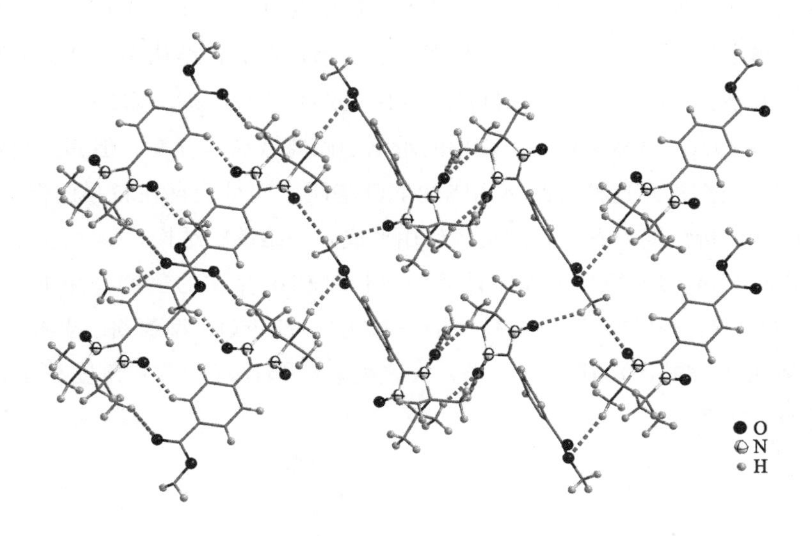

图 5.3 NITPhCOOMe 的分子堆积结构，虚线代表氢键（为了清晰起见，C 原子以键线式显示）

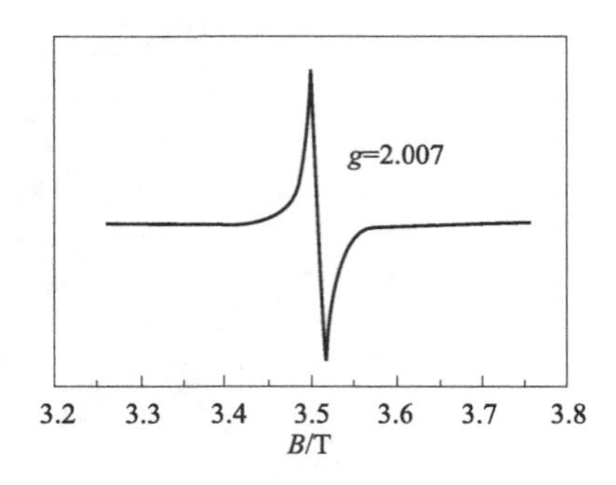

图 5.4 NITPhCOOMe 的电子顺磁共振谱图

合。随着温度的下降，$\chi_M T$ 缓慢降低，在 21.9K 之后，开始迅速下降，在 1.8K 时达到最小值 0.02($cm^3 \cdot K$)/mol。$\chi_M \sim T$ 曲线在 4.2K 处出现一个尖锐的峰，预示着三维反铁磁有序的存在[9]，这与 $\chi_M T$ 在 1.8K 下的近零的最小值相一致。根据居里-外斯(Curie-Weiss) 定理，磁性物质在处于顺磁相时，其 χ_M^{-1} 与 T 呈线性相关，对于自由基 NITPhCOOMe，其 χ_M^{-1} 对 T 曲线在 5.1K 以上处于线性相关，拟合得到居里常数 C 为 0.39($cm^3 \cdot K$)/mol，代表磁相互作用的外斯常数 θ 为 -14K，对比发现此处 $|\theta|$ 的值远大于氮氧自由基体系通常表现的值[10]，说明 NITPhCOOMe 分子之间存在较强的反铁磁相互作用。而在 5.1K 之下，χ_M^{-1} 对 T 的曲线逐渐偏离线性相关，说明自由基固体开始偏离顺磁相。

NITPhCOOMe 在 2.0K 下的变场磁化率测试结果如图 5.5(b) 所示。在低场下，它的磁化强度随着场的增大呈线性上升，是典型的反铁磁性物质的特征。在 20kOe 以上，曲线开始出现明显的弯曲，且上升速率逐渐加快，在 70kOe 下达到 0.372Nβ，远远小于单个自由基的理论饱和磁矩 1.0Nβ。$dM/dH \sim H$ 曲线在 50kOe 处出现峰值，说明自旋翻转的发生[11]，也验证了 NITPhCOOMe 在基态处于反铁磁相。

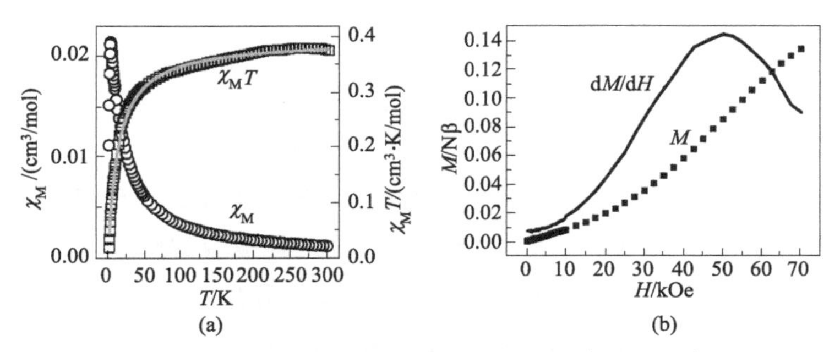

图 5.5 NITPhCOOMe 在 1000Oe 下的变温直流磁化率（a）（实线为拟合曲线）和 NITPhCOOMe 在 2K 的变场磁化强度（b）

为了验证直流磁化率得到的结果，我们测试了自由基 NITPhCOOMe 在零场下的变温交流磁化率。如图 5.6 所示，自由基 NITPhCOOMe 的交流磁化率的实部在 4.2K 处出现一个宽峰，且没有呈现频率依赖性，而虚部磁化率在测量的温度范围内没有明显信号出现，再次说明自由基 NITPhCOOMe 在 4.2K 处发生了顺磁相到反铁磁相的转变。

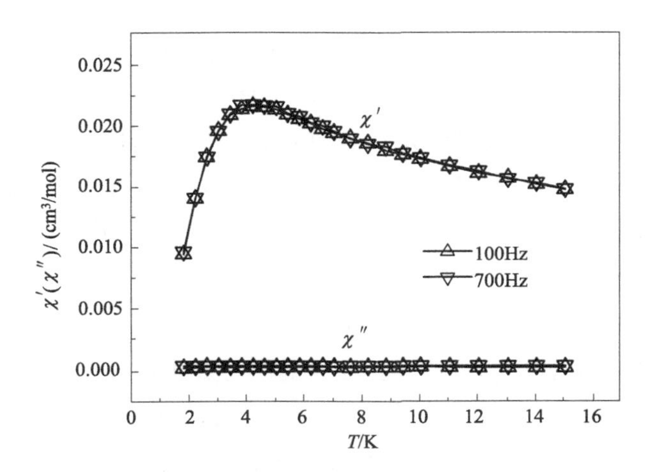

图 5.6 NITPhCOOMe 在零直流磁场下的变温交流磁化率

对自由基 NITPhCOOMe 的直流和交流磁化率分析可得出结论：低温下，NITPh-COOMe 分子间存在强的反铁磁相互作用。为了进一步研究反铁磁相互作用的来源，我们引入式(5.1) 所代表的一维 Heisenberg 链模型对其直流磁化率进行了拟合[9]（考虑到晶体结构中存在一维偶极相互作用形成的超分子链结构）：

$$\chi_M = \frac{Ng^2\beta^2}{kT} \cdot \frac{0.25+0.074975(J/kT)+0.074975(J/kT)^2}{1+0.09931(J/kT)+0.172135(J/kT)^2+0.757825(J/kT)^3} \quad (5.1)$$

其中，N、g、β、k 和 T 分别为阿伏伽德罗常数、朗德因子、单个电子的玻尔磁矩、玻尔兹曼常数和温度。在没有考虑链之间的磁相互作用时，拟合数据与实验数据存在较大分歧，得到的链内相互作用参数为-5.5K，远远小于居里-外斯拟合得到的数值，因此这种拟合应该是不合理的。因此，我们继续引入含链间相互作用项——zJ'的式(5.2)，与式(5.1)共同对磁化率数据进行拟合，

$$\chi_{\text{total}}=\frac{\chi_{\text{M}}}{\left(1-\chi_{\text{M}}\frac{zJ'}{Ng^2\beta^2}\right)} \tag{5.2}$$

式中，χ_{total}代表考虑链间相互作用的磁化率。拟合数据与实验数据吻合得较好[图5.5(a)中实线]，拟合得到的$zJ'=-27$K，与居里定理拟合的数值（-14K）接近，且远大于链内相互作用数值（-1.8K）。这或许可以说明在自由基NIPhCOOMe的晶体中，我们所定义的一维偶极相互作用链的链内相互作用是次要的，而链间相互作用才是占主导地位的。

迄今为止，已经有较多NITR型自由基的磁性研究见诸报道，它们的晶体结构和磁相互作用的性质也各不相同，而自由基分子在晶体中的堆积方式被普遍认为是影响其磁性的最重要因素，其中最重要的两种短距作用为NO…ON作用和C—H…O—N氢键作用[4,5]。由于未成对电子主要集中在NO基团上，很多研究结果认为NO…ON之间的作用决定了自由基分子间磁相互作用的性质：铁磁或反铁磁。Barcelona大学的Novoa教授曾经用McConnell-I Model等分析手段对大量具有不同—R基团的NITR型自由基的磁构关系进行了统计分析[5]。他主要分析两方面结构特征：①NO…ON之间的距离及角度；②C(sp^3)—H…O—N和C(sp^2)—H…O—N氢键中H…O的距离及H…O—N键角，然而最终的统计结果显示这两种短距作用与磁相互作用性质之间没有明确的依赖关系，无法从某种短距作用的特征来判断自由基分子之间是铁磁还是反铁磁相互作用，最可能的推测是NO…ON作用和C—H…O—N氢键作用共同决定了自由基分子间的磁相互作用性质。

在本节的研究中，我们也统计了以上两种短距作用的特征信息，如表5.4所示。首先，对于NO…ON短距作用，由于O原子自身不易极化且只有一个成单电子存在，一般认为NO…ON距离小于5.0Å内才能产生有效的相互作用[5]。在NITPhCOOMe晶体结构中，链内存在三种5.0Å内的NO…ON作用，而链间的这种NO…ON间隔均在5.0Å以上，因此通过NO…ON接触很难产生有效的链间磁相互作用。其次，从氢键作用的角度分析，链内存在四种C(sp^3)—H…O—N和一种C(sp^2)—H…O—N型氢键，而链间存在两种C(sp^2)—H…O—N型氢键，且这些氢键的H…O距离差别都在0.16Å内。值得注意的是链间氢键的C—H…O键角要比链内氢键的小。按照传统氢键的理论，C—H…O的键角越接近180°作用就越强，这将导致链内的相互作用要远大于链间的相互作用，与前面所得出的结论相悖。然而近些年来的研究表明氢键具有部分共价键的性质[12]，基于原子轨道重叠理论，对于一个sp^3杂化的受体O原子，在作为受体形成氢键时H…O—N的最佳角度将在109.5°左右。在自由基NITPhCOOMe的晶体结构中，C(sp^2)—H…O—N型氢键中的H…O—N相比于C(sp^3)—H…O—N型氢键

中的角度更接近这个理想值，部分 C(sp^3)—H⋯O—N 中的相应键角则偏离得更大，因此 C(sp^2)—H⋯O—N 型氢键作用可能要远强于 C(sp^3)—H⋯O—N 相互作用，这或许可以解释为什么链间的相互作用要远大于链内的相互作用。因此我们可以得出结论，在 NITR 型自由基晶体中，C—H⋯O—N 氢键相互作用对磁相互作用的影响可能要比 NO⋯ON 相互作用强。

表 5.4 NITPhCOOMe 晶体中的偶极作用和氢键作用

项目	NO⋯ON 偶极作用	O⋯O 距离/Å	N—O⋯O 角度/(°)	O⋯O—N 角度/(°)	C—H⋯O—N 氢键	H⋯O 距离/Å	C—H⋯O 角度/(°)	H⋯O—N 角度/(°)
超分子链内	N3O3⋯O3N3	4.202(2)	71.100(4)	71.100(4)	C21(sp^3)—H21A⋯O3—N3	2.479(9)	168.036(6)	132.856(5)
					C1(sp^3)—H1A⋯O2—N2	2.491(5)	158.510(8)	141.805(7)
	N4O4⋯O2N2	3.855(7)	76.904(4)	102.288(4)	C16(sp^3)—H16A⋯O2—N2	2.549(8)	152.089(8)	133.420(7)
					C20(sp^3)—H20C⋯O2—N2	2.389(2)	170.016(8)	149.043(7)
	N2O2⋯O2N2	3.998(1)	71.100(4)	71.100(4)	C9(sp^2)—H9⋯O4—N4	2.389(8)	158.364(4)	120.333(6)
超分子链间	N1O1⋯O4N4	8.639(5)	78.556(3)	86.553(3)	C25(sp^2)—H25⋯O4—N4	2.478(1)	137.773(8)	127.840(7)
					C12(sp^2)—H12⋯O1—N1	2.497(5)	139.510(6)	122.640(6)

5.2 基于 NITPhCOOMe 的稀土单分子磁体

5.2.1 配合物的合成

(1) 实验试剂

配合物合成所需的主要试剂见表 5.5。NITPhCOOMe 的制备见 5.1.2，其它试剂均来自市售。正庚烷和二氯甲烷在使用前分别用金属钠和氢化钙干燥，其它试剂未经二次处理。配合物的合成所需仪器同 NITPhCOOMe，这里不再赘述。

表 5.5 实验试剂

试剂和药品	纯度	生产厂家
NITPhCOOMe	—	自制
六氟乙酰丙酮钆水合物	分析纯	上海阿拉丁生化科技股份有限公司
六氟乙酰丙酮铽水合物	分析纯	上海阿拉丁生化科技股份有限公司
六氟乙酰丙酮镝水合物	分析纯	上海阿拉丁生化科技股份有限公司
正庚烷	分析纯	北京百灵威科技有限公司
二氯甲烷	分析纯	北京百灵威科技有限公司

(2) 合成方法

[Gd(hfac)$_3$(NITPhCOOMe)$_2$](**5**)的合成：将 0.04mmol 的六氟乙酰丙酮钆水合物置于 30.0mL 干燥的正庚烷中，在油浴中加热至 110℃并回流 2h，冷却至 80℃后，向其中加入含有 0.08mmol NITPhCOOMe 的 5.0mL 二氯甲烷溶液，搅拌约 5min 后，将混合溶液冷却至室温并过滤，将滤液于室温放置挥发，约 7 天后，得到蓝黑色块状晶体。产率（基于 Gd）为 43.2%。

[Tb(hfac)$_3$(NITPhCOOMe)$_2$](**6**)的合成：**6** 的合成方法与 **5** 相同，只需将原料中的六氟乙酰丙酮钆水合物替换为等量的六氟乙酰丙酮铽水合物即可。产率（基于 Tb）为 41.5%。

[Dy(hfac)$_3$(NITPhCOOMe)$_2$](**7**)的合成：**7** 的合成方法与 **5** 相同，只需将原料中的六氟乙酰丙酮钆水合物替换为等量的六氟乙酰丙酮镝水合物即可。产率（基于 Dy）为 37.2%。

5.2.2 配合物的结构表征与分析

(1) 单晶结构解析

对配合物 **5**～**7**，挑选尺寸合适且外观良好的单晶样品，进行了单晶 X 射线衍射测试及分析，以给出它们的晶体结构。表 5.6 列出了它们的晶胞参数及重要的精修参数。值得注意的是，与大多数稀土配合物不同，尽管 **5**～**7** 的合成采用了同种配体和相同的合成方法，但它们的结构却并不完全一致，**5** 和 **7** 具有完全相同的晶体结构，而 **6** 则与它们不同。

表 5.6 配合物 5～7 的晶体学数据和精修参数

晶胞参数和精修参数	配合物 5	配合物 6	配合物 7
分子式	$C_{45}H_{41}F_{18}GdN_4O_{14}$	$C_{45}H_{41}F_{18}TbN_4O_{14}$	$C_{45}H_{41}F_{18}DyN_4O_{14}$
相对分子质量	1361.07	1362.74	1366.32
晶系	单斜晶系	单斜晶系	单斜晶系
空间群	$C2/c$	$P2_1/c$	$C2/c$
a/Å	24.0143(8)	12.9249(4)	23.0945(10)
b/Å	10.4711(5)	16.9590(4)	10.4449(6)
c/Å	21.5686(7)	26.6066(10)	21.5316(8)
α/(°)	90	90	90
β/(°)	92.242(3)	110.593(3)	92.426(3)
γ/(°)	90	90	90
V/Å^3	5419.4(3)	5459.3(3)	5380.4(4)
Z	4	4	4

续表

晶胞参数和精修参数	配合物 **5**	配合物 **6**	配合物 **7**
理论密度/(g/cm^3)	1.668	1.658	1.687
测试温度/K	120(2)	120(2)	120(2)
$F(000)$	2708	2712	2716
θ 范围/(°)	2.86～25.01	2.88～25.01	2.87～25.00
完成度/%	99.4	99.8	99.9
残余电子密度/($e/Å^3$)	0.371 和－0.448	0.577 和－0.549	0.744 和－0.562
GOOF 值	1.052	1.035	1.029
R_1，wR_2（[$I>2\sigma(I)$]）	0.0301，0.0608	0.0396，0.0676	0.0382，0.0786
R_1，wR_2（所有数据）	0.0344，0.0637	0.0565，0.0762	0.0434，0.0825

配合物 **5** 结晶于单斜晶系的 $C2/C$ 空间群中。其最小不对称单元只含有 1/2 个[$Gd(hfac)_3(NITPhCOOMe)_2$]分子。如图 5.7（a）所示，中心 Gd^{3+} 与三个双齿螯合的 $hfac^-$ 离子和两个单齿配位的 NITPhCOOMe 分子配位，形成了八配位的扭曲的十二面体的 GdO_8 构型。Gd—O 键的键长在 2.356(4)～2.390(2) Å 之间，Gd—O—N 的键角为 146.36(18)°。通过 CShM 方法估算得到中心离子配位构型的对称性结果列于表 5.7 中，最小的偏差值为 0.078，说明 Gd^{3+} 的配位构型具有近 D_{2d} 对称性。在配合物 **5** 的分子内，两个 NITPhCOOMe 配体的苯环平面均与相邻的 $hfac^-$ 平面近乎平行，形成的两组二面角分别为 3.24(5)°和 4.63(5)°，表明它们之间存在 π…π 堆积作用。

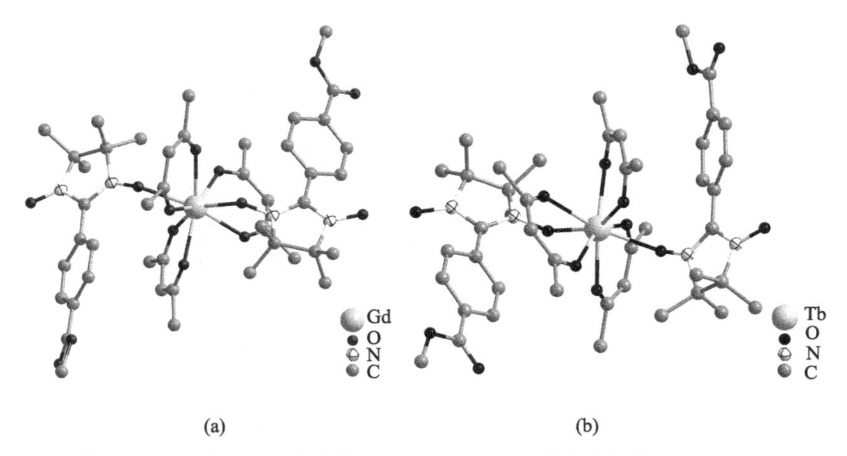

图 5.7　配合物 **5**（a）和 **6**（b）的分子结构

（为了清晰起见，六氟乙酰丙酮配体中的—CF_3 基团和所有 H 原子未画出）

表 5.7　CShM 法对 5～7 的中心离子配位构型的对称性分析结果

Ln^{3+}	偏离 D_{2d} 的程度	偏离 C_{2v} 程度	偏离 D_{4d} 的程度
5-Gd^{3+}	0.078	2.521	2.252
6-Tb^{3+}	0.296	2.122	1.492
7-Dy^{3+}	0.073	2.464	2.244

如图 5.8 所示，分子间的 C—H…O 和 C—H…F 氢键使得分子沿着晶体轴的 b 方向延伸形成一维超分子链，相邻的链之间又通过复杂多样的氢键作用形成三维超分子结构（图 5.9）。分子间 Gd…Gd 和未配位的 NO…ON 的最短距离分别为 10.471(2)Å 和 3.695(3)Å，而分子内 NO…ON 的距离为 4.391(3)Å。

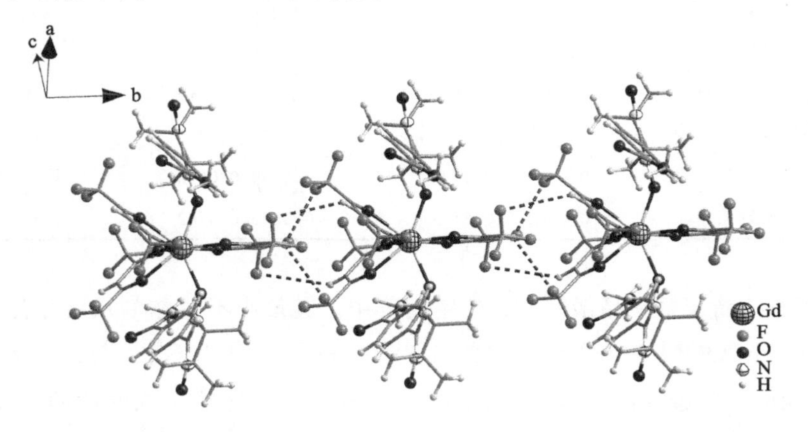

图 5.8　配合物 **5** 中由氢键作用形成的一维超分子链
（虚线代表氢键，为了清晰起见，C 原子以键线式显示）

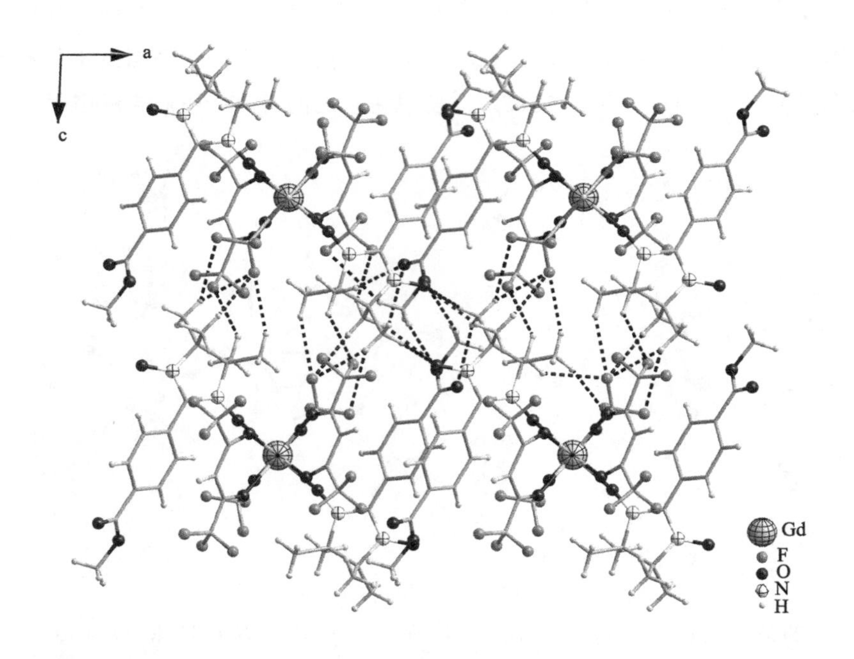

图 5.9　配合物 **5** 的分子堆积模式（虚线代表氢键，为了清晰起见，C 原子以键线式显示）

配合物 **6** 结晶于单斜晶系的 $P2_1/c$ 空间群中。与配合物 **5** 不同的是，其最小不对称单元中包含一个晶体学独立的[$Tb(hfac)_3(NITPhCOOMe)_2$]分子。如图 5.7(b) 所示，Tb^{3+} 与六个来自 $hfac^-$ 和两个来自 NITPhCOOMe 的氧原子配位形成 TbO_8 的配位构型，Tb—O 键的键长在 2.319(2)～2.350(2)Å 范围内，两个 Tb—O—N 的键角分别为 141.14(2)°和 138.84(2)°。计算表明中心 Tb^{3+} 也处于近乎理想的 D_{2d} 构型的配位场中（表 5.7）。与配合物**5**类似，在配合物**6**的晶体结构中也观察到了氢键作用连接形成的沿晶体学轴 a 方向延伸的一维超分子链（图 5.10）。这些超分子链通过氢键和范德华力堆积成最终的三维超分子结构（图 5.11），分子间 Tb…Tb 最短距离为 10.605(3) Å。值得注意的是，分子间 NO…ON 间隔只有 2.874(4)Å，远小于分子内 NO…ON 的直线距离 4.391(3)Å。

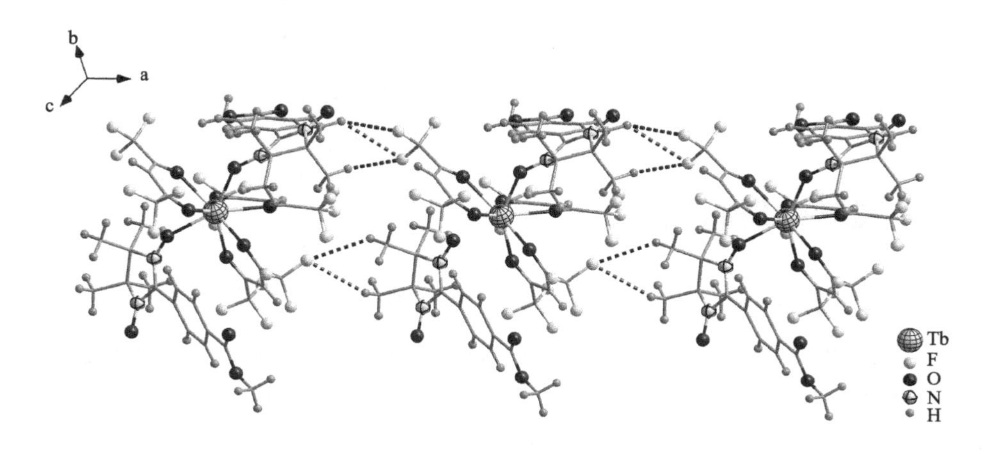

图 5.10　配合物**6**中由氢键作用形成的一维超分子链
（虚线代表氢键，为了清晰起见，C 原子以键线式显示）

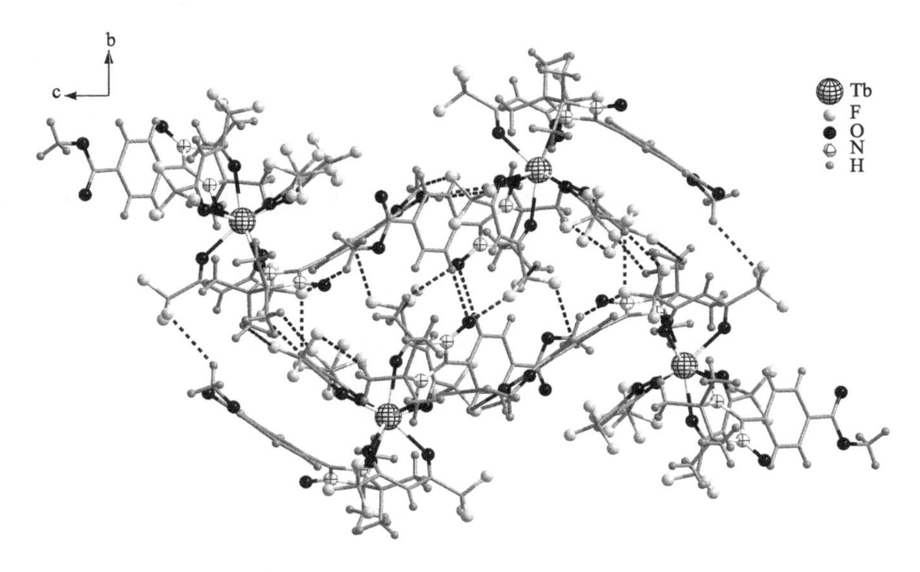

图 5.11　配合物**6**的分子堆积模式（虚线代表氢键，
为了清晰起见，C 原子以键线式显示）

（2）元素分析

为了确保所合成的配合物**5**～**7**的批量样品具有足够高的纯度，以保证磁性研究的可靠性，对它们进行了元素分析测试，结果见表 5.8。**5～7** 的元素分析的理论值由单晶衍射分析给出的分子式计算得到。对比发现，对 **5～7**，C、H 和 N 元素的理论含量和测试含量的绝对差均在 0.5%以内，表明 **5～7** 的粉末样品均具有很高的纯度。

表 5.8 配合物 5～7 的元素分析测试结果

配合物	质量分数计算值/%			质量分数实验值/%		
	C	H	N	C	H	N
5	39.71	3.04	4.12	39.70	3.03	4.11
6	39.66	3.03	4.11	39.57	3.25	4.10
7	39.56	3.02	4.10	39.49	3.21	4.21

5.2.3 磁学性质研究

(1) 静态磁学行为

配合物 **5～7** 在 1000Oe 场下的变温直流磁化率如图 5.12 所示。**5～7** 在 300K 下的 $\chi_M T$ 值分别为 8.63(cm^3 · K)/mol、12.57(cm^3 · K)/mol 和 14.92(cm^3 · K)/mol，与未耦合的一个 Ln^{3+}(Gd^{3+}，$g=2$，$S=7/2$；Tb^{3+}，$g=3/2$，$J=6$；Dy^{3+}，$g=4/3$，$J=15/2$）加上两个自由基（$g=2.0$，$S=1/2$）的理论 $\chi_M T$ 值[8.63(cm^3 · K)/mol，12.57(cm^3 · K)/mol 和 14.92(cm^3 · K)/mol]均吻合得很好。随着温度下降，配合物 **5～7** 的 $\chi_M T \sim T$ 曲线呈现出三种不同的变化趋势。对于配合物 **5**，$\chi_M T$ 在 50K 以上几乎保持不变，随后开始逐渐上升，在 14K 处达到最大值 8.91(cm^3 · K)/mol，表明分子内铁磁耦合的存在。在更低温度下，$\chi_M T$ 迅速下降，在 2.0K 达到 8.29(cm^3 · K)/mol。由于 Gd^{3+} 为各向同性离子，不存在晶体场分裂的影响，因此 $\chi_M T$ 在低温下的下降可归因于分子间存在的反铁磁相互作用。

根据已经报道的研究成果，这种单核三自旋体系中不仅存在金属离子与自由基自旋之间的最近邻（NN）型磁耦合，非直接相连的两个自由基自旋之间也存在次近邻（NNN）型磁耦合。因此 **5** 的哈密顿算符和相应的磁化率可分别用式（5.3）和式(5.4)[13] 表示：

$$\hat{H}=-J_{GdR}(\hat{S}_{Gd}\cdot\hat{S}_{rad1}+\hat{S}_{Gd}\cdot\hat{S}_{rad2})-J_{RR}\hat{S}_{rad1}\cdot\hat{S}_{rad2} \tag{5.3}$$

$$\chi_M=\frac{Ng^2\beta^2}{kT}\cdot\frac{165+84\exp\left(\frac{-9J_{GdR}}{kT}\right)+84\left(\frac{-7J_{GdR}-2J_{RR}}{kT}\right)+35\left(\frac{-16J_{GdR}}{kT}\right)}{5+4\exp\left(\frac{-9J_{GdR}}{kT}\right)+4\left(\frac{-7J_{GdR}-2J_{RR}}{kT}\right)+3\left(\frac{-16J_{GdR}}{kT}\right)} \tag{5.4}$$

式中 J_{GdR} 和 J_{RR} 分别代表 NN 磁耦合和 NNN 磁耦合，另外考虑到分子堆积结构中短距离 NO…ON 间隔，我们引入了分子间作用项 zJ'，最佳拟合结果为：$J_{GdR}=0.67cm^{-1}$，$J_{RR}=-10.95cm^{-1}$，$zJ'=-0.03cm^{-1}$，$g=2.01$。拟合结果表明：Gd^{3+} 与自由基配体之间存在弱的铁磁相互作用，而自由基配体之间则存在较强的反铁磁相互作用的。尽管分子间 NO…ON 距离要小于分子内 NO…ON 的直线距离，它并没有产生有效的偶极相互作用，据此推测自由基在与金属配位时，单电子可能朝着配位键方向产生更大范围的定向离域，使得分子内的自由基自旋之间产生了强的反铁磁相互作用。另外要指出的是，虽然配合物 **5** 中的 NO…ON 间隔要略小于纯自由基晶体（见 5.1.3 节）中 NO…ON 的距离，但是此处的 zJ' 却要小于 NITPh-COOMe 中分子间作用力的大小，这或许也从侧面说明氢键对自由基分子间的磁相互作用有着重要影响。

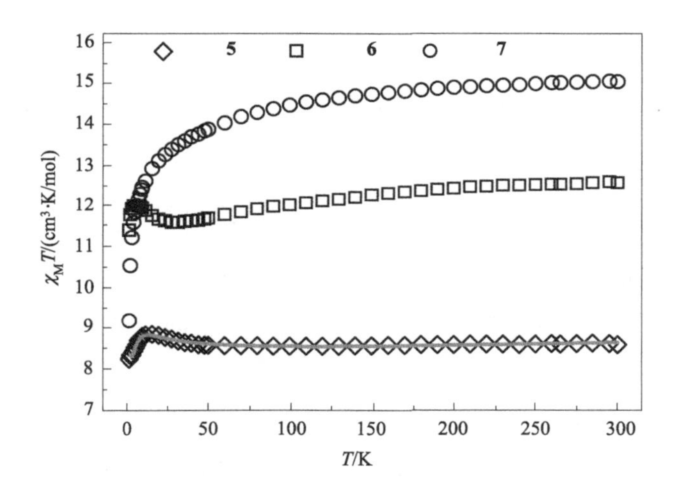

图 5.12 配合物 **5**～**7** 在 1000Oe 场下的变温直流磁化率（实线为拟合结果）

对于配合物 **6**，随着温度的下降，$\chi_M T \sim T$ 显示出“先降后升再降”的变化趋势，在 6.6K 处出现最大值为 $12.05(cm^3 \cdot K)/mol$，说明 Tb^{3+} 与自由基之间存在铁磁耦合。配合物 **7** 的 $\chi_M T$ 随着温度的降低一直下降，且在低温部分下降更快，这显然是由于分子间反铁磁作用的影响。对于配合物 **6** 和 **7**，$\chi_M T$ 在高温部分的下降可以归因于 Ln^{3+} M_J 能级的重新布居和分子内反铁磁耦合的共同作用。

配合物 **5**～**7** 在 2.0K 下的变场磁化强度如图 5.13 所示。在低场部分，**5** 的磁化强度 M 随着 H 的升高呈线性增长，在 70kOe 处达到最大值 7.83Nβ，远小于平行排列的一个 Gd^{3+} 自旋加上两个自由基自旋的理论饱和值—9.0Nβ，表明分子内确实存在较强的反铁磁相互作用。对配合物 **5** 进行 Brillouin 模拟的结果在图 5.13 中给出，实线表示单个 Gd^{3+} 的模拟结果，虚线代表铁磁耦合的两个自由基和一个 Gd^{3+} 构成的体系的拟合结果，实验曲线介于两者之间，表明其中既存在铁磁相互作用，又存在反铁磁相互作用，这与对 **5** 的 $\chi_M T \sim T$ 曲线的分析结果一致。

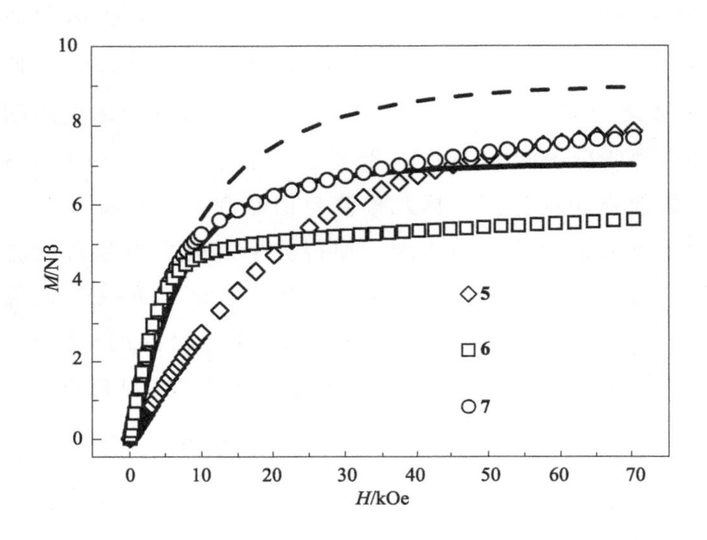

图 5.13 配合物 **5**～**7** 在 2.0K 的变场磁化强度（实线代表单个 Gd^{3+} 的 Brillouin 模拟结果，虚线代表铁磁耦合作用下的 **5** 的 Brillouin 模拟结果）

在低场区域，配合物 **6** 和 **7** 的磁化强度均呈快速上升的趋势，表明存在显著的铁磁相互作用。在 70kOe 下，**6** 和 **7** 的磁化强度均未达到饱和，最大值分别为 5.59Nβ 和 7.66Nβ。考虑到足够大的磁场在理论上足以克服分子内的 NNN 反铁磁相互作用，且 **6** 和 **7** 均为强磁各向异性离子，它们的理论饱和磁矩应为单个 Ln^{3+} 与两个自由基分子的理论饱和磁矩之和，假设 Ln^{3+} 的基态均具有最大自旋且具有伊辛型各向异性，**6** 和 **7** 的饱和理论磁矩应分别为 6.5Nβ 和 7Nβ，可见 **6** 和 **7** 的最大磁矩均接近于饱和值，表明其中的 Ln^{3+} 均具有较强的单轴各向异性，但也存在显著的横向各向异性，或基态不具有最大自旋，或存在低激发态的布居。

（2）动态磁学行为

由于各向异性的 Gd^{3+} 通常不能展现出慢磁弛豫行为，因此我们仅研究了配合物 **6** 和 **7** 的动态磁学行为。

配合物 **6** 在零场下的变温交流磁化率如图 5.14(a) 所示，虚部信号表现出明显的频率依赖性，但在 1.8K 以上没有峰值出现，表明它的弛豫速率过快，这可能是因为它的势能垒过小导致的，也可能因为其中存在量子隧穿或其它快速的自旋-晶格弛豫过程。与 **6** 不同，**7** 在零场或 1000Oe 直流磁场下的交流磁化率虚部均没有非零信号，表明其中不存在慢磁弛豫行为。

目前的研究表明，一定大小的直流磁场可以有效地抑制量子隧穿过程，从而将弛豫时间减慢到可观测的范围内。但需注意的是，这种外加的直流场同时会引起直接弛豫过程的产生，直接过程对整个弛豫的贡献与外加直流场的大小呈正相关，由于自旋在通过

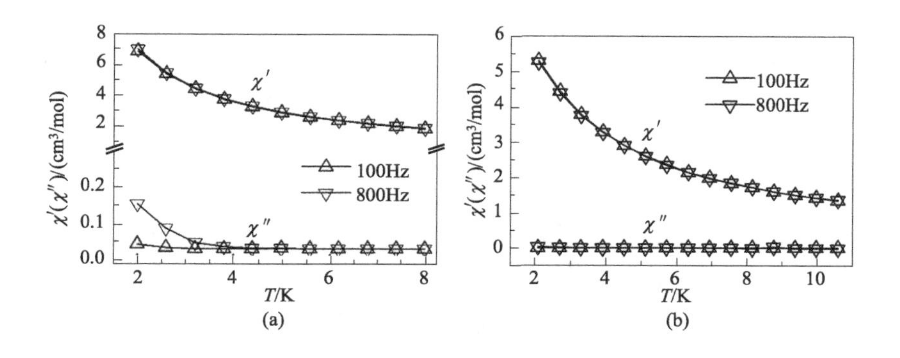

图 5.14 配合物 **6**（a）和 **7**（b）在零磁场下的变温交流磁化率

量子隧穿过程或直接过程进行弛豫时都不需要翻越势能垒，这两个过程的存在都会使最终的表观势能垒降低，因此我们希望把这两种过程的综合影响降到最低。由于直接过程和量子隧穿过程与外加直流场的依赖关系相反，因此在某一特定直流场下，它们的共同作用会降到最低，我们把这个特定直流场称为最优场或优化场（H_{optimal}）。配合物 **6** 在 300～3000Oe 直流场下的交流磁化率如图 5.15 所示，在较小的直流场下，变频交流磁化率的虚部数据没有峰值出现，而当直流场增大至 600Oe 时，可以在较高频率处观察到峰值出现，说明量子隧穿过程得到部分抑制，随着直流场的不断增大，峰值所处的位置先往低频移动而后又回到高频区域，体现了量子隧穿与直接过程共同作用的结果。将 τ 对场作图（图 5.16）可以发现，在 1500Oe 大小的场下，配合物 **6** 的弛豫速率最慢，此即为优化场。

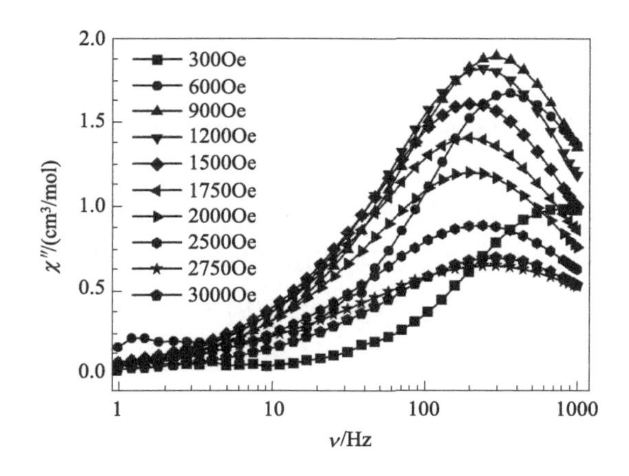

图 5.15 配合物 **6** 在 300～3000Oe 直流磁场下的交流磁化率虚部（温度为 2.0K）

在 1500Oe 最优直流磁场下，我们测试了配合物 **6** 的变频交流磁化率（图 5.17）。它表现出了明显的温度和频率依赖性，这是慢磁弛豫行为存在的典型特征。用单一弛豫的德拜模型对变频交流磁化率的 Cole-Cole 图[图 5.18(a)]进行了拟合，得到的弛豫时

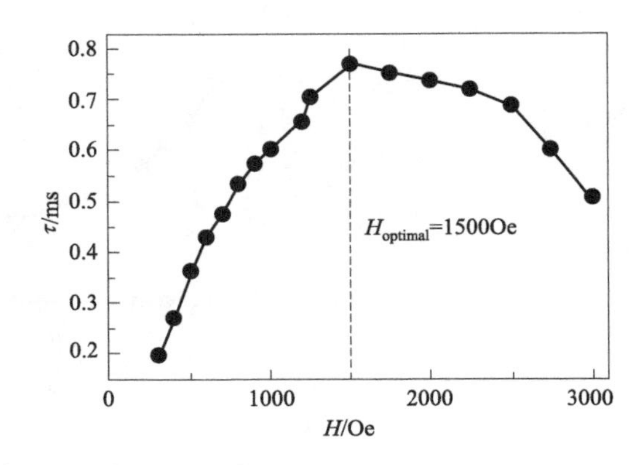

图 5.16　配合物 **6** 在 2.0K 下的弛豫时间与外加直流磁场关系图

间和其分布参数 α 列于表 5.9 中，α 的值从 1.8K 下的 0.24 逐渐减小到 2.4K 下的 0.11，表明弛豫过程随着温度的升高而逐渐单一化。

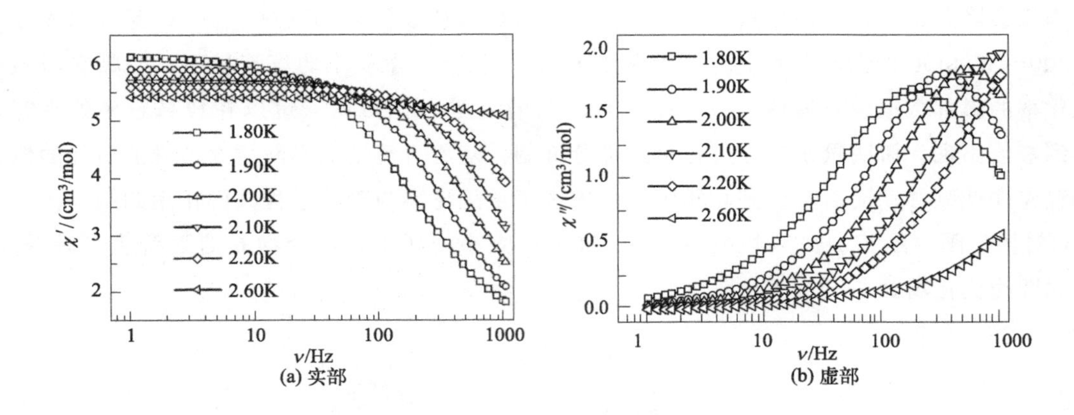

图 5.17　配合物 **6** 在 1500Oe 直流磁场下的变频交流磁化率

如图 5.18(b) 所示，用弛豫时间的自然对数 $\ln\tau$ 对温度的倒数 T^{-1} 所作的图在所测温度区间内呈现良好的线性相关，表明其属于热激发的奥巴赫弛豫过程，利用阿伦尼乌斯定律对其进行拟合，得到有效势能垒和指前因子分别为 20K 和 1.94×10^{-8}s，指前因子大小处于单分子磁体范围内。结合配合物 **6** 的结构，可以确定它是一例单分子磁体。

表 5.9　配合物 6 在 1500Oe 磁场下的 Cole-Cole 图拟合参数

T/K	χ_S/(cm^3/mol)	χ_T/(cm^3/mol)	α
1.80	1.10	6.16	0.24
1.85	1.20	6.02	0.19
1.90	1.18	5.92	0.17
1.95	1.14	5.84	0.15

续表

T/K	χ_S/(cm³/mol)	χ_T/(cm³/mol)	α
2.00	1.12	5.76	0.14
2.05	0.94	5.72	0.14
2.10	0.63	5.69	0.16
2.15	0.62	5.66	0.14
2.20	0.75	5.60	0.13
2.40	0.86	5.45	0.11

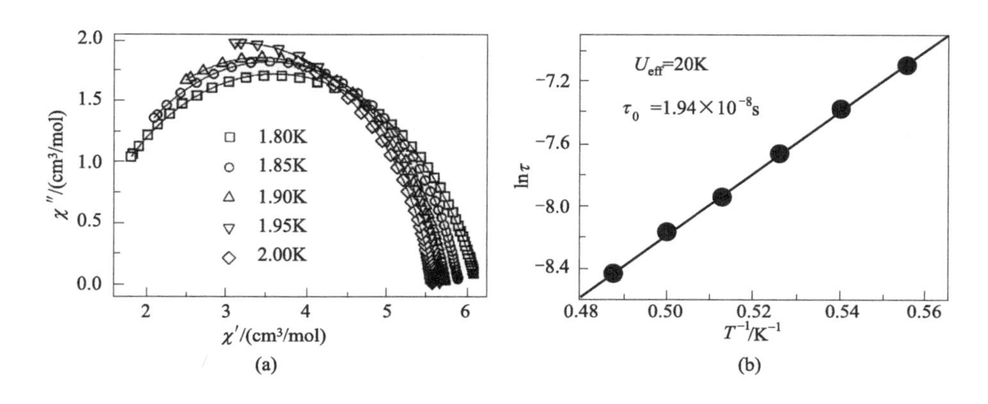

图 5.18 配合物 **6** 在 1500Oe 直流磁场下的 Cole-Cole 图（a）和 $\ln\tau$ 对 T^{-1} 图（b）

基于单核镧系配合物分子磁体的研究已经受到科学家的广泛关注，目前所报道的具有高势能垒的单分子磁体大多属于这一类。很多实验和理论计算结果表明配位场的构型及对称性对镧系离子的磁各向异性起着至关重要的影响，而磁各向异性的大小正是决定其弛豫性质的关键因素之一。Long 在 2011 的研究报道中详细分析和总结了镧系离子磁各向异性的来源，并指出了不同镧系离子的最佳配位场构型[14]，其结果随后也得到很多实验结果的证实。而具体到 Tb^{3+} 和 Dy^{3+}，在不考虑配位场的影响时，拥有最大量子数 $|J|$ 的能级—J_{max} 为其基态能级，两者的基态能级的电子云都呈扁球状延伸，因此当配体电子云处于扁球的上方或下方时，两者之间的斥力最小，J_{max} 能级的能量最低。

在本节中，配合物 **6** 和 **7** 的中心离子的配位场构型都接近理想的 D_{2d} 对称性，这种轴向对称的配位场可以使 Tb^{3+} 拥有双重简并的基态。而 Dy^{3+} 作为一个 Kramers 离子，在零直流场总是有着双重简并的基态能级。然而最终的测试显示 Tb^{3+} 配合物表现出了场诱导的单分子磁体行为，Dy^{3+} 配合物即使在外加直流场下也没有呈现出慢磁弛豫行为，这可能是配位场造成的能级分裂使得 Dy^{3+} 的基态与第一激发态之间的能量差过小导致的。这种现象在 $[TbPc_2]^-$ 和 $[DyPc_2]^-$ 之间表现得尤为显著[15]，它们的中心离子都处于具有 D_{4d} 对称性的三明治状配位构型中，而 $[TbPc_2]^-$ 的势能垒却远高

于 $[DyPc_2]^-$ 的势能垒，这与一般认为的 Dy^{3+} 具有更大的磁各向异性不符，计算结果表明 Dy^{3+} 的能级发生进一步分裂，使得±13/2 的 m_J 能级的能量降低并成为基态能级，±11/2 的 m_J 能级成为第一激发态能级，两者之间的能级差只有约 $30cm^{-1}$，而 Tb^{3+} 在这种配位场中的基态能级（$m_J=\pm6$）和第一激发态能级（$m_J=\pm5$）之间的能量差在 $400cm^{-1}$ 以上，从而使得其弛豫能垒要远高于 $[DyPc_2]^-$。南京大学的郑丽敏所报道的 $[Cs\{Dy(hfac)_4\}]$ 中的 Dy^{3+} 处于 D_{2d} 对称性的配位场中[16]，在零场和直流场下都没有表现出慢磁弛豫。计算结果表明当处于 D_{2d} 对称性的配位场中，其基态能级为 $m_J=\pm11/2$ 混合少量的 $m_J=\pm1/2$ 态，而第一激发态为 $m_J=\pm15/2$，两者之间的能量差只有 $8.39cm^{-1}$。此外，分子间相互作用和横向各向异性也会削弱轴向的磁各向异性，这些作用共同导致配合物 **7** 始终处于顺磁态。

参考文献

[1] Caneschi A, Gatteschi D, Sessoli R, et al. Toward molecular magnets: the metal-radical approach. Accounts Chem Res, 1989, 22 (11): 392-398.

[2] Benelli C, Gatteschi D. Magnetism of lanthanides in molecular materials with transition-metal ions and organic radicals. Chem Rev, 2002, 102 (6): 2369-2388.

[3] Feyerherm R, Welzel S, Sutter J P, et al. Magnetic structure of an organic antiferromagnet. Physica B: Condensed Matter, 2000, 276-278 (0): 720-721.

[4] Deumal M, Cirujeda J, Veciana J, et al. Structure-magnetism relationships in α-nitronyl nitroxide radicals: pitfalls and lessons to be learned. Adv Mater, 1998, 10 (17): 1461-1466.

[5] Deumal M, Cirujeda J, Veciana J, et al. Structure-magnetism melationships in α-mitronyl mitroxide radicals. Chem Eur J, 1999, 5 (5): 1631-1642.

[6] Sugawara T, Komatsu H, Suzuki K. Interplay between magnetism and conductivity derived from spin-polarized donor radicals. Chem Soc Rev, 2011, 40 (6): 3105-3118.

[7] Ullman E F, Osiecki J H, Boocock D, et al. Stable free radicals. X. Nitronyl nitroxide monoradicals and biradicals as possible small molecule spin labels. J Am Chem Soc, 1972, 94 (20): 7049-7059.

[8] Zheludev A, Barone V, Bonnet M, et al. Spin density in a nitronyl nitroxide free radical. Polarized neutron diffraction investigation and ab initio calculations. J Am Chem Soc, 1994, 116 (5): 2019-2027.

[9] Kahn O. Molecular magnetism. New York: VCH, 1993.

[10] Sutter J P, Lang A, Kahn O, et al. Ferromagnetic interactions, and metamagnetic behavior of 4, 5-dimethyl-1,2,4-triazole-nitronyl-nitroxide. J Mag Mag Mater, 1997, 171 (1-2): 147-152.

[11] Carlin R L. Magnetochemistry. Berlin: Springer Verlag, 1986.

[12] Zhang J, Chen P, Yuan B, et al. Real-space identification of intermolecular bonding with atomic force microscopy. Science, 2013, 342 (6158): 611-614.

[13] Benelli C, Caneschi A, Galleschi D, et al. Structure and magnetic properties of a gadolinium hexafluoroacetylacetonate adduct with the radical 4, 4, 5, 5-tetramethyl-2-phenyl-4, 5-dihydro-1H-imidazole 3-Oxide 1-Oxyl. Angew Chem Int Ed, 1987, 26 (9): 913-915.

[14] Rinehart J D, Long J R. Exploiting single-ion anisotropy in the design of f-element single-molecule magnets. Chem Sci, 2011, 2 (11): 2078-2085.

[15] Ishikawa N, Sugita M, Ishikawa T, et al. Lanthanide double-decker complexes functioning as magnets at the single-molecular level. J Am Chem Soc, 2003, 125 (29): 8694-8695.

[16] Zeng D, Ren M, Bao S S, et al. Tuning the Coordination Geometries and Magnetic Dynamics of [Ln $(hfac)_4]^-$ through Alkali Metal Counterions. Inorg Chem, 2014, 53 (2): 795-801.

第6章

一维 Ln-NITR 配合物的慢磁弛豫性质研究

由于氮氧自由基的特殊性质，在稀土-氮氧自由基配合物中不仅存在NN铁磁相互作用，还存在NNN反铁磁相互作用[1,2]。而当将零维的Ln-NITR配合物拓展至一维结构时，这种NN和NNN相互作用也将沿着链的方向延伸，使得一维Ln-NITR配合物的磁性分析更加复杂。同时，这种从零维到一维的转变，也使得Ln^{3+}不再处于较为孤立的磁环境中，其弛豫行为也可能从基于分子的弛豫转变为基于链整体的弛豫。目前已经有较多的一维Ln-NITR配合物见诸报道，其中大多数都是基于双NO基团桥联形成的[3~5]，而它们的Tb^{3+}、Dy^{3+}和Ho^{3+}同系物基本都展现出了单链磁体行为。Gatteschi所报道的$[Dy(hfac)_3(NITPhOPh)]_n$被认为是第一例基于稀土的单链磁体[6]。南开大学程鹏课题组报道的$[Dy(hfac)_3(NITThienPh)]_n$在低温下出现磁阻塞和磁滞回环现象[7]。在这类化合物中，也有少部分在低温下呈现出长程有序行为[8,9]，表明自由基作为配体时能产生更加有效的磁偶极作用。此外，还有极个别NO基团和—R基团混合桥联的一维链配合物见诸报道[10]。

为了进一步研究NO基团和—R基团混合桥联的一维稀土配合物的磁学行为，探索—R基团桥联与NO基团桥联在传递磁耦合方面的区别，以及这种磁耦合对慢磁弛豫行为的影响，以提出更加有效的提高低维稀土配合物的慢磁弛豫性能的方法，本章选择包含功能性配位点的NITPhCOOMe为配体，合成了一个系列的NO基团和—R基团混合桥联的一维链配合物：$[Ln(hfac)_3(NITPhCOOMe)]$[Ln＝Gd(**8**)、Tb(**9**)、Dy(**10**)]，并对它们的磁学性质进行了详细研究。

6.1 配合物的合成

(1) 实验试剂与仪器

本节研究所采用的主要实验试剂和仪器分别见表6.1和表6.2。NITPhCOOMe的合成见5.1.2节，其它试剂均为市售。正庚烷和三氯甲烷在使用前分别用金属钠和氢化钙干燥，其它试剂未进行二次处理。

表6.1 实验试剂

试剂和药品	纯度	生产厂家
碳酸钾	分析纯	天津科密欧化学试剂有限公司
氢氧化钠	分析纯	天津科密欧化学试剂有限公司
氯化铵	分析纯	天津科密欧化学试剂有限公司
甲醇	分析纯	天津康科德科技有限公司
三氯甲烷	分析纯	天津康科德科技有限公司

续表

试剂和药品	纯度	生产厂家
正己烷	分析纯	天津康科德科技有限公司
乙酸乙酯	分析纯	天津康科德科技有限公司
甲苯	分析纯	天津康科德科技有限公司

表 6.2 主要的实验仪器

试剂和药品	型号	生产厂家
集热式恒温磁力搅拌器	DF-101D	巩义市予华仪器责任有限公司
智能数显磁力搅拌器	SZCL-2	巩义市予华仪器责任有限公司
旋转蒸发仪	RE-2000B	上海亚荣生化科技有限公司

(2) 配合物的设计与合成

① 分子设计

在当前的一维 Ln-NITR 分子磁体研究中，所采用的 NITR 配体中的—R 基团通常为不包含能够在一般条件下与 Ln^{3+} 配位的功能性配位点。在与 Ln^{3+} 形成配合物时，两个对位的 NO 基团可分别与 1 个 Ln^{3+} 配位，形成一维 [Ln-NITR]$_n$ 聚合链。若要构建 NO 基团与—R 基团同时与 Ln^{3+} 配位的一维或更高维度的配合物，需要对—R 基团中的功能性配位点进行合理的设计和筛选，这是因为 NITR 作为自由基配体，NO 基团中 O 上的负电荷密度较低，与稀土离子的结合能力很弱，若—R 中的功能性配位点与稀土离子结合能力强于 NO 基团，便会导致 NO 基团无法与 Ln^{3+} 配位，便无法得到预期构型的配合物，这也是为什么在 Ln-NITR 配合物的合成中，通常都要选取二氯甲烷和正庚烷等不含 O 或 N 原子的溶剂为介质。因此，我们在本研究中选取 NITPh-COOMe 为配体（图 6.1），—PhCOOMe 中的—C=O 可以与 Ln^{3+} 配位，且其中的 O 作为非负离子配位原子，与稀土离子结合能力弱，有望与 NO 基团形成较为均衡的竞争关系，从而可以得到 NO 基团与—R 基团共配位的 Ln-NITR 体系。而事实也证明，本研究所采用的 NITR 的设计策略是正确的，在最终合成的配合物 **8**～**10** 中，NITPh-COOMe 中的一个 NO 基团和—C=O 分别与两个不同的 Ln^{3+} 配位，最终形成了一维之字形结构的配合物。

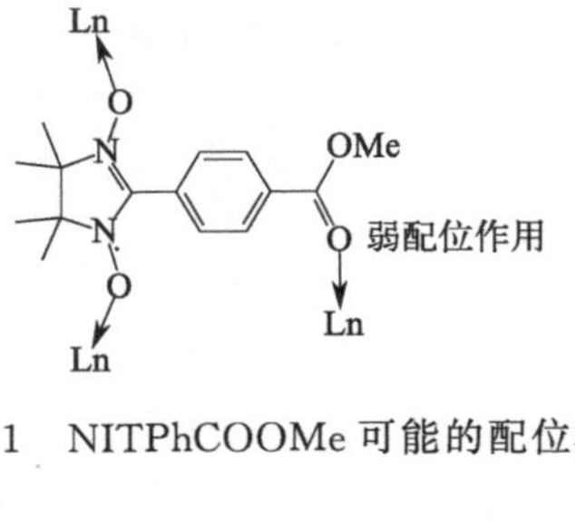

图 6.1 NITPhCOOMe 可能的配位模式

② 合成方法

除了纯的稀土配合物外，为了详细研究配合物**9**的慢磁弛豫行为，还合成了两个不同比例的抗磁离子 Y^{3+} 掺杂的样品：$\mathbf{Tb_{0.075}Y_{0.925}}$**-9** 和 $\mathbf{Tb_{0.043}Y_{0.957}}$**-9**，其中 Tb 与 Y 的比例由电感耦合等离子体原子发射光谱法（ICP-AES）测试得到。

[$Gd(hfac)_3(NITPhCOOMe)$]（**8**）的合成：将 0.04mmol 六氟乙酰丙酮钆水合物置于 30.0mL 干燥的正庚烷中，在持续搅拌下，将所得悬浮液在油浴中加热至 110℃并回流 2h，回流完毕后，将溶液冷却至 70℃，并向其中加入含 0.04mmol NITPhCOOMe 的二氯甲烷溶液，继续搅拌 5 分钟，将反应体系冷却至室温并过滤，滤液置于室温下缓慢挥发，约 1 周后得到深蓝色块状晶体。产率（基于 Gd）为 34.5%。

[$Tb(hfac)_3(NITPhCOOMe)$]（**9**）的合成：**9** 的合成方法与 **8** 相同，只需将原料中的六氟乙酰丙酮钆水合物替换为等量的六氟乙酰丙酮铽水合物即可。产率（基于 Tb）为 41.7%。

[$Tb_{0.075}Y_{0.925}(hfac)_3(NITPhCOOMe)$]（$\mathbf{Tb_{0.075}Y_{0.925}}$**-9**）的合成：$\mathbf{Tb_{0.075}Y_{0.925}}$**-9** 的合成方法与 **8** 相同，只需将原料中的六氟乙酰丙酮钆水合物替换为六氟乙酰丙酮钇水合物：六氟乙酰丙酮钇水合物＝1：10 的混合稀土盐即可。产率（基于金属元素）为 43.5%。

[$Tb_{0.043}Y_{0.957}(hfac)_3(NITPhCOOMe)$]（$\mathbf{Tb_{0.043}Y_{0.957}}$**-9**）的合成：$\mathbf{Tb_{0.043}Y_{0.957}}$**-9** 的合成方法与 **8** 相同，只需将原料中的六氟乙酰丙酮钆水合物替换为六氟乙酰丙酮钇水合物：六氟乙酰丙酮钇水合物＝1：20 的混合稀土盐即可。产率（基于金属元素）为 44.2%。

[$Dy(hfac)_3(NITPhCOOMe)$]（**10**）的合成：**10** 的合成方法与 **8** 相同，只需将原料中的六氟乙酰丙酮钆水合物替换为等量的六氟乙酰丙酮镝水合物即可。产率（基于 Dy）为 39.1%。

6.2 配合物的表征

6.2.1 晶体结构

配合物 **8**～**10** 的固态结构由单晶 X 射线衍射测试与分析得到，晶胞参数和重要的晶体学精修参数列于表 6.3 中。测试结果表明配合物 **8**～**10** 为同构，此处以配合物 **9** 为代表详细表述其晶体结构。

表 6.3 配合物 8～10 的晶胞参数及重要的精修参数

晶胞参数及精修参数	配合物 8	配合物 9	配合物 10
分子式	$C_{30}H_{22}N_2O_{10}F_{18}Gd$	$C_{30}H_{22}N_2O_{10}F_{18}Tb$	$C_{30}H_{22}N_2O_{10}F_{18}Dy$
相对分子质量	1069.75	1071.42	1075.00
晶系	单斜晶系	单斜晶系	单斜晶系
空间群	$P2_1/c$	$P2_1/c$	$P2_1/c$
a/Å	12.4814(4)	11.7995(1)	11.7852(3)
b/Å	15.8089(6)	15.2788(2)	15.2372(5)
c/Å	22.9974(8)	24.2492(3)	24.1262(6)
α/(°)	90	90	90
β/(°)	114.643(3)	116.8680(10)	116.738(2)
γ/(°)	90	90	90
$V/Å^3$	4124.5(3)	3899.77(10)	3869.17(19)
Z	4	4	4
理论密度/(g/cm³)	1.723	1.825	1.845
测试温度/K	293(2)	120(2)	120(2)
F(000)	2088	2092	2096
θ 范围/(°)	3.01～25.01	2.93～25.01	2.84～25.01
完成度/%	99.8	99.8	99.8
残余电子密度/(e/Å³)	0.548 和－0.441	0.984 和－0.680	1.076 和－0.844
GOOF 值	1.027	1.027	0.945
R_1,wR_2([$I > 2\sigma(I)$])	0.0442,0.0796	0.0276,0.0595	0.0426,0.0695
R_1,wR_2(所有数据)	0.0707,0.0918	0.0337,0.0628	0.0639,0.0800

配合物 **9** 结晶于单斜晶系的 $P2_1/c$ 空间群中。其最小不对称单元包含一个晶体学独立的 Tb^{3+}、三个 $hfac^-$ 和一个 NITPhCOOMe 分子。如图 6.2 所示，在晶体中，$hfac^-$ 以双齿螯合形式与 Gd^{3+} 配位，NITPhCOOMe 配体中的一个 NO 基团和羰基氧原子分别与两个不同的 Gd^{3+} 配位，形成"之"字形延伸的一维链状结构，这种配位方式称为"头尾连接"配位，在过渡金属-自由基化合物中已有报道[11]，而在稀土-自由基链状化合物中还属首例。中心 Tb^{3+} 处于八个配位氧原子形成的扭曲的十二面体配位场中，Tb—O 键长处于 2.357(2)～2.373(2)Å 的范围内。在链内，相邻 Tb^{3+} 间的直线距离为 9.324(3)Å。相邻的一维链通过 C—H…F 和 C—H…O 氢键作用堆积形成三维超分子结构（图 6.3），最短的链间 Tb…Tb 和 O…O(NO) 间隔分别为 9.684(4)Å 和 3.301(2)Å。我们首先用 CShM 方法分析了中心金属离子的配位场构型，结果列于表 6.4 中，虽然实际构型离理想的 C_{2v} 对称性偏差最小（S＝1.197），然而横向比较发现，其偏离 D_{4d} 对称性的四方反棱柱构型（S＝1.269）和 D_{2d} 对称性的三角面的十二面体构型（S＝1.367）也较小。为了得到更精确的结果，我们在此处引入半定量分析方法

来分析其对称性，结果列于表 6.5 中，通过与理想构型的二面角 φ 和 Δ 对比发现[12]，中心金属离子的配位场构型更接近 C_{2v} 对称性。

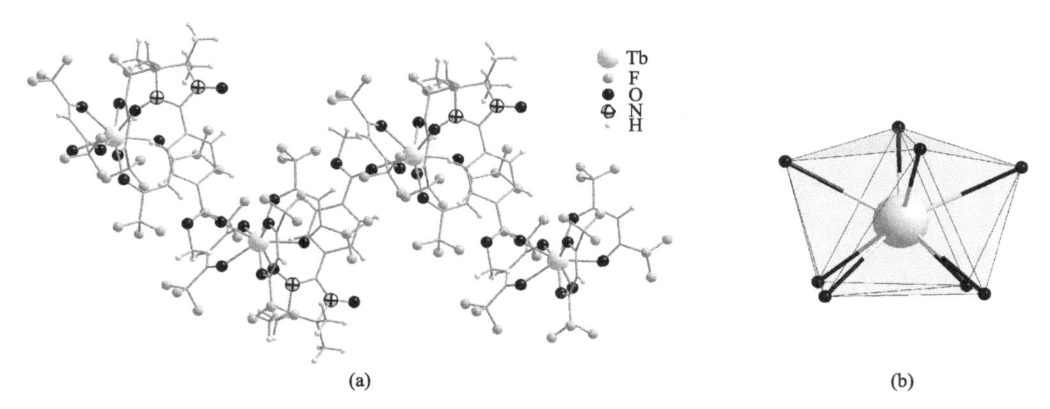

图 6.2 配合物 **9** 的一维链结构 (a)（为了清晰起见，C 原子以键线式显示）和 Tb^{3+} 的配位多面体 (b)

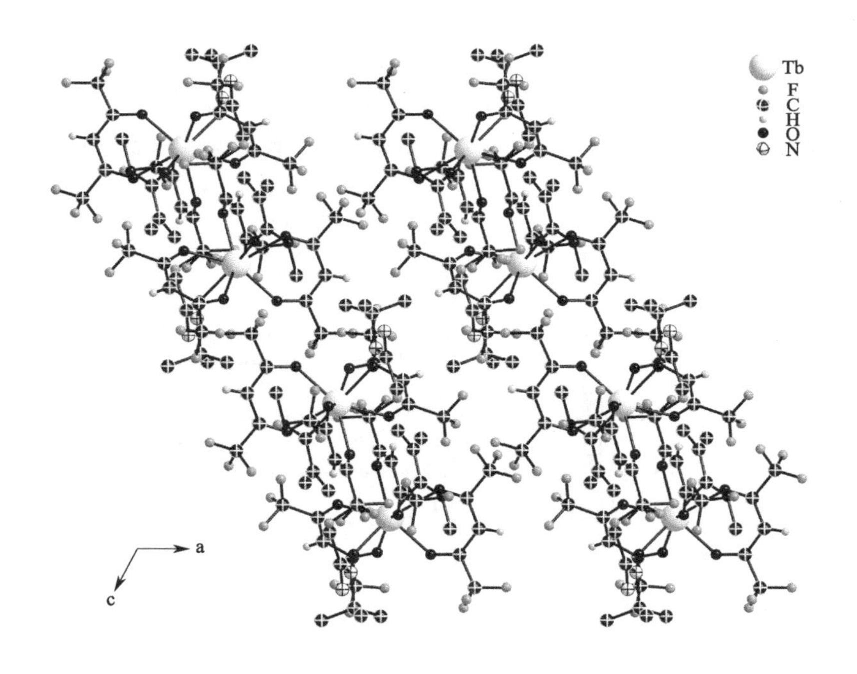

图 6.3 配合物 **9** 的三维堆积结构

表 6.4 利用 CShM 法计算得到的配合物 8～10 的中心离子的配位构型对称性

配合物	偏离 D_{2d} 的程度	偏离 C_{2v} 的程度	偏离 D_{4d} 的程度
8	0.973	1.216	1.311
9	1.367	1.197	1.269
10	1.366	1.191	1.305

表 6.5　配合物 9 中 TbO_8 配位多面体的二面角 Δ 和 φ

结构参数	二面角和扭转角	角度/(°)	标准 D_{2d} 对称性/(°)	标准 C_{2v} 对称性/(°)	标准 D_{4d} 对称性/(°)
二面角 Δ	$O_4[O_1\ O_7]\ O_8$	3.816(89)	29.5	0.0	0.0
	$O_3[O_5\ O_9]\ O_6$	26.872(91)	29.5	21.8	0.0
	$O_3[O_1\ O_5]\ O_8$	45.727(68)	29.5	48.2	52.4
	$O_4[O_7\ O_9]\ O_6$	43.268(81)	29.5	48.2	52.4
二面角 φ	O_1-O_9-O_8-O_6	12.449(59)	0	14.1	24.5
	O_7-O_5-O_3-O_4	17.389(57)	0	14.1	24.5

注：$O_A[O_B\ O_C]\ O_D$ 代表由 O_A、O_B 和 O_C 确定的面和由 O_B、O_C 和 O_D 确定的面的二面角；O_A-O_B-O_C-O_D 代表 (O_AO_B)、O_C 和 O_D 确定的平面和 O_A、O_B 与 (O_CO_D) 确定的平面，(O_AO_B) 与 (O_CO_D) 分别代表 O_A 与 O_B 连线的中点和 O_C 与 O_D 连线的中点。

6.2.2　粉末 X 射线衍射

为了确定所合成样品的相纯度，我们对配合物 **8**～**10** 及相应的抗磁稀释样品进行了粉末 X 射线衍射测试。图 6.4 展示了配合物 **9** 及抗磁稀释样品的测试结果，从中可以看出，所合成样品的衍射谱图与模拟结果吻合得很好，表明这些样品均具有相同的晶体结构，即具有很高的相纯度。

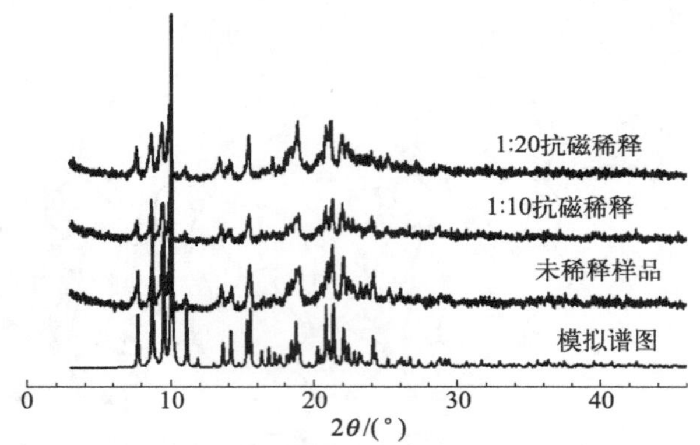

图 6.4　配合物 **9** 及其抗稀释样品的粉末 X 射线衍射谱图

6.2.3　元素分析

表 6.6 列出了配合物 **8**～**10** 的粉末样品的元素分析测试结果。对于 C、H 和 N 元素，实验测试结果与通过单晶结构得到的理论结果均吻合得很好，最大绝对差值不超过 0.5%，结合粉末 X 射线测试结果，可以确定，所合成的粉末样品具有很高的纯度，足以保证后续测试结果的可靠性和磁构分析的正确性。

表 6.6　配合物 8～10 的元素分析测试结果与理论值

配合物	元素的理论质量分数/%			元素的实验质量分数/%		
	C	H	N	C	H	N
8	33.68	2.07	2.62	33.46	2.10	2.52
9	33.63	2.07	2.61	33.75	2.18	2.78
10	33.52	2.06	2.61	33.33	2.51	2.25

6.3　配合物的磁性研究

6.3.1　配合物 8 的磁性研究

(1) 静态磁学行为

配合物 **8** 在 1.0kOe 下的变温直流磁化率和 2.0K 下的磁化曲线如图 6.5 (a) 所示。室温下的 $\chi_M T$ 值为 8.62(cm^3 · K)/mol，与未耦合的一个 Gd^{3+} 加上一个自由基的理论 $\chi_M T$ 值 8.26(cm^3 · K)/mol 基本一致。随着温度的降低，$\chi_M T$ 在 60K 前基本保持不变，随后开始逐渐下降，在 1.8K 处达到 2.76(cm^3 · K)/mol。从晶体结构可以推测 **8** 中主要存在三种磁相互作用：①自由基与 Gd^{3+} 之间通过 NO 基团配位传递的磁耦合 J_{Mr}；②自由基与 Gd^{3+} 之间通过羰基氧原子配位传递的磁耦合 J'_{Mr}；③链内和链间的偶极相互作用 zJ'。根据已经报道的研究结果，J'_{Mr}传递的磁耦合一般较弱但不可忽略[13]，而 J_{Mr} 一般为铁磁相互作用，由于 $\chi_M T$ 在 60K 以下均呈现出下降的变化趋势，可以推测 J'_{Mr} 和 zJ'应为反铁磁相互作用。图 6.5(b) 为 **8** 在 2.0K 下的变场磁化强度曲线，磁化强度在 60.0kOe 下达到饱和值 8.0Nβ，与自旋平行的一个 Gd^{3+} 和一个自由基的理论饱和值相等。用 Brillouin 模型计算的处于顺磁态的两个自旋载体的磁化曲线结果在图 6.5 (b) 中用实线标出，在 40kOe 以下，实验曲线处于模拟曲线的下方，也表明了反铁磁耦合作用在配合物 **8** 中占主导。

(2) 动态磁学行为

配合物 **8** 在零场下的变温交流磁化率结果如图 6.6 所示，实部和虚部均没有峰值或频率依赖信号出现，表明配合物 **8** 在 1.8K 之上处于顺磁态。

6.3.2　配合物 9 的磁性研究

(1) 静态磁学行为

配合物 **9** 在 1.0kOe 的变温直流磁化率结果如图 6.7(a) 所示，300K 下的 $\chi_M T$ 值

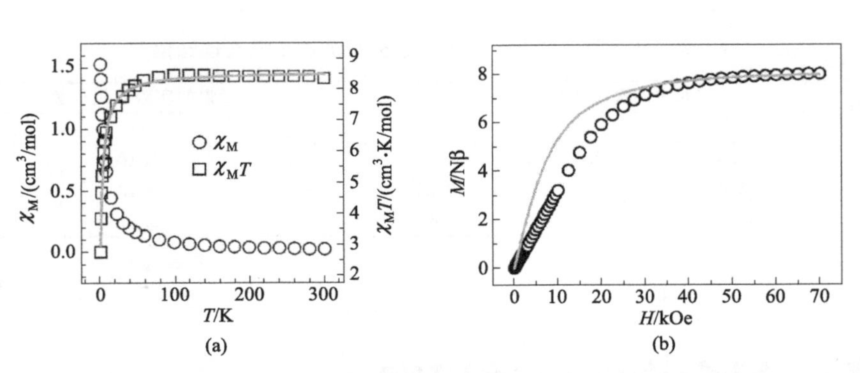

图 6.5　配合物 **8** 在 1kOe 场下的变温直流磁化率（a）和在 2.0K 下的变场磁化强度（b）

［（b）中实线为 Brillouin 函数模拟结果］

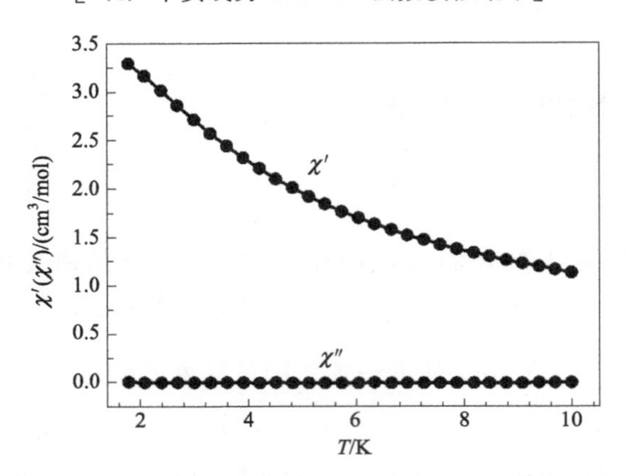

图 6.6　配合物 **8** 在零场及 100Hz 下的变温交流磁化率

为 12.28(cm^3 · K)/mol，与未耦合的一个 Tb^{3+} 加上一个自由基自旋的理论 $\chi_M T$ 值 12.20(cm^3 · K)/mol 吻合得很好。随着温度的下降，$\chi_M T$ 在 300～105K 之间几乎保持不变，在 105K 之下，$\chi_M T$ 开始迅速下降并在 1.8K 处达到最小值 0.69(cm^3 · K)/mol。$\chi_M T$ 的值在 1.8K 处几乎达到零，预示着分子之间可能呈有序的反向排列，使得磁矩近乎完全抵消，而 χ_M 对 T 的曲线在 6.0K 处出现一个尖锐的峰形[图 6.7(b)]，表明反铁磁有序的形成。

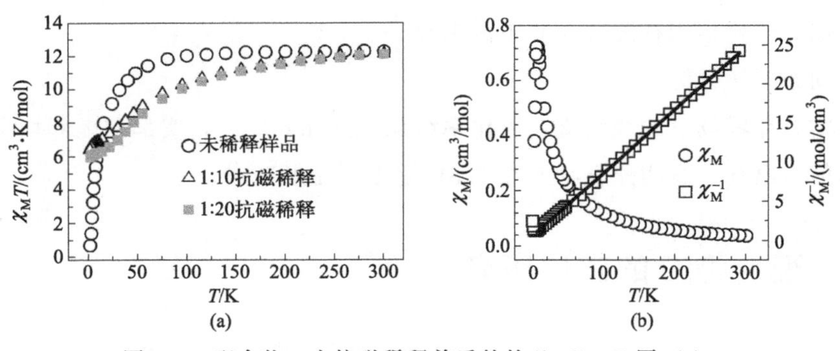

图 6.7　配合物 **9** 在抗磁稀释前后的的 $\chi_M T \sim T$ 图（a）

和配合物 **9** 的 $\chi_M \sim T$ 图和 $\chi_M^{-1} \sim T$ 图（b）（实线代表居里-外斯拟合结果）

对反铁磁有序体系，当施加一定大小的直流场后，可能会引起自旋从反平行排列经过一定的中间态达到与磁场平行排列的状态，这种转变被称为自旋翻转（spin-flop）[14]。我们测试了配合物**9**在2.0K下的变场磁化曲线（图6.8），发现其在低场区域呈现“S”形弯曲，表明了自旋翻转的存在，由 dM/dH 曲线得到其翻转临界场 H_c 为9.5kOe。

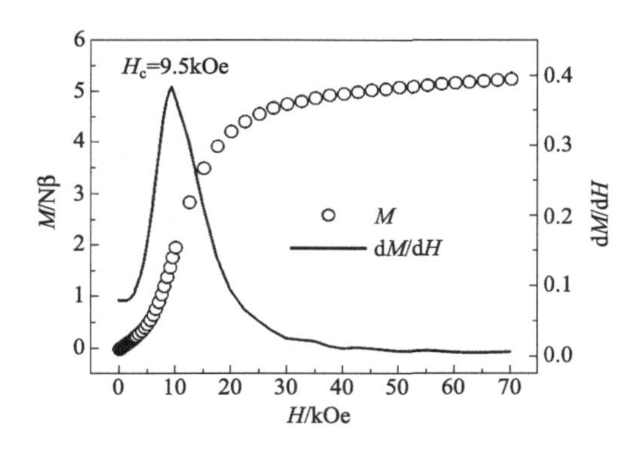

图6.8　配合物**9**在2.0K下的变场磁化曲线

（2）动态磁学行为

配合物**9**在零直流场下的变温交流磁化率测试结果如图6.9所示，实部信号在5.77K出现一组非频率依赖的峰值，而虚部在此温度附近没有峰值出现，与直流磁化率结果一致，都表明发生了顺磁相到反铁磁有序相的转变。值得注意的是，虚部信号在9.0K之下呈现明显的上升趋势且具有频率依赖性，而实部信号也相应地呈现出频率依赖行为，表明存在量子隧穿或其它快弛豫机理主导的弛豫过程。为了抑制量子隧穿过程，我们对其进行了外加直流场下的变频交流磁化率测试，结果如图6.10所示，磁化

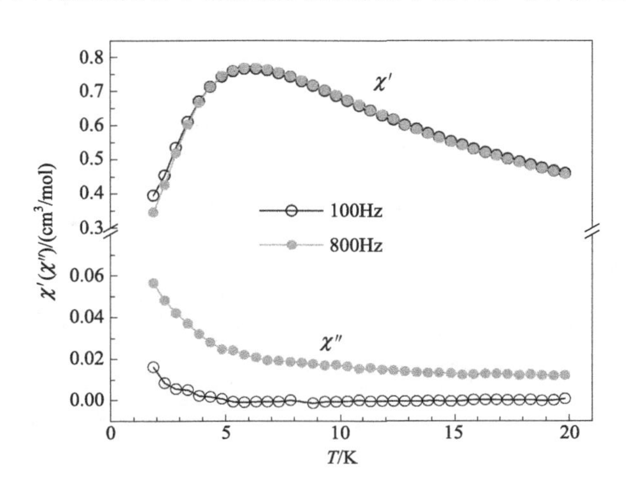

图6.9　配合物**9**在零直流场下的变温交流磁化率

率的虚部呈现出明显的两步弛豫行为，低频部分的弛豫过程的峰值在 1000Oe 直流场下移动至 2.0Hz 附近，但在更大的直流场下，其峰值并没有继续向高频移动，因此无法得到一般的优化场，由于优化场的出现是量子隧穿与直接过程博弈的结果，此处的结果或许表明外加直流场并没有在 **9** 中诱导出直接弛豫过程。

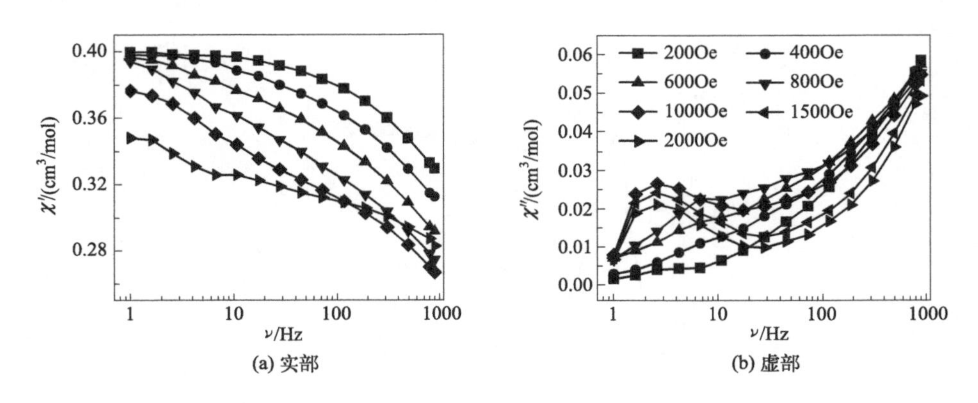

(a) 实部　　(b) 虚部

图 6.10　配合物 **9** 在直流磁场下的变频交流磁化率

配合物 **9** 在 1000Oe 直流场下的变频交流磁化率结果如图 6.11 所示，磁化率的虚部呈现典型的双弛豫过程，低频区域弛豫过程的峰值呈现出明显的温度依赖行为，而高频区域弛豫过程的峰值则始终在 1000Hz 之上，但也同样表现出温度依赖行为，说明它们均为慢磁弛豫过程。我们用针对两个叠加弛豫过程的德拜模型对 **9** 的 Cole-Cole 图[图 6.12(a)]进行拟合[15]，得到的弛豫时间和分布参数列于表 6.7 中。对于较慢的慢磁弛豫过程，它的 $\ln\tau$ 对 T^{-1} 图如图 6.12(b) 所示，其在高温部分呈现良好的线性相关，而在低温部分变为水平，这样的转折表明弛豫机理从高温的奥巴赫机理主导转变为低温下的量子隧穿机理主导。为了得到较为精确的势能垒大小，我们采用包含奥巴赫弛豫项和量子隧穿项的公式(6.1) 来对其进行拟合。此外，为了避免过度参数化，我们首先对 $\ln\tau$ 对 T^{-1} 图的高温部分进行了阿伦尼乌斯拟合，将所得的 U_{eff} 和 τ_0 作为初始值代入式(6.1) 中进行全程拟合，得到的拟合结果与实验结果取得很好的吻合，最佳拟合参

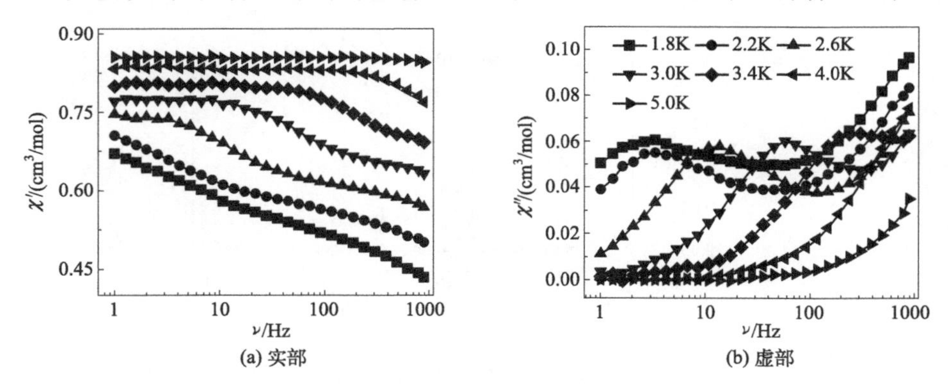

(a) 实部　　(b) 虚部

图 6.11　配合物 **9** 在 1000Oe 直流磁场下的变频交流磁化率

数：τ_{QTM}=0.0592s，U_{eff}=36K，τ_0=1.99×10^{-8}s。τ_0 的大小在超顺磁体的范围内，也证明该过程为慢磁弛豫过程。由于较快的慢磁弛豫过程的峰值出现在 1000Hz 之上，我们无法得到其确切的弛豫时间数据，因此也无法给出相应的弛豫机理分析。

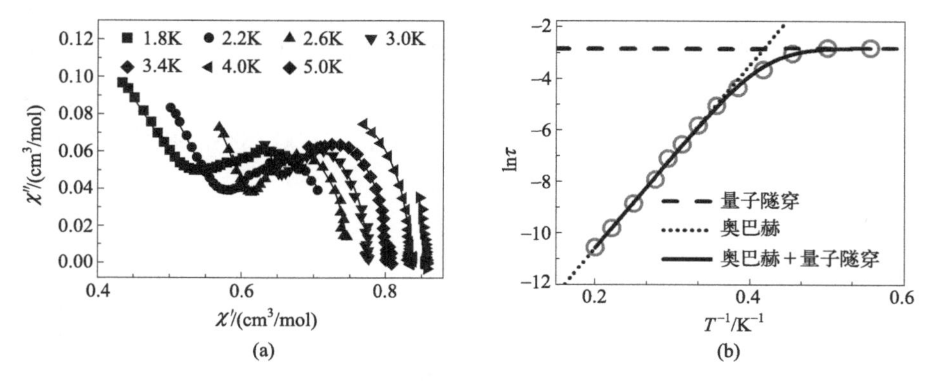

图 6.12　配合物 **9** 在 1000Oe 直流磁场下的 Cole-Cole 图（a）和 lnτ 对 T^{-1} 图（b）

[（a）中的实线为采用两步弛豫过程的德拜模型拟合的结果，

（b）中的实线、虚线和点线为根据式（6.1）的拟合结果]

$$\tau^{-1}=\tau_{QTM}{}^{-1}+\tau_0{}^{-1}\exp(-U_{eff}/kT) \qquad (6.1)$$

表 6.7　配合物 9 在 1000Oe 直流场下的 Cole-Cole 图的拟合结果

T/K	χ_S /(cm³/mol)	$\Delta\chi_1$ /(cm³/mol)	τ_1/ms	α_1	$\Delta\chi_2$ /(cm³/mol)	τ_2/ms	α_2
1.8	0.453989×10^{-11}	0.529259	2.64219×10^{-2}	0.397203	0.224813	58.8822	4.12958×10^{-1}
2.0	0.886295×10^{-11}	0.549963	2.07284×10^{-2}	0.394550	0.197718	59.5193	3.93641×10^{-1}
2.2	0.249214×10^{-10}	0.581351	1.55888×10^{-2}	0.409380	0.160186	47.0253	2.80620×10^{-1}
2.4	0.256291×10^{-10}	0.600661	1.33954×10^{-2}	0.354451	0.141491	25.5482	1.83427×10^{-1}
2.6	0.212421×10^{-10}	0.624851	1.02057×10^{-2}	0.355938	0.123707	12.7128	9.24907×10^{-2}
2.8	0.388899×10^{-10}	0.656278	9.13318×10^{-3}	0.441406	0.107791	6.38087	5.40143×10^{-2}
3.0	0.431114×10^{-10}	0.661809	8.61083×10^{-3}	0.237429	0.113580	2.91488	5.52310×10^{-2}
3.2	0.503568×10^{-10}	0.667632	9.42338×10^{-3}	0.0849461	0.124447	1.40002	9.93379×10^{-2}
3.4	0.696667×10^{-10}	0.687301	1.01070×10^{-3}	0.00104007	0.116491	0.799525	6.31382×10^{-2}
3.6	0.103298×10^{-9}	0.671078	3.49239×10^{-3}	0.00118561	0.145752	0.358725	1.05512×10^{-2}
4.0	0.185761×10^{-9}	0.670437	2.19514×10^{-4}	0.00547469	0.164413	0.137796	5.94937×10^{-2}
4.5	0.353996×10^{-9}	0.660664	3.15778×10^{-4}	0.00442307	0.189356	0.0532716	5.07628×10^{-2}
5.0	0.119523×10^{-9}	0.707363	5.37849×10^{-5}	0.00903052	0.147926	0.0428146	9.81016×10^{-3}

从单晶衍射数据来看，配合物 **9** 中只存在一种晶体学独立的 Tb^{3+}，即所有的 Tb^{3+} 都具有相同的配位环境，它们表现出的弛豫行为也应该是基本一致的，而实验数据却呈现出了明显的双弛豫过程。目前研究较为明白的基于单一配位环境的 Ln^{3+} 的双弛豫行为基本可分为以下两种：①Ln^{3+} 的配位场发生改变，这一般是由于配体在配位时发生无序，致使中心离子的配位场发生畸变导致的，实质上仍是存在多种不同配位环

境的中心金属离子所引起的。②单离子弛豫与分子弛豫过程共同存在[16]，单离子弛豫一般是通过自旋-晶格弛豫或量子隧穿机理进行的，而分子弛豫则是由分子间作用力引起的。由于分子间作用较弱，其驱动的弛豫过程一般都处于1Hz附近或之下，且一般不具有温度依赖性但具有场依赖行为，其中最典型的当属美国加州大学伯克利分校的Long课题组所报道的$U(H_2BPz_2)_3$[17]，它的抗磁稀释样品中出现了分子间作用力驱动的弛豫过程并表现出磁滞行为。在配合物**9**中，两个弛豫过程均表现出温度依赖行为，低频弛豫的能垒和指前因子表明其属于超顺磁行为，而高频部分的弛豫显然不在分子弛豫的一般范围内。

(3) 抗磁稀释研究

为了进一步研究这两个弛豫过程的来源，我们在此处采用了抗磁稀释的方法，以$Tb(hfac)_3 \cdot 2H_2O$∶$Y(hfac)_3 \cdot 2H_2O$＝1∶10和1∶20的比例为反应物合成了两种Y^{3+}掺杂的样品，它们的合成和表征见6.1节和6.2.2节。

两种不同比例抗磁稀释样品的变温直流磁化率见图6.7(a)。与未稀释样品截然不同的是，在100K以上，抗磁稀释样品的$\chi_M T$随温度降低而不断下降，相应的$\chi_M T$对T的曲线位于未稀释样品的下方。虽然在高温阶段，稀土离子间的磁耦合由于强度较弱而很难导致$\chi_M T$随温度变化的改变，但由于Tb^{3+}在大多数配位构型中都表现为强磁各向异性，因此粒子在晶体场分裂微态上的布居变化仍会导致$\chi_M T$随温度下降而下降，这种现象在1∶10和1∶20的抗磁稀释样品中均得到体现，但在未稀释样品中却没有反映。这样的对比表明：未稀释样品中存在较强的铁磁相互作用，抵消了晶体场效应，使得它的$\chi_M T$在高温阶段保持不变。而由于直流和交流磁化率均表明配合物**9**的链间为反铁磁相互作用，因此**9**中的铁磁相互作用必然是链内的。在1.8K，抗磁稀释样品的$\chi_M T$均远大于零，也表明抗磁稀释极大地削弱了链间的反铁磁偶极作用，使得反铁磁有序消失，而它们的χ_M对T曲线未展现出峰值，也验证了这一结论。

对于1∶10稀释样品，其在零直流场下的变温交流磁化率依然没有峰值出现（图6.13)，可能表明其中的量子隧穿过程没有得到有效抑制。保持温度在2.0K不变，我们测试了其在200～3000Oe外加直流场下的变频交流磁化率，结果如图6.14所示，与未稀释样品截然不同的是，此处虚部信号不再呈现双弛豫行为，而是在190Hz附近出现单一的峰值，表明稀释后的自旋弛豫速率要比未稀释样品中的慢弛豫速率快得多。此外，稀释样品中的虚部峰值呈现先向低频区域后向高频区域移动的走势，表明量子隧穿与直接过程同时存在。利用τ对H曲线求得最优场为1.0kOe。

配合物**9**的1∶10抗磁稀释样品在1.0kOe直流场下的变频交流磁化率结果如图6.15所示，它的虚部展现出典型的慢磁弛豫行为。其Cole-Cole图[图6.15(b)]呈现良好的半圆形，表明弛豫时间的分布较窄。用单一弛豫的德拜模型拟合得到的结果见表6.8，其中α在所测温度区间内小于0.12。

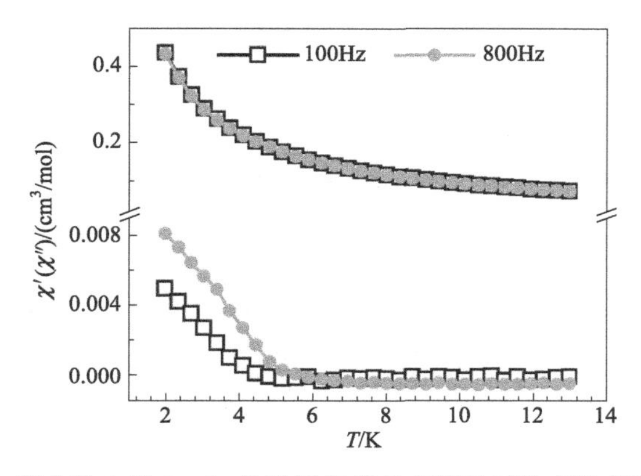

图 6.13　配合物 **9** 的 1∶10 抗磁稀释样品在零场下的变温交流磁化率

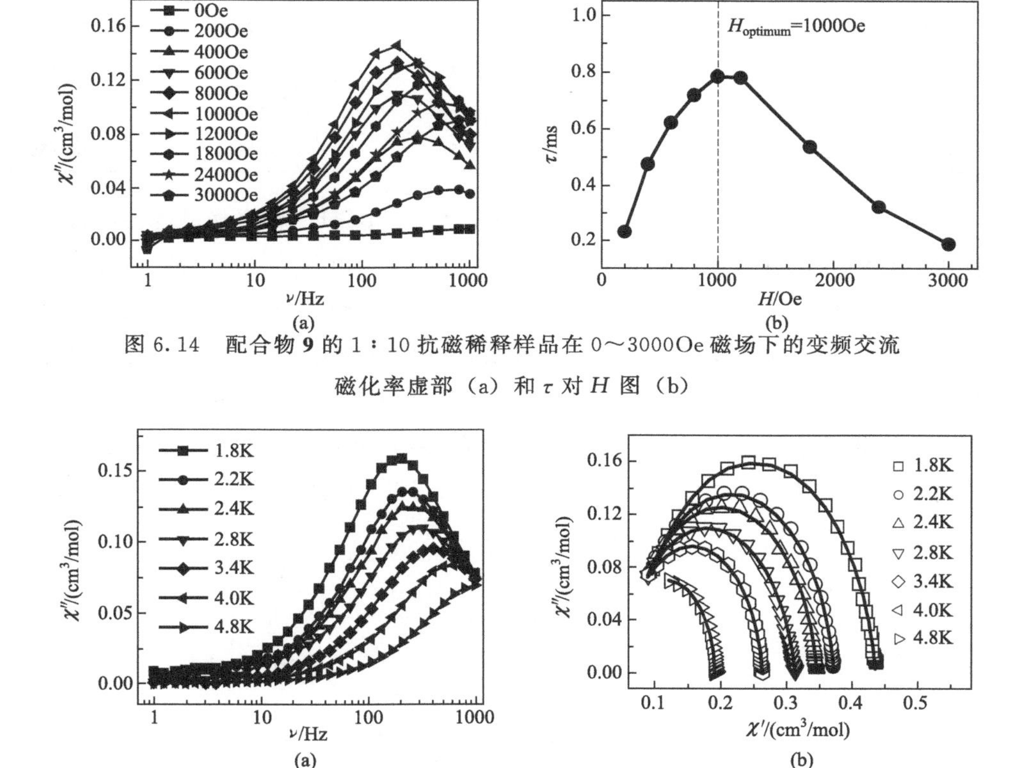

图 6.14　配合物 **9** 的 1∶10 抗磁稀释样品在 0～3000Oe 磁场下的变频交流磁化率虚部（a）和 τ 对 H 图（b）

图 6.15　配合物 **9** 的 1∶10 抗磁稀释样品在 1000Oe 磁场下的变频交流磁化率虚部（a）和相应的 Cole-Cole 图（b）[图中实线为基于广义德拜模型的拟合结果]

表 6.8　配合物 9 的 1∶10 抗磁稀释样品的 Cole-Cole 图的拟合参数

T/K	χ_T/(cm^3/mol)	χ_S/(cm^3/mol)	τ/ms	α
1.8	0.0674953	0.434897	0.798187	0.0915729
2.0	0.0634803	0.399410	0.718832	0.0884892
2.2	0.0589891	0.371807	0.651746	0.0907762

续表

T/K	χ_T/(cm^3/mol)	χ_S/(cm^3/mol)	τ/ms	α
2.4	0.0555555	0.345850	0.591539	0.0910207
2.6	0.0511848	0.327829	0.544645	0.106126
2.8	0.0483661	0.312619	0.505373	0.116258
3.0	0.0482219	0.295029	0.466460	0.107119
3.2	0.0502533	0.278671	0.428143	0.0819636
3.4	0.0502263	0.262731	0.384307	0.0636999
3.6	0.0493820	0.250515	0.341378	0.0532485
3.8	0.0465524	0.237326	0.296213	0.0420521
4.0	0.0469655	0.226376	0.260740	0.0353487
4.2	0.0455616	0.216548	0.227499	0.0348066
4.4	0.0452455	0.207267	0.200470	0.0304035
4.6	0.0456235	0.198917	0.176327	0.0286245
4.8	0.0443711	0.191329	0.152780	0.0290668
5.0	0.0422393	0.184086	0.131190	0.0291655

为了确定奥巴赫过程、拉曼过程和直接过程在1∶10抗磁稀释样品的慢磁弛豫行为中的作用，我们首先根据Cole-Cole图的拟合结果，绘制出 $\ln\tau$ 对 $\ln T$ 图。如图6.16所示，$\ln\tau$ 对 $\ln T$ 的图在3.5K前后呈现出两段斜率不同的近线性相关，低温区的斜率为1.04，表明该弛豫行为应属于直接过程；高温区的斜率接近3.14，在拉曼过程的合理范围内，但由于该区域的温度区间较窄，近线性的关系并不能排除它属于奥巴赫过程的可能。因此，我们分别采用包含拉曼过程和直接过程的式(6.2) 和包含奥巴赫过程和直接过程的式(6.3) 对上述 $\ln\tau$ 对 $\ln T$ 图（图6.17）进行了拟合。

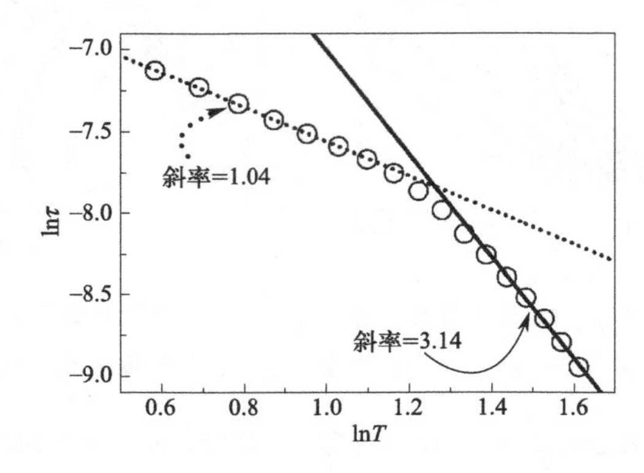

图6.16 配合物**9**的1∶10抗磁稀释样品在1000Oe磁场下的 $\ln\tau$ 对 $\ln T$ 图

（实线和虚线分别是对高温和低温区域数据的线性拟合结果）

$$\tau^{-1}=CT^n+AT \tag{6.2}$$

$$\tau^{-1}=\tau_0^{-1}(-U_{eff}/kT)+AT \tag{6.3}$$

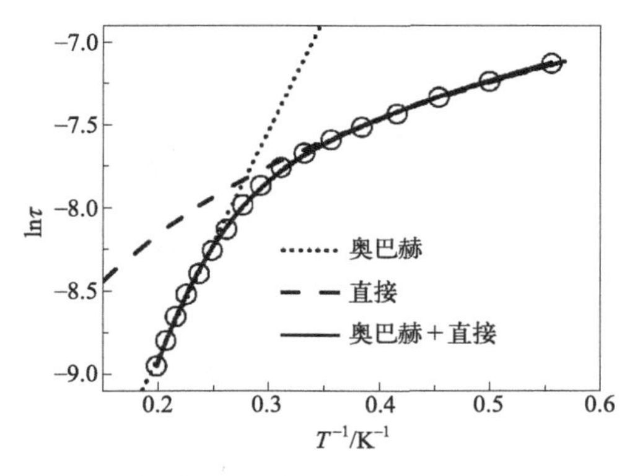

图 6.17　配合物**9**的 1∶10 抗磁稀释样品在 1000Oe 磁场下的 $\ln\tau$ 对 T^{-1} 图

［实线、虚线和点线为基于式（6.3）的拟合结果］

尽管两种拟合方式都可以很好地重现实验数据。但根据式(6.2）的拟合给出的拉曼弛豫的指数为 7，显著大于 $\ln\tau$ 对 $\ln T$ 图在该区间的斜率，说明该拟合结果不够合理；而以式(6.3）拟合给出的数据（$U_{eff}=28\mathrm{K}$，$\tau_0=8\times10^{-7}$，$A=692\mathrm{s}^{-1}\mathrm{K}^{-1}$）和相应的曲线与实验数据均吻合得很好，给出的奥巴赫过程的 τ_0 在超顺磁范围内，表明该拟合结果更符合实际的弛豫行为，因此我们确定：配合物**9**在抗磁稀释后，其保留的弛豫行为在低温下由直接过程主导，在高温下由奥巴赫过程主导。而由于直到 1.8K，1∶10 稀释样品的 $\ln\tau$ 对 T^{-1} 图也未达到水平，说明量子隧穿过程在外加直流磁场和抗磁稀释的共同作用被有效地抑制了。

配合物**9**的 1∶20 的抗磁稀释样品的测试结果与 1∶10 稀释样品的结果非常相似（图 6.18～图 6.21，表 6.9），交流磁化率的峰值向低频只有很少量地移动，表明量子隧穿过程得到更加有效的抑制。对 $\ln\tau$ 对 T^{-1} 图的拟合给出的参数为：$U_{eff}=28\mathrm{K}$，$\tau_0=8\times10^{-7}$，$A=672\mathrm{s}^{-1}\mathrm{K}^{-1}$，与 1∶10 稀释样品的拟合结果基本一致，这样的结果表明 Tb^{3+} 之间已经被 Y^{3+} 近乎完全孤立，而进一步稀释则没有必要。

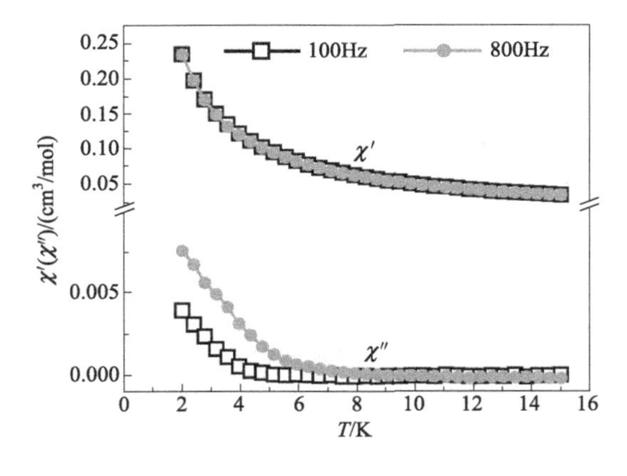

图 6.18　配合物**9**的 1∶20 抗磁稀释样品在零场下的变温交流磁化率

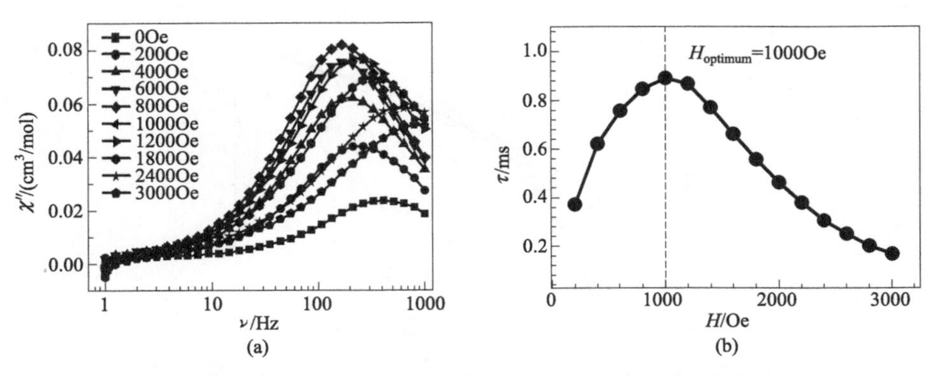

图 6.19　配合物 **9** 的 1∶20 抗磁稀释样品在直流磁场下的变频交流磁化率虚部（a）和 τ 对 H 图（b）

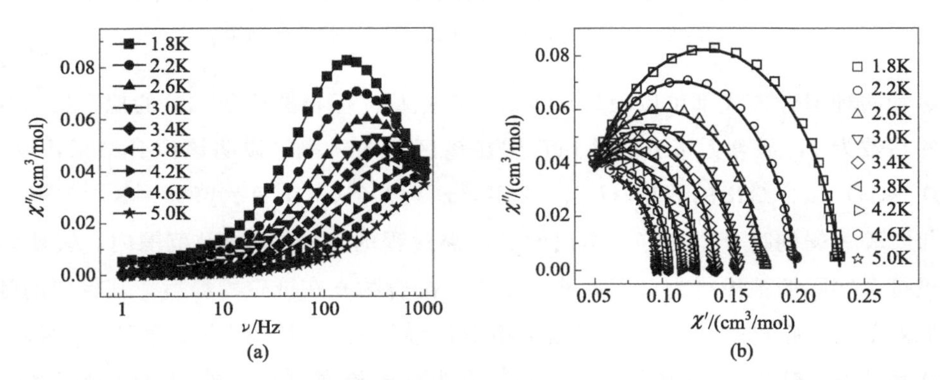

图 6.20　配合物 **9** 的 1∶20 抗磁稀释样品在 1000Oe 磁场下的变频交流磁化率虚部（a）和 Cole-Cole 图（b）［图中实线为基于广义德拜模型的拟合结果］

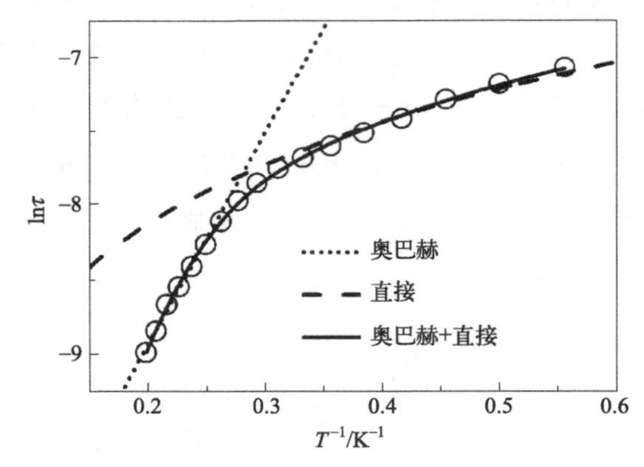

图 6.21　配合物 **9** 的 1∶20 抗磁稀释样品的 $\ln\tau$ 对 T^{-1} 图［实线、虚线和点线为基于式(6.3) 的拟合结果］

表 6.9　配合物 9 的 1∶20 抗磁稀释样品的 Cole-Cole 图的拟合参数

T/K	χ_T/(cm^3/mol)	χ_S/(cm^3/mol)	τ/ms	α
1.8	0.032898	0.232121	0.851498	0.121287
2.0	0.0307937	0.213939	0.759117	0.118465
2.2	0.0299013	0.198865	0.683727	0.115617

续表

T/K	χ_T/(cm^3/mol)	χ_S/(cm^3/mol)	τ/ms	α
2.4	0.0259339	0.186432	0.601041	0.132422
2.6	0.0251773	0.175752	0.54684	0.145881
2.8	0.0245031	0.166035	0.501246	0.147258
3.0	0.0257946	0.156384	0.464180	0.129202
3.2	0.0272530	0.147941	0.430224	0.110277
3.4	0.0280908	0.139648	0.390173	0.0855779
3.6	0.0280096	0.132211	0.345692	0.0672208
3.8	0.0272208	0.125607	0.301435	0.0570878
4.0	0.0253931	0.119838	0.258646	0.0555202
4.2	0.0238531	0.114380	0.223689	0.0506693
4.4	0.0234513	0.109512	0.195740	0.0450827
4.6	0.0243265	0.105016	0.174130	0.0377548
4.8	0.0216424	0.100088	0.145767	0.0417930
5.0	0.0210595	0.0962060	0.126305	0.0373844

稀释前后，配合物**9**的慢磁弛豫行为发生了明显的变化：①由稀释前的双弛豫变为稀释后的单弛豫；②在1.8K和1.0kOe直流场下，稀释前的慢弛豫的峰值处于3.5Hz，快弛豫过程峰值在1000Hz之上，而稀释后的弛豫过程的峰值在190Hz；③稀释前的慢弛豫过程是通过奥巴赫和量子隧穿机理进行的，未涉及直接过程，快弛豫过程则无法得到精确结果，稀释后的弛豫过程是由直接过程和拉曼过程的机理进行的。由于Tb^{3+}处于一维“之”字形链中，从磁结构分析上来看，抗磁稀释对其的影响主要体现在两方面：①消除链间和链内的Tb…Tb偶极相互作用，即一般的分子间相互作用；②磁耦合作用连接的一维链结构被破坏，成为R′—Tb—R的孤立单元（图6.22，R′—Tb之间通过酯基氧连接，Tb—R之间通过NO基团连接）。但需要注意的是，由于自由基自旋载体并没有被稀释，链内的NO基团与Tb^{3+}之间的偶极相互作用依旧存在。因此，稀释后的弛豫行为显然是R′—Tb—R单元所表现出的，而根据之前报道的研究成果，这种单元确实可以呈现慢磁弛豫行为，且一般能垒都较低（U_{eff}<30K）。从稀释对弛豫影响的角度考虑，分子间的偶极相互作用一般会诱导量子隧穿过程，而通过稀释可以有效抑制这一因素从而使弛豫速率减慢，这显然与稀释前后观察到的现象不符合。因此我们认为，稀释前的慢弛豫过程是由R′—Tb—R单元和链内的磁耦合或偶极作用引起的，而抗磁离子的引入阻断了磁耦合和偶极作用的传递，因而使这一弛豫行为改变为R′—Tb—R单元的特征弛豫。

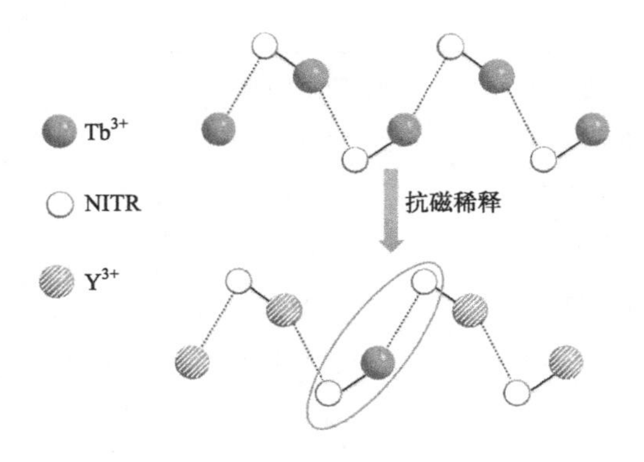

图 6.22　抗磁稀释对配合物 **9** 的磁结构的影响

6.3.3　配合物 10 的磁性研究

（1）静态磁学行为

配合物 **10** 在 1.0kOe 直流场下的变温磁化率如图 6.23(a) 所示，室温下的 $\chi_M T$ 值为 14.65(cm^3 · K)/mol，与未耦合的一个 Dy^{3+} 加上一个自由基自旋的理论 $\chi_M T$ 值 14.55(cm^3 · K)/mol 相接近。随着温度的降低，$\chi_M T$ 下降的速度不断加快，在 1.8K 处达到最小值 4.99(cm^3 · K)/mol。其在 2.0K 下的磁化曲线如图 6.23(b) 所示，在低场区域，磁化强度与磁场基本呈线性相关，表明反铁磁相互作用主导，磁化强度在 70.0kOe 下达到最大值 5.94Nβ，若假设 Dy^{3+} 的基态为 $m_J=\pm 15/2$ 且具有 Ising 各向异性，则 Dy^{3+} 的饱和磁矩为 5.0Nβ，而自旋平行的一个 Dy^{3+} 和一个自由基分子的理论饱和磁矩为 6.0Nβ，**10** 的饱和磁矩非常接近于此理论值，表明 **10** 中的 Dy^{3+} 基态为 $m_J=\pm 15/2$ 且具有近 Ising 各向异性。

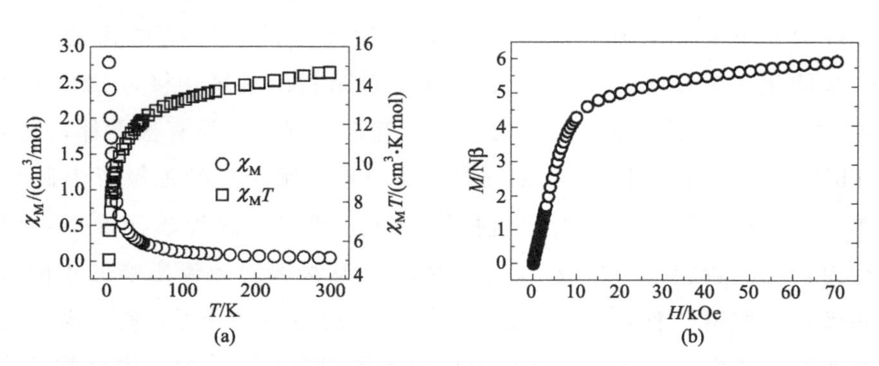

图 6.23　配合物 **10** 在 1000Oe 场下的变温直流磁化率（a）和在 2.0K 下的变场磁化强度（b）

（2）动态磁学行为

配合物 **10** 在零直流场下的变温交流磁化率如图 6.24 所示，其实部和虚部信号均没有峰值或频率依赖行为出现，表明配合物 **10** 在 1.8K 之上处于顺磁态，这可能是由于其中存在不可忽略的横向磁各向异性导致的。

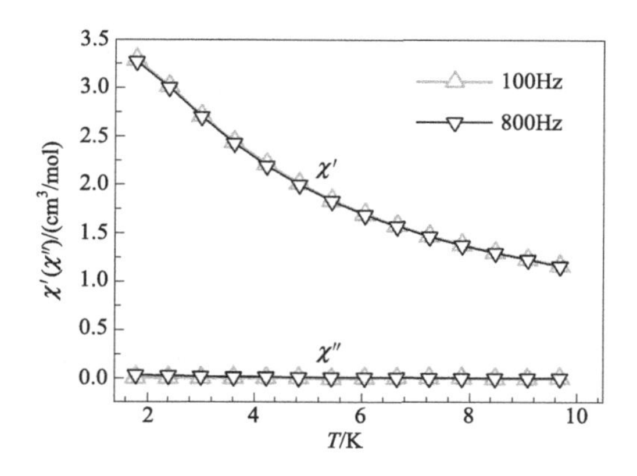

图 6.24　配合物 **10** 在零直流场下的变温交流磁化率

参考文献

[1] Benelli C，Caneschi A，Galleschi D，et al. Structure and magnetic properties of a gadolinium hexafluoroacetylacetonate adduct with the radical 4，4，5，5-tetramethyl-2-phenyl-4，5-dihydro-1H-imidazole 3-Oxide 1-Oxyl. Angew Chem Int Ed，1987，26（9）：913-915.

[2] Benelli C，Caneschi A，Gatteschi D，et al. Magnetic properties of lanthanide complexes with nitronyl nitroxides. Inorg Chem，1989，28（2）：272-275.

[3] Benelli C，Caneschi A，Gatteschi D，et al. One-dimensional magnetism of a linear chain compound containing yttrium（Ⅲ）and a nitronyl nitroxide radical. Inorg Chem，1989，28（16）：3230-3234.

[4] Benelli C，Gatteschi D. Magnetism of lanthanides in molecular materials with transition-metal ions and organic radicals. Chem Rev，2002，102（6）：2369-2388.

[5] Benelli C，Caneschi A，Gatteschi D，et al. Magnetic ordering in a molecular material containing dysprosium（Ⅲ）and a nitronyl nitroxide. Adv Mater，1992，4（7-8）：504-505.

[6] Bogani L，Sangregorio C，Sessoli R，et al. Molecular engineering for single-chain-magnet behavior in a one-dimensional dysprosium-nitronyl nitroxide compound. Angew Chem Int Ed，2005，44（36）：5817-5821.

[7] Han T，Shi W，Niu Z，et al. Magnetic blocking from exchange interactions：slow relaxation of the magnetization and hysteresis loop observed in a dysprosium-nitronyl nitroxide chain compound with an antiferromagnetic ground state. Chem Eur J，2013，19（3）：994-1001.

[8] Benelli C，Caneschi A，Gatteschi D，et al. Magnetic interactions and magnetic ordering in rare earth metal nitronyl nitroxide chains. Inorg Chem，1993，32（22）：4797-4801.

[9] 韩甜．低维稀土分子基磁体的组装及磁性调控．天津：南开大学化学学院，2013.

[10] Liu R，Li L，Wang X，et al. Smooth transition between SMM and SCM-type slow relaxing dynamics for a 1-D assemblage of {Dy（nitronyl nitroxide)$_2$} units. Chem Commun，2010，46（15）：2566-2568.

[11] Fokin S，Ovcharenko V，Romanenko G，et al. Problem of a wide variety of products in the Cu（hfac)$_2$-nitroxide system. Inorg Chem，2004，43（3）：969-977.

[12] Muetterties E L, Guggenberger L J. Idealized polytopal forms. Description of real molecules referenced to idealized polygons or polyhedra in geometric reaction path form. J Am Chem Soc, 1974, 96 (6): 1748-1756.
[13] Poneti G, Bernot K, Bogani L, et al. A rational approach to the modulation of the dynamics of the magnetisation in a dysprosium-nitronyl-nitroxide radical complex. Chem Commun, 2007, 18: 1807-1809.
[14] Carlin R L. Magnetochemistry. Berlin: Springer Verlag, 1986.
[15] Guo Y N, Xu G F, Guo Y, et al. Relaxation dynamics of dysprosium (Ⅲ) single molecule magnets. Dalton Trans, 2011, 40 (39): 9953-9963.
[16] Rinehart J D, Long J R. Slow magnetic relaxation in a trigonal prismatic uranium (Ⅲ) complex. J Am Chem Soc, 2009, 131 (35): 12558-12559.
[17] Meihaus K R, Rinehart J D, Long J R. Dilution-induced slow magnetic relaxation and anomalous hysteresis in trigonal prismatic dysprosium (Ⅲ) and uranium (Ⅲ) complexes. Inorg Chem, 2011, 50 (17): 8484-8489.

第7章

氧桥联的一维稀土“之”字链体系

由于稀土离子之间的磁耦合作用通常较弱，且一维体系中稀土离子的配体场难以控制和修饰，因此目前关于高性能的一维稀土分子纳米磁体的报道仍非常少。另外，稀土一维体系中的磁耦合相互作用和稀土单离子效应也使得其磁行为研究相较于单离子磁体更为困难。

为了构筑具有磁弛豫行为的稀土一维链配合物，提高稀土离子之间的磁耦合作用是必要的，而配体的选择就尤为重要。不同的桥联配体可以传递不同的磁相互作用，如铁磁、反铁磁和亚铁磁等磁相互作用。在众多桥联配体中，单原子桥通常可以传递较强的磁相互作用，甚至展现出慢磁弛豫行为，具有较高的研究意义[1,2]。其中，氧单原子桥，尤其是羧基氧原子，是最常被用来构筑分子基铁磁体的桥联配体，但是研究表明羧基配体并不能很好地传递磁相互作用[3,4]。利用水氧原子作为单原子桥的文献报道却是十分罕见[5]。本章在偶然的情况下得到了三例 μ_2-OH/H_2O 单氧桥联的一维稀土链配合物：$[Ln(NB)_2(Phen)(\mu_2\text{-}OH)(\mu_2\text{-}H_2O)]_n$ [Ln＝Gd(**11**)；Tb(**12**)；Dy(**13**)，HNB＝4-硝基苯甲酸，Phen＝1,10-菲罗啉]，并对它们进行了磁学性质的研究。

7.1 配合物 11~13 的设计与合成

(1) 试剂与仪器

本节研究所采用的主要实验试剂和仪器见表 7.1。

表 7.1 合成所需的试剂与仪器

试剂/仪器	纯度/型号	生产厂家
4-硝基苯甲酸(HNB)	98%	上海阿拉丁生化科技股份有限公司
1,10-邻菲罗啉(Phen)	97.8%	天津市光复科技发展有限公司
六水合硝酸钆	>99.99%	以氧化钆为原料自制
六水合硝酸铽	>99.99%	以七氧化四铽为原料自制
六水合硝酸镝	>99.99%	以氧化镝为原料自制
无水乙醇	99.5%	天津市康科德科技有限公司
乙腈	99.9%	天津市康科德科技有限公司
不锈钢反应釜	25mL，316 不锈钢	济南恒化科技有限公司
恒温鼓风干燥箱	DHG-9203A	天津三水科技有限公司

(2) 分子设计与合成

① 分子设计

在本部分研究工作中，我们以 4-硝基苯甲酸（HNB）和 1,10-邻菲罗啉（Phen）为配体（图 7.1），体积比为 4∶1 的水和乙醇混合溶剂为介质，在水热条件下，合成了三

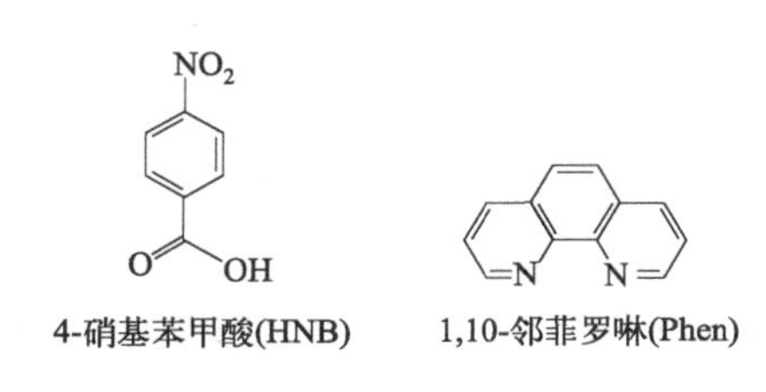

图 7.1 合成配合物 **11～13** 所采用的配体

个同构的一维稀土配合物 **11～13**，其中氢氧根和水分子充当了桥联配体，而脱质子的 NB^- 和 Phen 则均充当端基配体。需要明确的是，在最初的分子设计中，HNB 是作为构建一维链结构的桥联配体引入的，作为单羧酸配体，它可以有效地避免链结构在其它方向的扩展，即避免二维层状甚至三维框架结构的形成。HNB 配体中对位的硝基一方面可以与溶剂中的水和乙醇形成氢键，提高配体在溶剂中的溶解性，使配合物的形成反应更容易进行，另一方面也起到增长配体尺寸，避免因苯环间的 $\pi\cdots\pi$ 堆积作用而使链与链过于靠近的作用，从而减弱链之间的磁相互作用，以阻止目标化合物在低温下呈现三维磁有序。Phen 则完全是作为链终止试剂引入的，由于 N 原子与稀土离子的亲和力较小，单齿 N—杂环配体与稀土离子间难以形成稳定的配位作用，而 Phen 则可以通过形成双齿螯合配位模式使其稳定化，且它不会构成桥联配位模式，从而可以直接在特定方向阻止配合物在维度上的扩展，提高得到一维链结构的可能性。

与预期不同的是，在最终所得的配合物中，NB^- 并没有起到桥联作用，而是作为单齿端基配体与稀土离子配位，取而代之的是氢氧根离子和水分子。需要明确的是，**11～13** 的得到具有很大的偶然性。虽然氢氧根离子与稀土离子具有较强的亲和性，但为了得到氢氧根配位的稀土配合物，溶液的 pH 一般需要为弱碱性，以提高氢氧根离子的浓度，增强它相对于羧酸配体的配位竞争力。但在这种条件下，一方面，氢氧根容易与稀土离子直接结合形成氢氧化物沉淀，另一方面，氢氧根离子较小的体积和较强的碱性使得它容易桥联多个稀土离子形成多核簇合物，而非一维稀土链。因此，在当前的配位化学研究中，还没有有效的策略能够有针对性地以氢氧根离子与其它有机配体混配合成特定构型的配合物。相对于氢氧根离子，水分子作为桥联配体的稀土配合物则更为稀有，作为路易斯碱性较弱的中性配体，水分子更倾向于充当端基配体，而非桥联配体。截至 2022 年 12 月 4 日，从剑桥晶体数据中心（CCDC，Cambridge Crystallographic Data Centre）中查询到的以水分子为桥联配体的 Dy 配合物仅有 39 例，其中大部分为多核簇合物。据我们所知，此处所报道的 **11～13** 是目前见诸报道的唯一一类以氢氧根和水分子为桥联配体的一维稀土配合物。

而之所以能够得到这样的一类结构特殊的一维稀土配合物，我们认为除了配体的选择外，更重要的是反应介质酸碱性的控制。酸性过强，介质中难以产生足够多的氢氧根离子，有机羧酸将更可能充当桥联配体，而碱性过强，则容易形成氢氧化物沉淀或多核簇型配合物。对比 HNB、Phen 与金属在原料和产物中的比例，可以发现 Phen 相对于金属是过量了 1 当量的。作为弱的有机碱，Phen 的过量或许正是使溶液中产生恰好浓度的氢氧根离子的关键。实际上，当按照产物中 Phen 与金属的比例配制原料时，将无法得到原有产物，也说明过量的 Phen 对于 **11**～**13** 的形成起到关键的作用。

② 合成方法

本章所报道的三个一维稀土配合物为同构化合物，除了所采用的稀土金属不同外，合成所涉及的试剂、方法和条件均相同，具体方法为：将 $LnCl_3 \cdot 6H_2O$ (0.1mmol)、4-硝基苯甲酸 (0.1mmol，0.0167g)、1,10-邻菲罗啉 (0.3mmol，0.0540g)、2mL 乙醇和 8mL H_2O 加到聚四氟乙烯内衬中，搅拌 30min 后，密封并将内衬置于不锈钢反应釜内胆中，密封之后放入 120℃烘箱中恒温三天，然后以 2℃/h 的速率降至室温，得到淡黄色块状晶体。过滤，并用少量乙醇洗涤晶体 3 次，置于空气中晾干并收集。基于稀土金属的产率分别为：**11**，43%；**12**，41%；**13**，42%。

7.2 配合物 11~13 的表征

7.2.1 单晶 X 射线衍射分析

单晶 X 射线单晶衍射解析表明，配合物 **11**～**13** 为同构，表 7.2 列出了相应的晶胞参数及其它必要的晶体学精修参数，此处选择配合物 **13** 为代表进行结构描述。

表 7.2 配合物 11～13 的晶体数据和结构精修参数

晶胞参数和精修参数	配合物 11	配合物 12	配合物 13
分子式	$GdC_{26}H_{16}N_4O_{10}$	$TbC_{26}H_{16}N_4O_{10}$	$DyC_{26}H_{16}N_4O_{10}$
相对分子质量	701.68	703.35	706.93
测试温度/K	132(2)	132(2)	132(2)
晶系	正交	正交	正交
空间群	*Pnma*	*Pnma*	*Pnma*
a/Å	7.4138(6)	7.3840(3)	7.3488(4)
b/Å	30.290(2)	30.4443(11)	30.4051(16)
c/Å	11.3246(11)	11.2930(4)	11.2728(4)
α/(°)	90.00	90.00	90.00
β/(°)	90.00	90.00	90.00
γ/(°)	90.00	90.00	90.00
晶胞体积/$Å^3$	2543.1(4)	2538.67(16)	2518.8(2)

续表

晶胞参数和精修参数	配合物 **11**	配合物 **12**	配合物 **13**
Z	4	4	4
理论密度/(g/cm^3)	1.833	1.840	1.864
μ / mm^{-1}	2.676	2.854	3.035
F(000)	1376.0	1380.0	1384.0
收集的衍射数据	5750	6177	6247
独立的衍射数据	2286	2281	2264
R_{int}	0.0302	0.0385	0.0670
GOOF 值	1.172	1.097	1.076
R_1, wR_2([$I>2\sigma(I)$])	0.0325, 0.0727	0.0321, 0.0683	0.0411, 0.0841
R_1, wR_2(所有数据)	0.0365, 0.0751	0.0370, 0.0709	0.0512, 0.0931

配合物 **13** 结晶于正交晶系，空间群为 Pnma。其最小不对称单元由 1/2 个晶体学独立的 Dy^{3+} 离子、1/2 个 OH^- 离子、1/2 个 H_2O 分子、1/2 个 Phen 和 1 个 NA^- 组成。如图 7.2 (a) 所示，在 **13** 的晶体结构中，NA^- 和 Phen 作为端基配体分别以单齿和双齿螯合方式与 Dy^{3+} 配位，而 OH^- 和 H_2O 则作为桥联配体连接 Dy^{3+} 离子（O1 代表 OH^-，O2 代表 H_2O），且相邻的 Dy^{3+} 均通过一对 OH^- 和 H_2O 桥联，形成沿晶体学 a 轴方向延伸的一维“之”字形链结构，链内相邻的 Dy^{3+} 的直线距离为 3.878Å。值得注意的是，所有的桥联氧原子和 Dy^{3+} 都位于与晶体学 ac 面平行的平面内，同时也充当一维链和整个超分子结构的对称面[图 7.2(b)]。在桥联平面内，由 OH^- 离子和 H_2O 分子桥联形成的 Dy—O—Dy 的键角分别为 118.10°和 103.46°，形成的两个 Dy—O1 键长分别为 2.221Å 和 2.291Å，两个 Dy—O2 键长分别为 2.420Å 和 2.509Å，显然

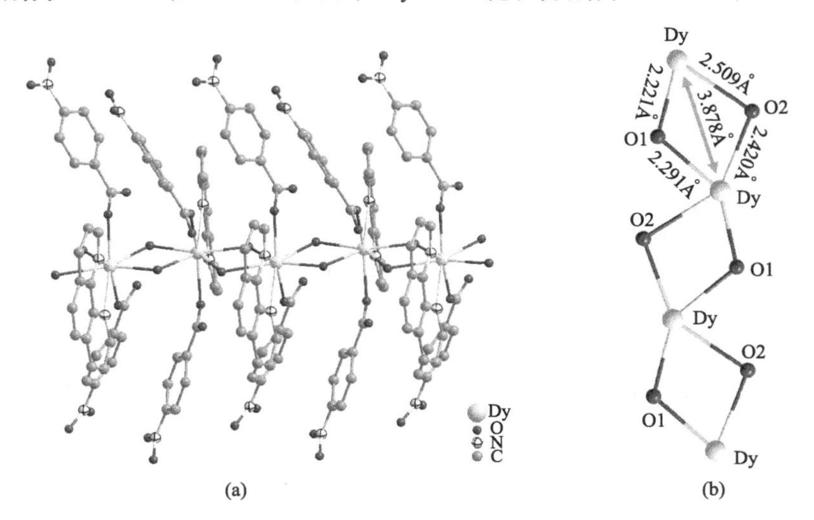

图 7.2　配合物 **13** 的一维链结构图 (a) 和 Dy^{3+} 通过一对水氧桥联和 Dy^{3+} 之间形成的键长和键角 (b)

OH^-中O上带有更多的负电荷，使得它与稀土离子的结合更加紧密，形成的配位键也更短。在桥联平面外，NA^-所构成的Dy—O键长为2.513Å，比Dy—O(H_2O) 键还要略长，Phen与Dy^{3+}形成的Dy—N键（2.589Å）则显著长于所有的Dy—O键。从配位构型上看，Dy^{3+}处于六个氧原子和两个氮原子形成的扭曲十二面体配位场中，SHAPE 2.0软件计算结果表明，中心Dy^{3+}的配体场具有接近理想的D_{2d}对称性（图7.3和表7.3）。

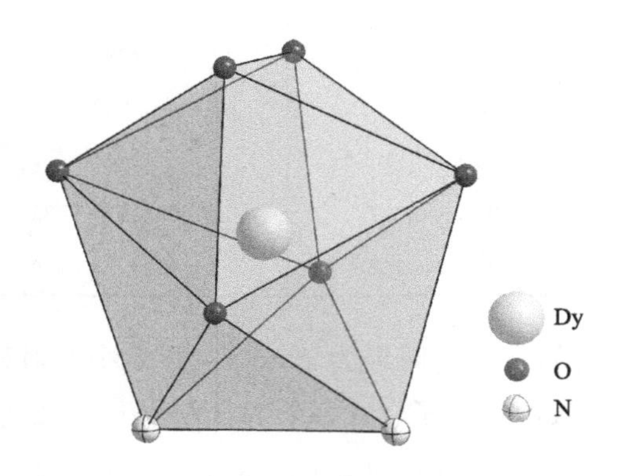

图7.3　配合物**13**中Dy^{3+}的配位多面体构型

表7.3　SHAPE软件对配合物13中Dy^{3+}进行几何构型分析结果

Dy^{3+}	S值
D_{2d}(三角十二面体)	0.681
C_{2v}(双增三棱柱)	2.468
D_{4d}(四方反棱柱)	3.365

注：通过SHAPE软件计算得到的偏离值S值越大，说明配合物的结构偏离理想对称构型越大。

图7.4为配合物**13**的堆积结构图。从图中可以看出，相邻的链主要通过Phen之间的π…π堆积作用互锁在一起，构成了最终的三维超分子结构，堆积结构不存在任何溶剂分子。链间Dy^{3+}与Dy^{3+}的最短距离为11.27Å，表明链间的磁偶极作用基本可以忽略。

7.2.2　红外光谱

如图7.5所示，配合物**11**～**13**的红外谱图大体一致。在3447cm^{-1}处的强且宽的吸收峰为O—H的特征伸缩振动吸收峰，由于所有的HNA都脱质子转化为NA^-，该吸收峰的存在佐证了H_2O或O—H的存在。羧基的反对称（ν_{as}）和对称振动吸收峰（ν_s）分别位于1632cm^{-1}和1396cm^{-1}处，两者的差值－236cm^{-1}大于200cm^{-1}，表明羧基采用单齿配位模式。苯环的骨架振动吸收峰位于1584cm^{-1}处。1516cm^{-1}和1346cm^{-1}处的两个强吸收峰，则分别对应于—NO_2的反对称和对称伸缩振动模式。除

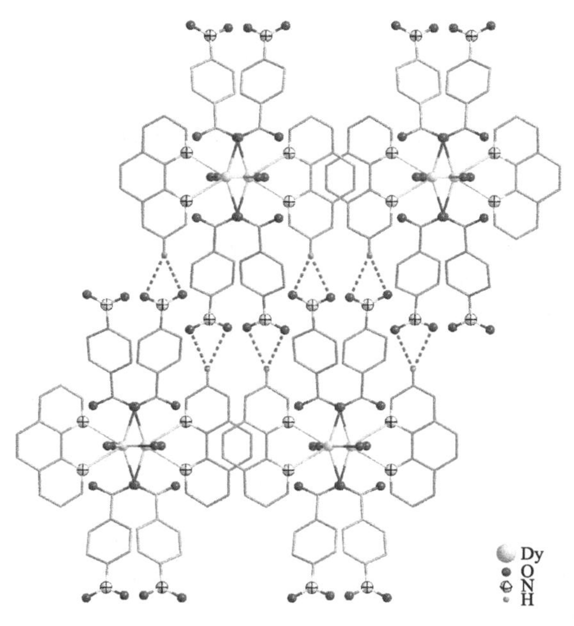

图 7.4 配合物 **13** 的三维堆积结构图（为了清晰起见，C 原子以键线式显示，且只有形成氢键的氢原子被显示出来，虚线代表氢键）

了这些主要的吸收峰外，**11**～**13** 的红外光谱在 1110cm^{-1}、856cm^{-1}、794cm^{-1} 和 723cm^{-1} 等处也展现出了特征的红外吸收。

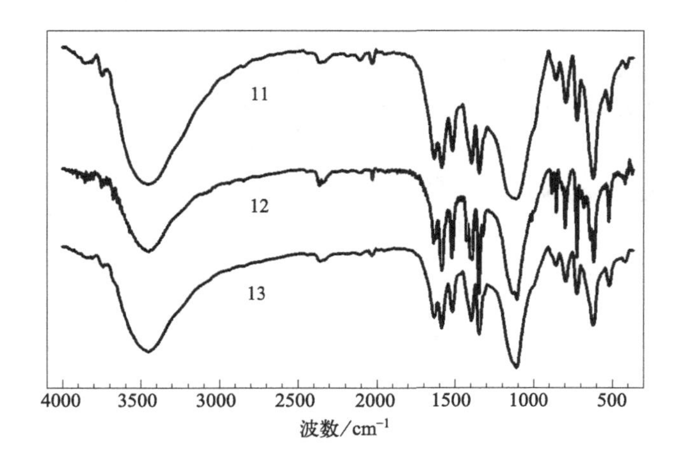

图 7.5 配合物 **11**～**13** 的红外光谱

7.2.3 粉末 X 射线衍射、元素分析和热重分析

为了测定所得批量样品的纯度，对其进行了元素分析和粉末 X 射线衍射测试分析。表 7.4 列出了配合物 **11**～**13** 的元素分析的理论值和实验值，其中理论值是通过单晶 X

射线衍射分析给出的分子式所得。从 C、H 和 N 元素含量的理论值和实验值的对比可以看出，所合成的批量样品的元素组成与理论组成吻合得很好。而从图 7.6(a) 中可以看出，所得批量样品的粉末衍射谱图与用 **13** 的单晶数据模拟的谱图吻合得很好，表明所合成的样品具有很高的相纯度。因此元素分析结果和粉末 X 衍射测试结果共同表明所合成的样品具有很高的纯度。

表 7.4　配合物 11～13 的元素分析测试结果

配合物	质量分数理论值/%			质量分数实验值/%		
	C	H	N	C	H	N
11	44.50	2.30	8.00	44.46	2.65	7.79
12	44.40	2.29	7.94	44.62	2.64	7.72
13	44.17	2.28	7.92	44.20	2.61	7.71

在 N_2 气氛中，测试了配合物 **11**～**13** 在 25～800℃范围内的热重曲线。结果如图 7.6 (b) 所示，配合物 **11**～**13** 在室温至 130℃之间没有重量损失，说明它们可以稳定存在到 130℃，同时也表明配合物 **11**～**13** 中没有游离溶剂分子存在。当温度继续升高，配合物 **11**～**13** 开始逐渐失重且没有明显的平台出现，说明它们开始逐步分解。

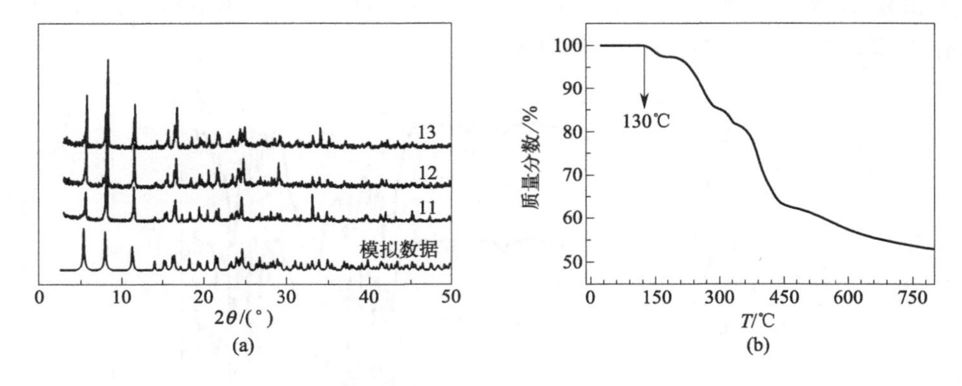

图 7.6　配合物 **11**～**13** 的粉末 X 射线衍射谱图 (a) 和配合物 **11** 的热失重测试结果 (b)

7.3　配合物 11~13 的磁学性质

7.3.1　配合物 11 的磁性研究

配合物 **11** 在 1.0kOe 直流场下的变温磁化率曲线如图 7.7(a) 所示，室温下的

$\chi_M T$ 值为 7.89(cm^3 · K)/mol，与一个孤立 Gd^{3+} ($^8S_{7/2}$) 的理论值 7.88(cm^3 · K)/mol 吻合[6]。$\chi_M T$ 在 300～25K 内几乎保持不变，随着温度的进一步降低，$\chi_M T$ 开始急剧衰减，在 1.8K 时降至 5.24(cm^3 · K)/mol，表明 Gd^{3+} 之间呈反铁磁耦合。由于没有旋轨耦合存在，Gd^{3+} 中不存在磁各向异性，因此可以采用 Fisher 模型[7,8] 对其直流磁化率进行拟合。如图 7.7(a) 所示，拟合数据与实验数据在所测温度范围内吻合得较好，得到的参数：$g=2.006$，$J=-0.078\text{cm}^{-1}$，$zJ'=-1\times10^{-4}\text{cm}^{-1}$，小的 J 值表明链内的 Gd^{3+} 之间的反铁磁相互作用较弱，而如此小的 zJ' 值表明链间的磁相互作用非常弱。配合物 **11** 在 2.0K 下的变场磁化强度如图 7.7(b) 所示。在低场下，磁化强度随着磁场的增长呈近线性增大，是反铁磁作用体系的特征。**11** 在 50kOe 时的磁化强度值为 6.94Nβ，非常接近于一个 Gd^{3+} 的理论饱和磁化强度值 7Nβ。

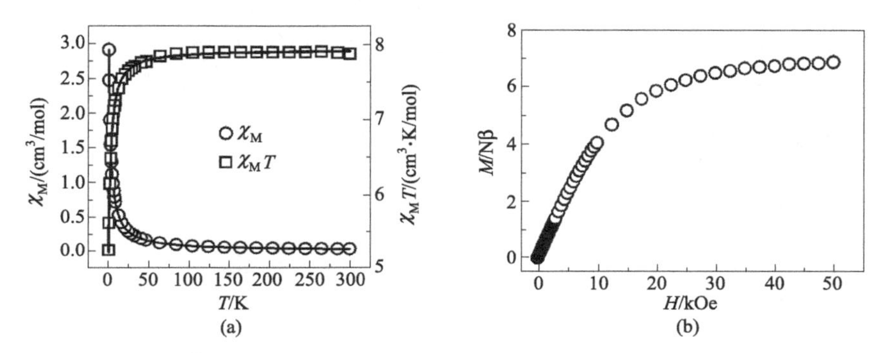

图 7.7　配合物 **11** 在 1000Oe 直流场下的 $\chi_M T\sim T$ 和 $\chi_M\sim T$ 图 (a) 和 2K 下，配合物 **11** 的 $M\sim H$ 曲线 (b)

7.3.2　配合物 12 的磁性研究

(1) 静态磁学行为

配合物 **12** 在 1.0kOe 直流场下的变温磁化率如图 7.8(a) 所示。室温下的 $\chi_M T$ 为 11.85(cm^3 · K)/mol，与一个孤立的 Tb^{3+} ($^7F_6$) 的理论值 11.82(cm^3 · K)/mol 一致[6]。随着温度的降低，$\chi_M T$ 在 50K 之前几乎保持不变，而后开始逐渐下降，并在 15K 时呈现出一个最小值 11.00(cm^3 · K)/mol，在更低温度下，$\chi_M T$ 开始急剧上升，在 1.8K 处达到最大值 17.02(cm^3 · K)/mol。从同构的 Gd^{3+} 配合物的直流磁化率拟合结果可知，这种一维链体系中的链间相互作用几乎可以忽略，因此，此处 $\chi_M T$ 在低温部分的上升显然是由链内的耦合作用引起的，而考虑到链内自旋载体间呈反铁磁耦合，我们推测其中存在自旋倾斜，使得 Tb^{3+} 的磁矩在某一分量方向上得到保留，从而在表观上呈现为铁磁耦合。这种反铁磁耦合和自旋倾斜共同导致的亚铁磁行为在一维稀土-氮氧自由基体系中普遍存在[9,10]，而在其它体系中则鲜有报道。

在铁磁或亚铁磁耦合的一维链体系中，当自旋载体具有一定的单轴各向异性时，它就可以在低温下呈现出类 Ising 链或各向异性交换的 Heisenberge 链行为，即链内将呈现出与经典铁磁体类似的磁畴和畴壁构成，而不同的是，此处的磁畴和畴壁都是在一维方向上延伸的。每个磁畴都包含 ξ 个排列一致的自旋载体，而自旋载体要克服链内耦合作用发生翻转（spin flip）所需的能量为 Δ_ξ，称为相关能垒，它与磁化率之间呈 $\chi T=C\exp(\Delta_\xi/kT)$ 的关系（C 为自旋载体的居里常数，在实际体系中修正为 C_{eff}）。因此，如果以 $\ln(\chi_M T)$ 对 $1/T$ 作图，它们将呈现出线性相关，而直线的斜率值就是相关能垒的大小。此处，我们利用配合物 **12** 的直流磁化率数据做 $\ln(\chi_M T)\sim1/T$ 图，结果见图 7.8(b)。它在 6.3～2.0K 之间呈现明显的线性相关，拟合得到：$\Delta_\xi/k=1.06\text{K}$，$C_{\text{eff}}=9.66(\text{cm}^3\cdot\text{K})/\text{mol}$，表明 **12** 在低温下呈现出类 Ising 链或各向异性交换的 Heisenberge 链行为，而如此小的 Δ_ξ/k 值表明 Tb^{3+} 之间的耦合作用较弱[11,12]。在更低温下，$\ln(\chi_M T)\sim1/T$ 开始逐渐偏离线性相关，表明链间的偶极-偶极相互作用开始发挥影响，使得链不再是磁孤立的，与文献已报道的结果相比，**12** 中 $\ln(\chi_M T)\sim1/T$ 直到 1.8K 附近才开始偏离线性相关，表明链间相互作用非常弱，同时也间接验证了我们之前关于 Tb^{3+} 存在自旋倾斜的推测。

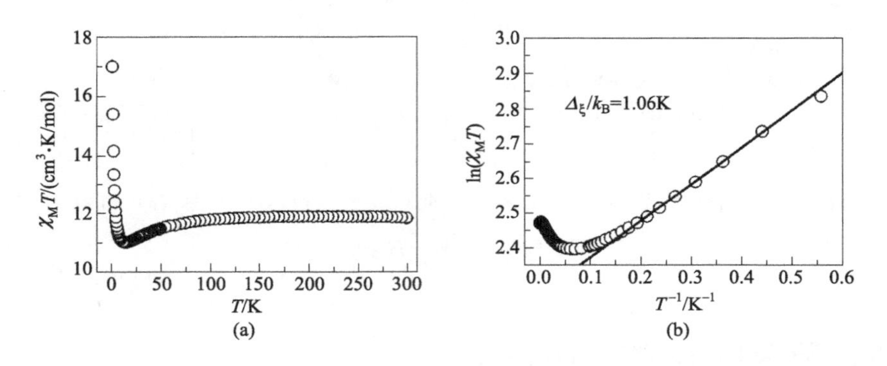

图 7.8 配合物 **12** 在 1000Oe 直流场下的 $\chi_M T\sim T$ 图（a）和配合物 **12** 的 ln（$\chi_M T$）～T^{-1} 图（b）

配合物 **12** 在 2.0K 下的 $M\sim H$ 曲线如图 7.9 所示，50kOe 时磁化强度为 5.61Nβ，远小于一个 Tb^{3+} 的 gJ 值（9Nβ），表明体系中的 Tb^{3+} 具有大的磁各向异性或者低激发态布居。

（2）动态磁学行为

在零直流场下和 1.8～13K 范围内，对配合物 **12** 进行了交流变温磁化率测试。结果如图 7.10 所示。交流磁化率的虚部信号在 5K 以下表现出明显的频率依赖性，但没有峰值出现，表明其中存在慢磁弛豫行为，但主要是通过量子隧穿机理进行的。用交流磁化率实部数据作 $\ln(\chi'_M T)\sim1/T$ 图，它在 4.0～2.0K 之间也呈现出了线性相关，拟合得到：$\Delta_\xi/k=1.42\text{K}$，$C_{\text{eff}}=10.83(\text{cm}^3\cdot\text{K})/\text{mol}$，表明这一弛豫过程属于单链磁体行为。而由于弛豫速率较快，我们无法在 2.0K 以上观察到其峰值。

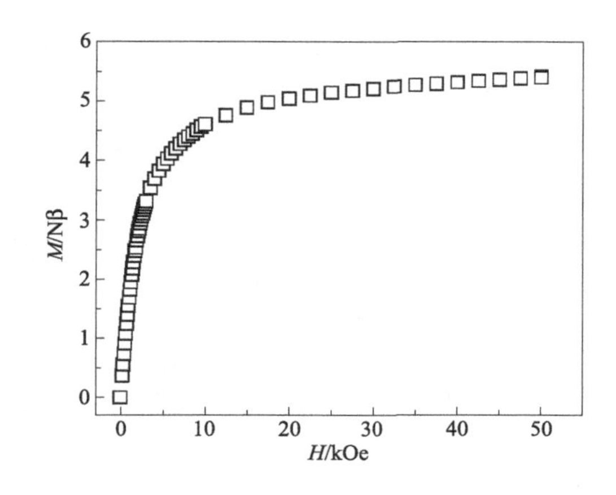

图 7.9　配合物 **12** 在 2K 下的 $M \sim H$ 曲线

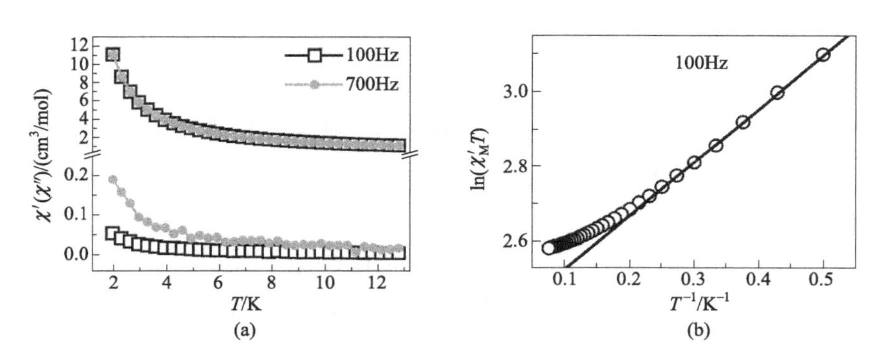

图 7.10　在零直流场下，配合物 **12** 在 1.8～13K 温度范围内的交流磁化率（a）和 $\ln(\chi'_M T) \sim 1/T$ 图（b）

7.3.3　配合物 13 的磁性研究

（1）静态磁学行为

配合物 **13** 在 1.0kOe 场下的变温直流磁化率曲线如图 7.11(a) 所示，300K 时 $\chi_M T$ 为 14.15(cm^3 · K)/mol，与一个孤立的 Dy^{3+}（$^6H_{15/2}$）的理论值 14.17(cm^3 · K)/mol 非常相近[6]。在 300～30K 范围内，$\chi_M T$ 呈现出非常缓慢的下降趋势，可以归因于温度降低导致粒子在晶体场分裂微态上的布居改变引起的。随着温度进一步降低，$\chi_M T$ 呈现出比 **12** 中更加快速的上升趋势，在 1.8K 时达最大值 31.10(cm^3 · K)/mol，表明 **13** 中可能存在更强的自旋倾斜，使得其保留的磁矩更多[13]。利用 **13** 的直流磁化率数据作 $\ln(\chi_M T) \sim T^{-1}$ 图[图 7.11(b)]，它在 17K 便开始呈现线性相关，表明 **13** 在低温下具有 Ising 链行为。利用公式 $\chi T = C_{eff}\exp(\Delta_\xi/kT)$ 对 $\ln(\chi_M T) \sim T^{-1}$ 图中的线性相关部分进行拟合，得到的相关能垒和有效居里常数分别为 2.56K 和 11.96(cm^3 · K)/mol，小的相关能垒表明链内的磁相互作用作用较弱，这也是稀土金属体系的普遍特征。$\ln(\chi_M T)\sim T^{-1}$ 在 3.0K 及更低温度下偏离线性相关，可以归因于有限尺寸效应的影响。

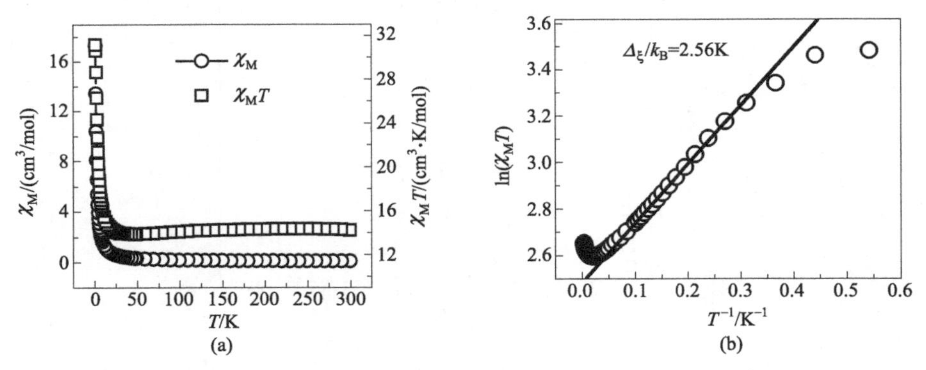

图 7.11　配合物 **13** 在 1000Oe 直流场下的 $\chi_M T\sim T$、$\chi_M\sim T$ 图（a）和 $\ln(\chi_M T)\sim T^{-1}$ 图（b）

配合物 **13** 在 2.0K 下的变场磁化强度如图 7.12(a) 所示，它在低场区域（0～3kOe）内呈现出非常快速的上升趋势，验证了其中存在的弱铁磁相互作用。**13** 的磁化强度在 3kOe 时达到 5.0Nβ，在大于 3kOe 场范围，磁化强度增加缓慢，7kOe 时磁化强度值为 6.42Nβ。对于具有完全 Ising 各向异性基态的 Dy^{3+}，其理论饱和磁矩为 5.0Nβ，因此 **13** 在 70kOe 下的最大磁矩是由于链内的弱铁磁作用造成的。我们还测试了 **13** 在不同温度下的 $M\sim H$ 曲线，将结果绘制成 $M\sim H/T$ 图[图 7.12(b)]，可以看到 2K、3K 和 5K 下的曲线不重合，证明配合物 **13** 确实存在较大的磁各向异性或低激发态布居。

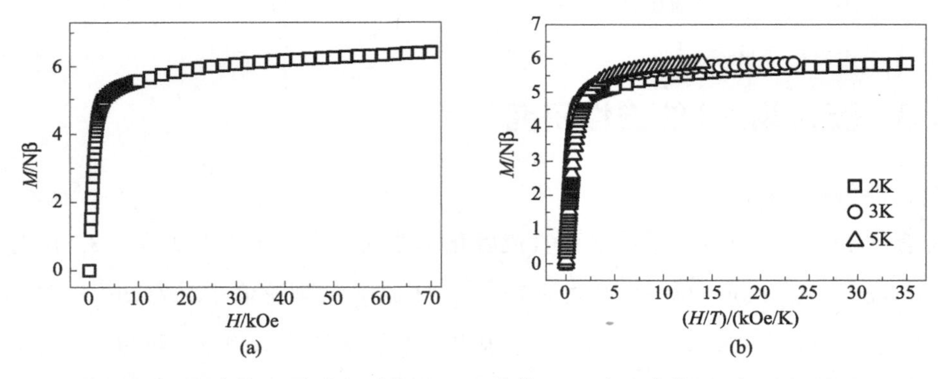

图 7.12　配合物 **13** 在 2K 下的 $M\sim H$ 曲线（a）和配合物 **13** 在 2、3、5K 下的 $M\sim H/T$ 曲线（b）

为了检验 **13** 在低温下是否具有长程有序或超顺磁行为，我们对其进行了 50Oe 直流场下的场冷却和零场冷却的磁化测试。从图 7.13(a) 中可以看出，两条曲线直到 1.8K 也没有出现分叉，表明其中不存在长程有序行为，再次说明了 **13** 的链间磁偶极作用是很弱的。但限于测试的变温速率，其中是否存在超顺磁行为，还无法得知。而为了进一步研究超顺磁行为存在的可能性，我们继续测试了**13**在100Oe/s扫场速度下的磁滞回线，结果显示它在2K及3K以下均展现出了显著的开口[图7.13(b)]，且随着温度的降低，开口增大，说明其中存在慢磁弛豫行为。但这种慢磁弛豫行为在零场下进行得很快，以至于它在零场下几乎没有剩磁，表明低温及零场下慢磁弛豫行为是由量子隧穿行为主导的。

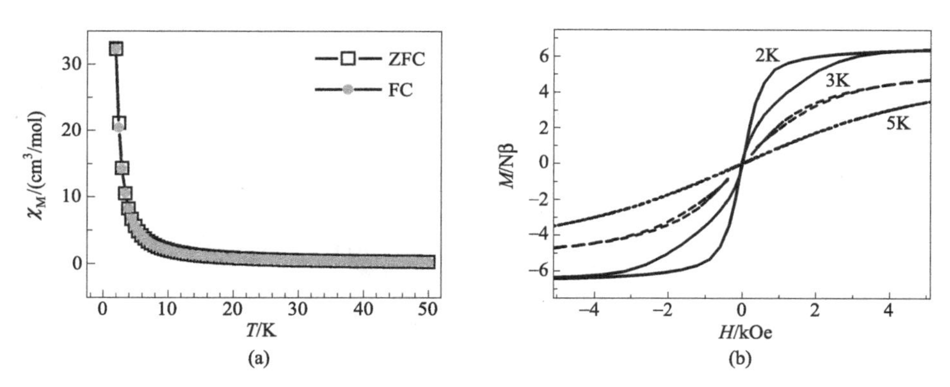

图7.13 配合物**13**的在50Oe直流场下的场冷却-零场冷却磁化曲线（a）和配合物**13**在2、3和5K下的磁滞回线（b）

（2）动态磁学行为

为了深入研究配合物**13**的动态磁行为，我们首先测试了其在零直流场和1.8～50K温度范围内的变温交流磁化率。如图7.14所示，交流磁化率的实部和虚部信号均呈现出两组形状完整的峰，低温部分的峰均出现在2.75K处，且不随频率改变而移动。通常来说，这种非频率依赖的峰是体系发生了向长程磁有序转变的信号[14]，但上述的零场冷却和场冷却磁化测试已经排除了长程有序行为的存在，考虑到这组峰出现在极低温度下，且磁滞回线测试证明**13**在该温度下存在量子隧穿行为，因此此处的非频率依赖的峰或许可以归因于量子隧穿行为，但需要注意的是，这种表现在变温交流磁化率曲线上呈非频率依赖的峰的量子隧穿行为仍然是较为少见的。变温交流磁化率的第二组峰出现在10～50K范围内，且实部和虚部的峰值均呈现出明显的频率依赖性，选取实部数据，用公式$\phi=(\Delta T_p/T_p)/\Delta(\lg v)$计算得到参数$\phi$为0.21，属于超顺磁范畴[15]，说明**13**在此温度范围内展现了慢磁弛豫行为。与直流磁化率一致，根据配合物**13**的交流磁化率在实部1Hz的数据作出的$\ln(\chi'_M T)\sim T^{-1}$图（图7.14插图），在10～35K温度范围内同样展现出了线性正相关，也再次确认了**13**在低温下的Ising链行为，拟合给出的$\Delta_\xi=2.62$K，$C_{eff}=17.64(cm^3\cdot K)/mol$。

在0Oe直流场下和9～38K范围内，对配合物**13**进行了变频交流磁化率测试，结果如图7.15所示（由于**13**在16K以上的弛豫速率超出MPMS3仪器的测试范围，该部分的数据用PPMS进行了测试）。交流磁化率的虚部在整个温度范围区间内呈现出单一的峰值。用实部数据对虚部数据作图得到配合物**13**的Cole-Cole图[图7.16(a)]，它在整个温度范围内均呈现出接近半圆的形状，用广义的Debye模型对其进行

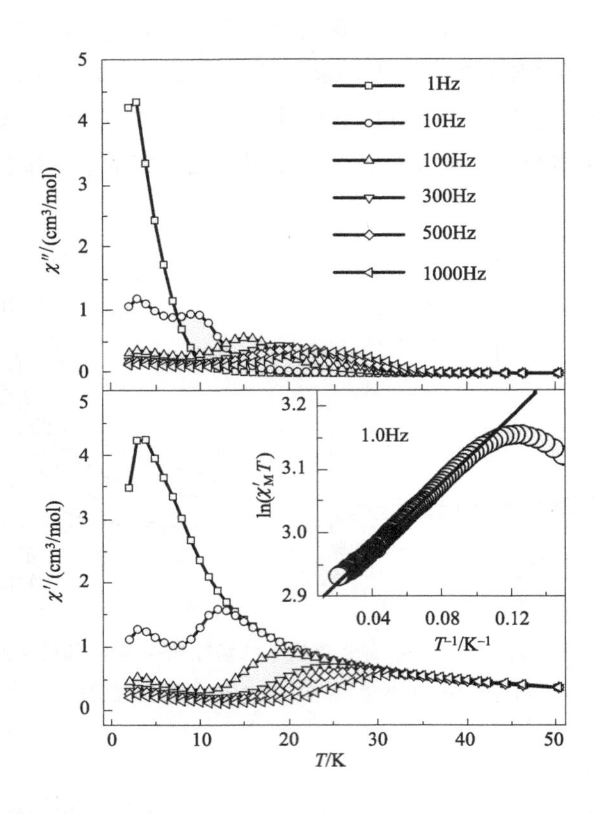

图 7.14　配合物 **13** 在 0Oe 直流场，2～50K 温度区间的变温交流磁化率

拟合，得到 **13** 在 9～38K 之间的弛豫时间分布参数 α 和弛豫时间 τ（表 7.5），α 随着温度的升高从 0.17 逐渐减小至接近 0，说明 **13** 在所测温度区间内都具有较为单一的弛豫机理。

如图 7.16(b) 所示，配合物 **13** 的 $\ln\tau\sim1/T$ 图随着温度的降低从线性相关转变为非线性相关，转折发生在 30K 附近，表明随着温度的改变，**13** 的主导弛豫机理发生了转变。在 30K 以上，主导的弛豫机理应为热激发的弛豫过程，即奥巴赫过程或热激发的量子隧穿过程（TA-QTM）。在 30～9K 之间，$\ln\tau\sim1/T$ 始终呈非线性相关，且未转变为水平走势，表明该区域的主导过程应为拉曼弛豫，$\ln\tau$ 与 $\ln T$ 在该温度区间内呈现斜率为 4.76 的线性相关关系，也验证了这一分析。因此，我们利用包含奥巴赫弛豫和拉曼弛豫的公式对 **13** 的 $\ln\tau\sim1/T$ 图进行了拟合，拟合结果与实验数据吻合得很好，拟合参数为：$U_{\text{eff}}=567\text{K}(394\text{cm}^{-1})$，$\tau_0=2.59\times10^{-12}\text{s}$，$C=0.00144\ \text{s}^{-1}\ \text{K}^{-4.8}$。$\tau_0$ 的大小处于超顺磁行为范围，而 CT^n 项的指数 4.8，也在拉曼过程的合理指数范围内。特别的是，**13** 的势能垒已经超越了大多数当前所报道的一维稀土链配合物（表 7.6），因此对其进行深入的分析，以给出相应的结构-性能关系，对指导一维稀土纳米磁体的设计具有重要的意义。

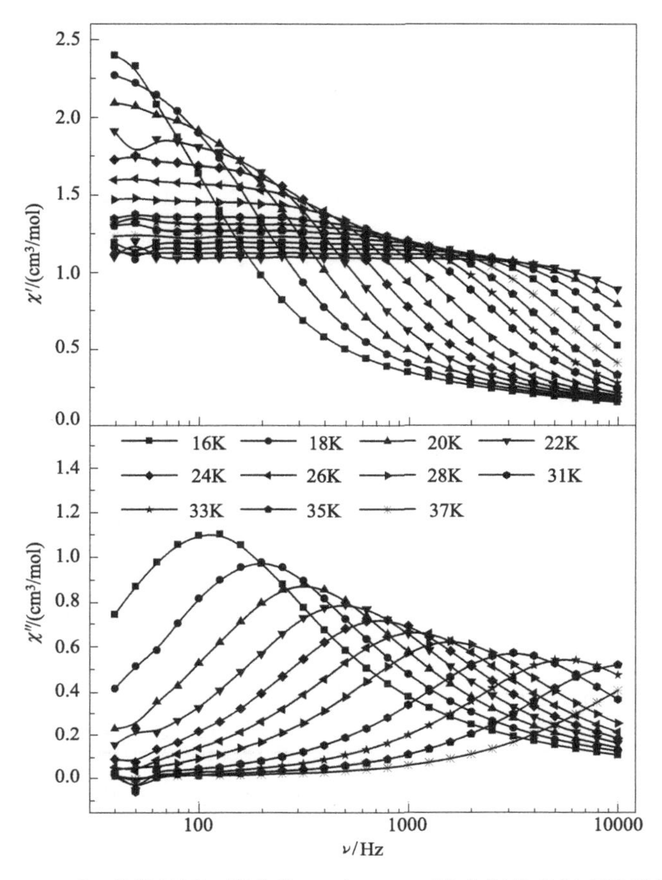

图 7.15　0Oe 直流场下，配合物 **13** 在 16～37K 之间的变频交流磁化率

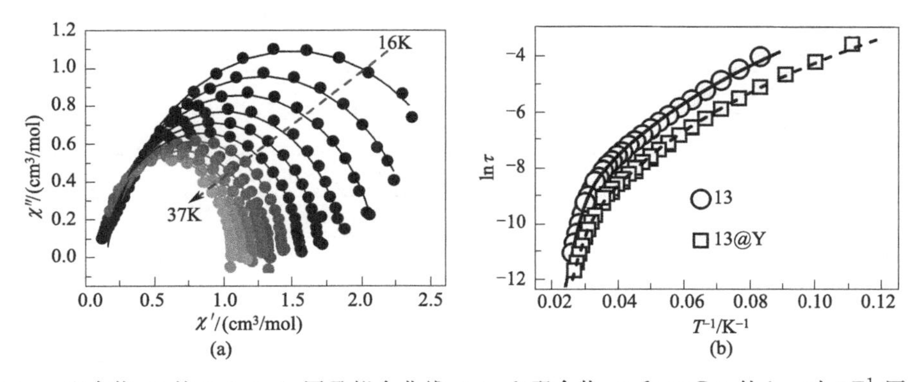

图 7.16　配合物 **13** 的 Cole-Cole 图及拟合曲线（a）和配合物 **13** 和 **13@Y** 的 lnτ 对 T^{-1} 图（b）

表 7.5　配合物 13 的 Cole-Cole 图拟合参数

T/K	χ_S/(cm^3/mol)	χ_T/(cm^3/mol)	τ/s	α
9	0.18204	2.53141	0.02356	0.16835
10	0.1671	2.16125	0.01469	0.13397
11	0.15213	1.89696	0.00941	0.11085
12	0.13907	1.68792	0.00605	0.09367
13	0.12771	1.52584	0.00406	0.08203

续表

T/K	χ_S/(cm^3/mol)	χ_T/(cm^3/mol)	τ/s	α
14	0.11805	1.39045	0.00276	0.0732
15	0.1136	1.27983	0.00197	0.06381
16	0.10834	1.18619	0.00144	0.05705
17	0.10106	1.10528	0.00108	0.05256
18	0.09932	1.03418	8.24468×10^{-4}	0.04533
19	0.09179	0.97142	6.39965×10^{-4}	0.04156
20	0.09107	0.91623	5.10443×10^{-4}	0.03503
21	0.08834	0.86695	4.10947×10^{-4}	0.03078
22	0.09072	0.82332	3.38874×10^{-4}	0.02471
23	0.07528	0.78315	2.73541×10^{-4}	0.02368
24	0.0763	0.7475	2.28653×10^{-4}	0.0185
25	0.07129	0.71468	1.89131×10^{-4}	0.01559
26	0.06922	0.68404	1.62325×10^{-4}	5.89579×10^{-7}
27	0.06834	0.65653	1.32684×10^{-4}	3.81521×10^{-7}
28	0.05968	0.63175	1.06029×10^{-4}	3.55082×10^{-7}
30	2.2592×10^{-15}	0.58684	6.17873×10^{-5}	7.27388×10^{-7}

表 7.6 具有慢磁弛豫行为的一维稀土配合物的阿伦尼乌斯拟合总结

化合物	U_{eff}/K	τ_0/s	Δ_ξ/K	参考文献
$[Dy(L)_2(phen)(\mu_2\text{-}OH)(\mu_2\text{-}H_2O)]_n$	$^{LT}60$	3.69×10^{-5}	2.62	本著作
	$^{HT}99$	3.56×10^{-6}		
$[Tb(L)_2(phen)(\mu_2\text{-}OH)(\mu_2\text{-}H_2O)]_n$	—	—	1.06	
$[Ho(L)_2(phen)(\mu_2\text{-}OH)(\mu_2\text{-}H_2O)]_n$	—	—	2.04	
$[Dy(OAc)_3(MeOH)]$	—	—	—	[16]
$[Dy(hfac)_3(NITPhOPh)]$	$^{LT}42$	5.6×10^{-10}	18.2	[17]
	$^{HT}69$	1.9×10^{-12}		
$[Tb(hfac)_3(NITPhOPh)]$	45	9.6×10^{-9}	9.1	[10]
$[Ho(hfac)_3(NITPhOPh)]$	$^{LT}18$	4.4×10^{-8}	3.4	
	$^{HT}34$	2.6×10^{-11}		
$[Er(hfac)_3(NITPhOPh)]$	—	—	4.6	
$[Tm(hfac)_3(NITPhOPh)]$	—	—	3.7	[18]
$[\{Dy(hfac)_3NitPhIm_2\}Dy(hfac)_3]$	82.7	8.8×10^{-8}	—	[19]
$[Tb_3(hfac)_9(NIT\text{-}2thien)_3]_n$	77.2	1.9×10^{-9}	—	[20]
$[Tb(hfac)_3(NITPhSCH_3)]_n$	29.96	2.0×10^{-9}	5.4	[21]
$[Tb(hfac)_3(NIT\text{-}3Brthien)]$	56.8	1.1×10^{-8}	10.65	[12]
$[Tb(hfac)_3(NITI)]$	70.8	6.3×10^{-10}	3.7	[9]
$[Dy(hfac)_3(NITMe)]_n$	21.2	1.22×10^{-8}	—	[22]

续表

化合物	U_{eff}/K	τ_0/s	Δ_ξ/K	参考文献
$Tb(hfac)_3(NIT\text{-}3BrPhOMe)]_n$	58.75	2.25×10^{-7}	2.02	[23]
$[Dy(hfac)_3(NIT\text{-}3BrPhOMe)]_n$	39.84	2.43×10^{-10}	—	
$[Dy_2(hfac)_6(NITThienPh)_2]_n$	$^{LT}53$	1.73×10^{-9}	27.31	[24]
	$^{HT}98$	7.73×10^{-15}		

注：LT 和 HT 分别是指在低温和高温范围内拟合得到的参数。

(3) 抗磁稀释研究

为了进一步研究 **13** 的慢磁弛豫行为，尤其是单离子各向异性和磁耦合在其中的发挥的作用，我们对其进行抗磁离子 Y^{3+} 稀释，合成了稀释样品 **13@Y**，并对其进行了磁性研究。

13@Y 采取与配合物 **13** 类似的方法合成得到，只需将 $DyCl_3\cdot6H_2O$ 替换为 $DyCl_3\cdot6H_2O$ 和 $YCl_3\cdot6H_2O$ 按物质的量比 1∶20 的混合物，基于金属计算的产率为 35%。**13@Y** 的粉末 X 射线衍射图谱（图 7.17）与基于 **13** 的单晶数据的模拟谱图在衍射峰位置及相对强度上均十分一致，确保了 Dy^{3+} 在 **13@Y** 和 **13** 中具有足够等同的配位环境。为了准确测定配合物 **13@Y** 中 Dy∶Y 的含量比，对其进行了 ICP-AES 测试，结果显示 Dy∶Y=1∶14，足以确保绝大部分的 Dy^{3+} 都处于磁孤立的环境中。

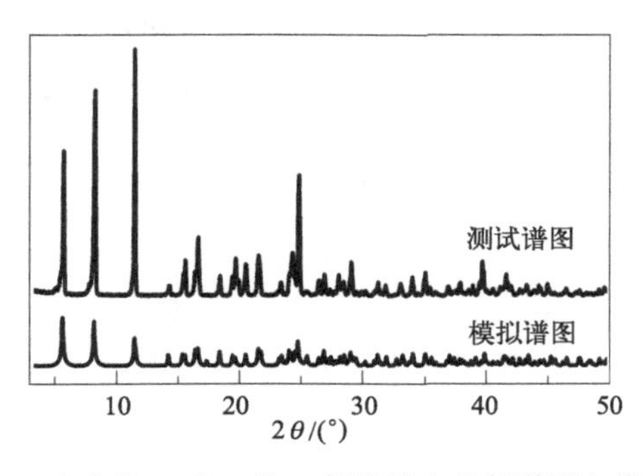

图 7.17 配合物 **13@Y** 的 X 射线粉末衍射谱图与模拟谱图

13@Y 在 1.0kOe 直流场下的变温磁化率如图 7.18（a）所示，室温下的 χ_MT 为 $1.02(cm^3\cdot K)/mol$，计算得到 Dy∶Y=1∶14，与 ICP-AES 的测试结果一致。随着温度的下降，χ_MT 在 300～10K 之间逐渐减小，这是温度降低使得 Dy^{3+} 在 m_J 能级的重新布居引起的。而与 **13** 相比，**13@Y** 的 χ_MT 在此温度区间内的衰减速度和衰减程度都要更大，证明了 **13** 中确实存在铁磁相互作用。在 5K 处，**13@Y** 的 χ_MT 开始迅速衰减，在 2K 时达到最小值 $0.64(cm^3\cdot K)/mol$。由于抗磁离子 Y^{3+} 的引入几乎完全消除了链内耦合作用和链间的偶极-偶极相互作用，χ_MT 的变化可以看作是孤立的 Dy^{3+} 的特征行为，因此，χ_MT 在低温下的急剧衰减显然是由磁阻塞所致[25,26]，即 Dy^{3+} 在低温下很难吸收足够的声子能量去克服磁矩翻转的势能垒，从而被冻结在特定的朝向。

与变温直流磁化率数据相对应，**13@Y** 的零场冷却和场冷却磁化曲线在 5.0K 出现分叉[图 7.18(b)]，也说明了磁阻塞的形成。但与大部分体系不同的是，**13@Y** 的 ZFC 曲线并没有显示出从低温下的零磁化强度开始逐渐增大的趋势，而是在 2.0K 下便展示出了较大的磁化强度，在 2.2K 后呈现出非常平缓的变化趋势。对于超顺磁体系，ZFC 和 FC 曲线在阻塞温度下之所以分叉，是由于它们的测试历程不同：对于 ZFC 测试，首先将样品在零直流场下降温，在该过程中，由于没有外磁场的取向作用，自旋载体呈杂乱无章的朝向排列，宏观磁矩为零，随后对样品施加较小的直流场并进行升温测试，由于温度越低，弛豫所需的时间越长，样品的弛豫时间要远大于变温和测试所需的时间，即自旋载体来不及向直流场方向转动达到平衡位置，测试便已完成，所测得的宏观磁矩小于平衡磁矩，随着温度升高，粒子的弛豫时间逐渐减小，当它小于变温和测试所需的时间时，在测量时，自旋载体已经达到其平衡位置，表观上呈现为顺磁性，而由于顺磁性物质的磁矩会随着温度的升高而逐渐降低，便会在 ZFC 曲线上呈现出最大值，它对应的温度便是阻塞温度；FC 曲线是在外加直流场下进行降温测试，它的磁矩将随着温度的降低而升高，当温度降至阻塞温度之下，由于自旋载体的弛豫时间大于变温和测量所需时间，测得的磁矩将几乎保持不变。由此可见，ZFC 和 FC 曲线不同的行为本质上都是弛豫时间与测试时间的差别所致。在 **13@Y** 中，ZFC 曲线在低温下之所以没有从零开始上升，且在分叉温度下便出现平台，正是由于它在此温度范围内的弛豫时间并没有比测试时间长很多，它实际上并没有完全通过热激发过程进行弛豫，而是主要通过量子隧穿过程进行快速弛豫，在测试时间内，部分自旋载体已经达到其平衡位置，从而展示出非零磁矩的开端。

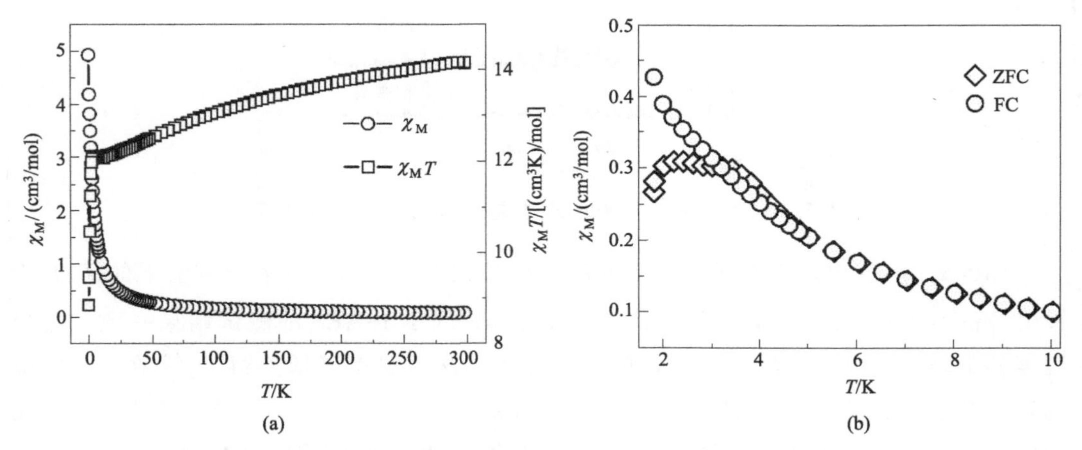

图 7.18 **13@Y** 在 1000Oe 直流场下的 $\chi_M T \sim T$ 和 $\chi_M \sim T$ 图 (a) 和 **13@Y** 在 50Oe 直流场下的场冷却-零场冷却磁化曲线 (b)

13@Y 在 2.0K 下的 $M \sim H$ 曲线如图 7.19 所示，在 0～10kOe 范围内磁化强度快速上升，在 10～70KOe 范围内，磁化强度值几乎不变，70kOe 时的磁化强度值为 0.36Nβ，换算为单个 Dy^{3+} 的磁化强度为 5.04Nβ，极其接近具有完全 Ising 各向异性且

$m_J=15/2$ 基态的 Dy^{3+} 的理论饱和磁矩 5.0Nβ，说明 **13** 及 **13@Y** 中的 Dy^{3+} 的基态均为近乎完全轴向的 $m_J=15/2$，且基态与第一激发态的能差很大，在 2K 下粒子几乎完全布居于基态。

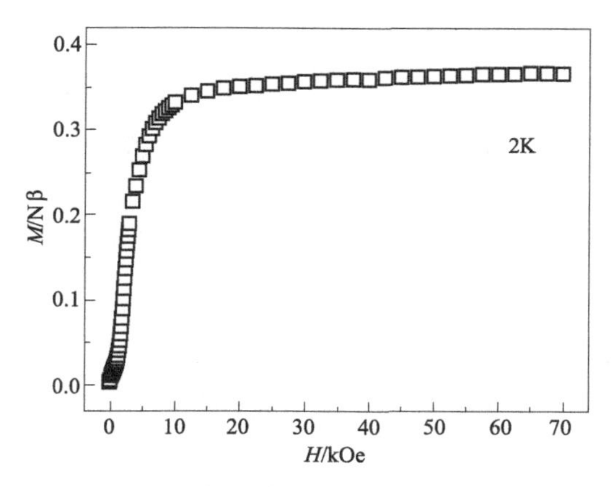

图 7.19　2K 下，稀释样品 **13@Y** 的 $M \sim H$ 图

在零直流场和 2～38K 范围内，测试了 **13@Y** 的交流变温和变频磁化率，结果如图 7.20 和图 7.21(a) 所示。变温磁化率的实部和虚部信号在 5K 前后出现明显的转变（1～999Hz）：在 5.0K 以上，实部和虚部信号均呈现出频率依赖的单一峰形；而 5.0K 以下，它们都表现为朝着低温方向持续上升的走势。联系 $\chi_M T \sim T$ 和 ZFC 和 FC 观察到的结果，可知交流磁化率的这种转变表明弛豫途径的转变：5.0K 以上，弛豫主要通过热激发机理进行；5.0K 以下，由于没有足够的能量翻越各向异性势能垒，部分自旋通过量子隧穿等非热激发的途径进行弛豫。

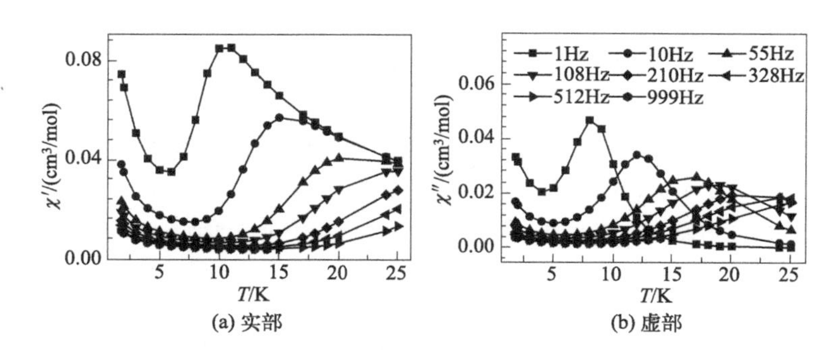

图 7.20　零直流场下，配合物 **13@Y** 的变温交流磁化率

用单一弛豫的 Debye 模型对 **13@Y** 的 Cole-Cole 图进行拟合[图 7.21(b)]，得到其在 9～38K 之间的弛豫时间分布参数 α 和弛豫时间 τ，列于表 7.7 中。α 在 8.0K 具有最大值 0.27，而随着温度的升高，逐渐减小至近零，这也表明 **13@Y** 在低温下具有多重弛豫途径，而随着温度升高，则逐渐转变为通过单一途径进行弛豫。**13@Y** 的 $\ln\tau \sim 1/T$ 图[图 7.16(b)]在所测温度区间的走势与 **13** 相似，说明它们的在该温度区间内的主导弛豫机理应该相同，因此我们仍然用式（4.1）对其进行拟合，拟合给出：$U_{eff}=$

657K(457cm^{-1})，τ_0=6.16×10^{-13}s，C=0.000645s^{-1}K$^{-4.6}$。显然，抗磁稀释使得**13@Y** 的 U_{eff} 相对于 **13** 提高了约 16%，且在相同的温度下，**13@Y** 的弛豫时间约是 **13** 的 2.6 倍，即抗磁稀释有效地减慢了它的弛豫速率。

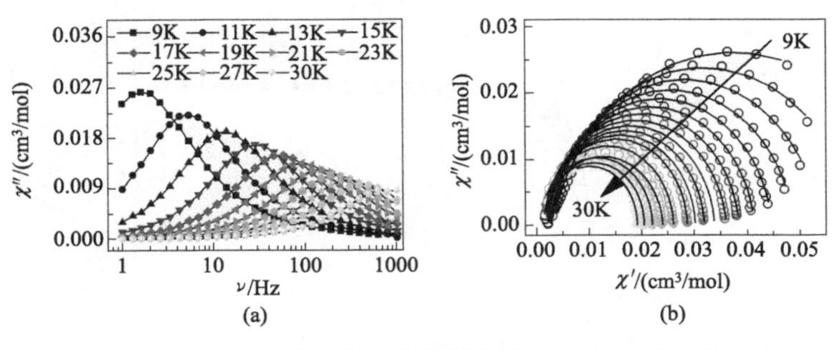

图 7.21　零直流场下，**13@Y** 的变频交流磁化率虚部（a）和 **13@Y** 的 Cole-Cole 图（b）（图中实线为基于德拜模型的拟合结果）

表 7.7　13@Y 的 Cole-Cole 图拟合参数

T/K	χ_S/(cm^3/mol)	χ_T/(cm^3/mol)	τ/s	α
8	0.0056	0.169	0.29179	0.27436
9	0.00559	0.12496	0.10335	0.18779
10	0.00535	0.1054	0.05127	0.13439
11	0.00504	0.09309	0.02891	0.10243
12	0.00471	0.08409	0.01752	0.08144
13	0.0044	0.077	0.01123	0.06773
14	0.0041	0.07118	0.00754	0.05864
15	0.00382	0.0663	0.00527	0.05203
17	0.00317	0.0592	0.00289	0.05492
18	6.90984×10^{-4}	0.06064	0.00233	0.14644
19	1.08867×10^{-16}	0.05829	0.00182	0.16753
20	2.5317×10^{-16}	0.04929	0.00124	0.06423
24	5.47204×10^{-16}	0.04114	5.62866×10^{-4}	0.04668
25	3.49524×10^{-16}	0.0414	4.86302×10^{-4}	0.0945

在与 **13** 相同的变场速度下，测试了 **13@Y** 在 2.0K 下±70kOe 之间的磁化强度曲线，发现它在±10kOe 之间展现出类蝴蝶形的磁滞回线（图 7.22）。与 **13** 相比，**13@Y** 的磁滞回线表现出两点显著不同：一是具有更大的开口；二是形状上的差别，虽然 **13** 和 **13@Y** 的磁滞回线在总体上都是蝴蝶形，但 **13** 的磁滞回线随着场强的变化始终呈现平滑走势，而 **13@Y** 的磁滞回线在趋近零场时展现出了陡峭的下降步骤。前者是因为 **13@Y** 具有更慢的弛豫速率，弛豫速率的减慢不仅使 **13** 具有更宽的磁滞回线开口，还使它在零场下展现出了一定的剩磁（约 0.05Nβ）和非零的矫顽力场（约 200Oe）。而后者则表明两者在弛豫机理上的差别，**13@Y** 在零场下的急剧去磁化步骤是零场量子隧穿

行为的典型特征，它在单离子磁体中普遍存在，这是因为当有一定大小的外加直流磁场时，量子隧穿会得到有效抑制，弛豫将通过自旋-晶格机理进行，速率较慢，而一旦外加磁场趋近于零，粒子将直接通过速率更快的量子隧穿机理进行，使得磁矩得到迅速的翻转。基于上述原因，**13** 在 5K 下展现出的平滑的磁滞回线，说明它在该温度区间内的弛豫过程的速率与磁场的关系不大，而相应的主导弛豫机理也并非量子隧穿，即量子隧穿在 **13** 中得到了抑制，而这显然应归功于链内存在的磁交换作用。

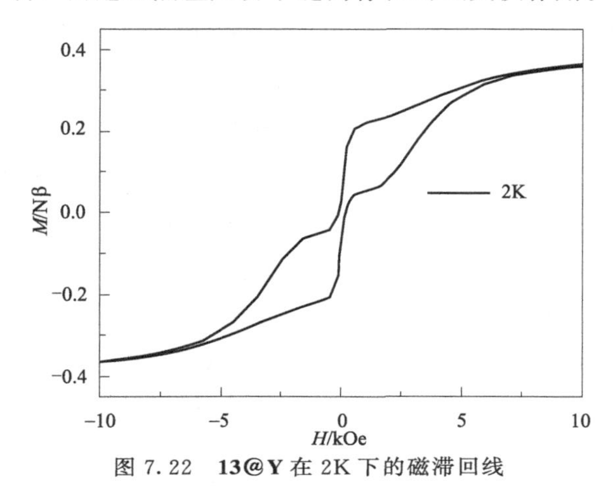

图 7.22　**13@Y** 在 2K 下的磁滞回线

通过以上测试结果可以看出，在通过抗磁离子稀释消除链内磁交换作用后，**13** 和 **13@Y** 的 $\chi_M T \sim T$、ZFC 和 FC、$\ln\tau \sim T^{-1}$ 以及磁滞回线等表征都呈现出了显著的改变，而引起这些改变的根本是弛豫机理的改变。对于 **13@Y**，由于具有足够高的抗磁稀释比例，它完全表现为一个单离子磁体，它的弛豫机理随着温度降低可分为三个阶段：30K 以上，热激发弛豫；低于 30K 且高于 9K，拉曼弛豫；低于 5K，量子隧穿过程。对于 **13**，从稀释前后 $\ln\tau \sim T^{-1}$ 曲线对比上可以看出，**13** 在 30～9K 之间的弛豫机理及转变与 **13@Y** 基本一致，所不同的是弛豫速率得到加快，而在 5K 以下，**13** 并没有展现出显著的量子隧穿，说明链内磁交换作用对慢磁弛豫具有一定的贡献。考虑到直流和交流磁化率数据给出的 $\ln\chi T \sim T^{-1}$ 图均表明 **13** 在 40K 以下具有 Ising 链行为，我们认为 **13** 实际上可以归类于单链磁体。

通过 **13** 与 **13@Y** 的势能垒的对比以及相关能垒与总势能垒的对比，可以确定单离子各向异性对 **13** 的慢磁弛豫的贡献要远远超过链内磁耦合的作用，虽然如此，链内磁耦合作用的存在却从根本上改变了它的弛豫机理。尤其是在低温及零直流磁场下，Dy^{3+} 的横向各向异性使得量子隧穿在 **13@Y** 中成为主导弛豫机理时，**13** 中的链内磁耦合却有效抑制了量子隧穿，避免了它在零场下的突然去磁，实际上，当扫场速率继续增大时，**13** 的磁滞回线在零场下也依然保持开口。

（4）静电排斥模型研究

为了进一步研究配体场对 Dy^{3+} 各向异性的影响以及耦合作用在 **13** 中的作用，我们用基于静电排斥模型的 Magellan 软件对 **13** 中 Dy^{3+} 的各向异性进行了分析，结果如图

7.23（a）所示。计算给出的 Dy^{3+} 的易轴基本位于晶体学 ac 面内，即桥联氧原子与 Dy^{3+} 构成的平面内，且与最短的两个 Dy—O（OH^-）键之间夹角分别为 19.21°（Dy—O：2.221Å）和 17.08°（Dy—O：2.291Å）。由此可见，虽然利用 CShM 方法给出的 Dy^{3+} 的配位场构型接近 D_{2d} 对称性，但配位构型的主轴与配体场的极化轴并不一致，即 Dy^{3+} 实际上处于对称性更低的配位场中。根据 Long 教授在 2011 提出的静电排斥理论[27]，Dy^{3+} 和 Tb^{3+} 需要处于强轴向型的配位场中，才能具有大的单离子各向异性，尤其是对于非克拉默离子的 Tb^{3+}，只有处于严格的轴对称的配位场中时，才能具有双重简并的基态能级。在我们的例子中，轴向具有一个显著较短的 Dy—O 键（2.229Å），而赤道面附近的 Dy—O 键则相对较长，这使得轴向的配位场要强于赤道面，从而使得 Dy^{3+} 具有较大的单离子各向异性。而对于对配体场对称性要求更加严格的 Tb^{3+}，这种对称性较低的配体场下使得它无法产生强的单轴各向异性。这也解释了，为什么 Dy 配合物（**13** 和 **13@Y**）在较高温度下展示出了慢磁弛豫行为，而同构的 Tb 配合物（**12**）只具有频率依赖性。

当我们将 Dy^{3+} 的易轴从单个离子扩展至一维链结构中时，这种“之”字形拓扑结构便使相邻 Dy^{3+} 的易轴呈现出一定的夹角[图 7.23(b)]，从而产生了自旋倾斜，而正是自旋倾斜的出现，使得 Dy^{3+} 的磁矩没有完全抵消，在与晶体学轴 c 平行的方向上产生了相互平行的分量，从而使 **13** 呈现出了弱铁磁性和单链磁体行为。

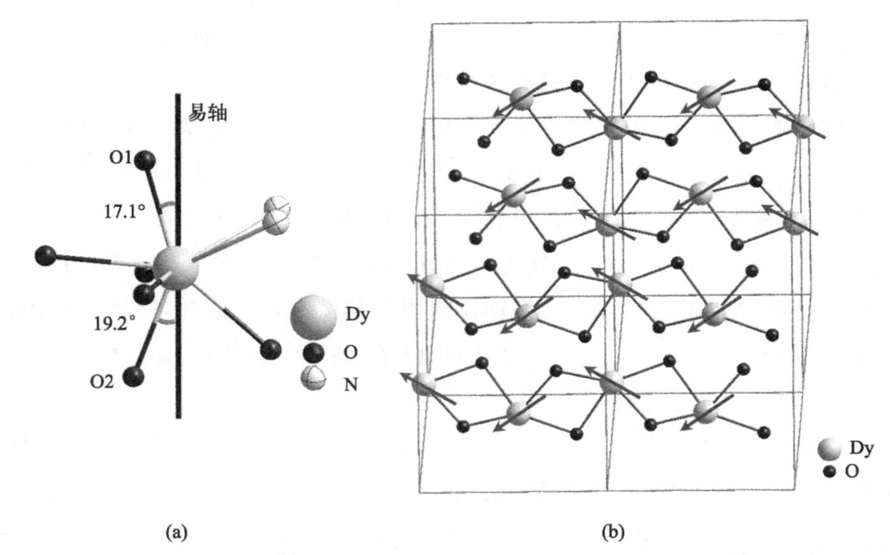

图 7.23 配合物 **13** 中的 Dy^{3+} 的易轴取向（a）和三维堆积结构中，Dy^{3+} 的自旋取向（b）（其中带箭头线段代表易轴取向）

（5）从头计算研究

为了从理论上更加深入地理解和解释 **13** 的磁弛豫动力学行为，通过 MOLCAS 8.0 程序，对 **13** 和 **13@Y** 采用全活空间自洽场（CASSCF）结合受限活性空间自旋相互作用和自旋轨道耦合（RASSI-SO）的方法及单离子各向异性（SINGLE ANISO）的从头计算，给出了中心离子的基态电子结构信息，包括晶体场分裂参数、晶体场分裂能级结构、各晶体场分裂微态的 g 因子和各向异性轴朝向等信息。在计算中，为了完整保留 Dy^{3+} 所处的配位环境并消除磁相互作用的影响，采用包含 3 个 Dy^{3+} 中心的链片段模型进行计算，并将两侧的 Dy^{3+} 以抗磁性的 Lu^{3+} 代替。计算给出的部分电子结构信息见表 7.8。

表 7.8　从头计算给出的 13 的能量最低的克拉默双重态的能量及 g 张量

能级	能量/cm^{-1}	g 张量		
		g_x	g_y	g_z
基态	0	0.00260	0.00345	19.84966
第一激发态	244	0.099204	0.134281	17.055249
第二激发态	423	1.882427	3.352632	12.734280
第三激发态	509	2.662955	6.166540	10.003377
第四激发态	596	—	—	—
第五激发态	673	—	—	—
第六激发态	724	—	—	—
第七激发态	805	—	—	—

表 7.8 列出了计算给出旋轨耦合基态在晶体场作用下形成的八组克拉默双重态的能量和 g 张量。从表 7.8 中可以看出，基态的 g_x 和 g_y 十分接近于零，即它具有几乎完全的单轴各向异性，但第一激发态已经具有一定的横向各向异性，而第二激发态的轴向性则更加弱。计算给出第一激发态和第二激发态与基态的主磁轴夹角分别为 7.9°和 14.2°，较小的磁轴改变通常难以引起有效的奥巴赫弛豫。而如图 7.24 所示计算给出涉及前三个能量最低的克拉默双重态的磁矩取向相反的微态间的跃迁矩均非常小，表明通过第一激发态和第二激发态的奥巴赫将难以进行。但计算给出的连接第一激发态克拉默双重态的两个磁矩取向相反的微态间的跃迁矩则相对较大，表明通过第一激发态克拉默双重态的热辅助量子隧穿（TA-QTM）过程可能是更加有效的弛豫途径，而通过第二激发态克拉默双重态的 TA-QTM 过程则具有更大的跃迁矩。但需要注意的是，由于第二激发态的能量更高，粒子在该能态上的布居更低，较大的跃迁矩并不代表通过第二激发态的 TA-QTM 会主导。

为了确定 TA-QTM 发生的最可能途径，我们计算并比较了通过第一和第二激发态的 TA-QTM 的弛豫速率 Γ_n 的相对大小，Γ_n 的大小取决于在该能态上的玻尔兹曼布居与它的横向磁矩大小，因此可以用 $\Gamma_n=({g_x}^2+{g_y}^2)\exp(-E_n/kT)$表示，其中 E_n 为该微态的能级，k 为玻尔兹曼常数。利用从头计算给出的数据，计算得到 30K 下的 $\Gamma_3/\Gamma_2=1.5$，即在 30K 下，通过第二激发态的 TA-QTM 过程在整个慢磁弛豫中占主导，但通过第一激发态的 TA-QTM 也不能忽略。随着温度的升高，粒子在第二激发态上的布居逐渐增加，Γ_3/Γ_2 也随之逐渐增大，在 40K 时达到 6.6。而 $\ln\tau\sim T^{-1}$ 图给出

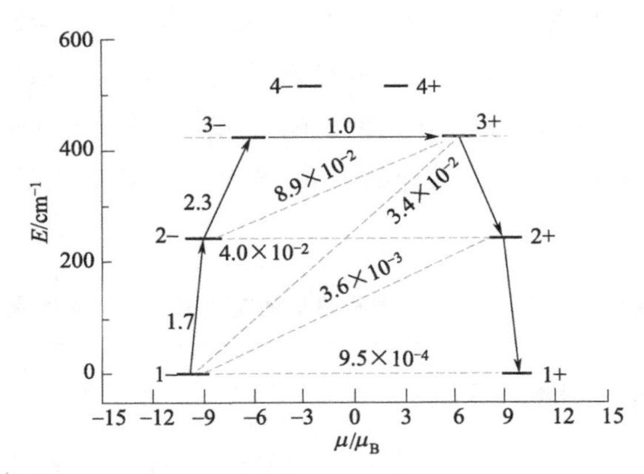

图 7.24 低激发态能级和磁化强度阻塞能垒图（带箭头实线和虚线代表自旋-声子转变，其中的数字代表连接的两个能态之间的平均翻转磁矩 μ_B）

的热激发的慢磁弛豫主要位于 30K 以上的温度区间，因此，可以确定，通过第二激发态的 TA-QTM 过程是热激发弛豫的主导过程。而交流磁化率数据给出的 U_{eff}（457cm^{-1}）与第二激发态的能量 423cm^{-1} 也非常接近，且远大于第一激发态的能量 244cm^{-1}，也验证了上述结论的可靠性。

此外，基于上述计算给出的结果，采用 POLY ANISO 程序计算了包含 5 个 Dy^{3+} 中心的链片段内的磁相互作用，其中 Dy^{3+} 被认为具有完全的 Ising 各向异性，即取有效自旋 1/2，而为了尽可能消除链片段与真实的分子链的差别，在计算中引入了周期性边界条件。计算给出的磁化率与实验所测结果吻合得很好，得到的相邻自旋之间的磁相互作用（包括磁偶极作用和磁交换作用）为 1.5cm^{-1}，即弱的铁磁相互作用，这一结果也证明了 **13** 具有单链磁体行为[28]。相关能垒 $\Delta_\xi = 8Js^2 = 3cm^{-1}$（$J$ 为相邻自旋之间的磁相互作用，s 为有效自旋且等于 1/2），与实验给出的数值接近。

参考文献

[1] Guo Y N, Xu G F, Wernsdorfer W, et al. Strong axiality and ising exchange interaction suppress zero-field tunneling of magnetization of an asymmetric Dy_2 single-molecule magnet. J Am Chem Soc, 2011, 133: 11948-11951.

[2] Xiong J, Ding H Y, Meng Y S, et al. Hydroxide-bridged five-coordinate Dy^{III} single-molecule magnet exhibiting the record thermal relaxation barrier of magnetization among lanthanide-only dimers. Chem Sci, 2017, 8: 1288-1294.

[3] Zheng Y Z, Lan Y, Wernsdorfer W, et al. Polymerisation of the dysprosium acetate dimer switches on single-chain magnetism. Chem Eur J, 2009, 15 (46): 12566-12570.

[4] Luo F, Liao Z, Song Y, et al. Chiral 1D Dy (Ⅲ) compound showing slow magnetic relaxation. Dalton Trans, 2011, 40 (47): 12651-12655.

[5] Ma X Z, Xu N, Gao C, et al. Lanthanide hydroxide ribbons assembled in a 2D network showing slow relaxa-

tion of the magnetization. Dalton Trans，2015，44：5276-5279.

[6] Benelli C，Gatteschi D，Magnetism of lanthanides in molecular materials with transition-metal ions and organic radicals. Chem Rev，2002，102 (6)：2369-2388.

[7] Hou Y L，Xiong G，Shen B，et al. Structures，luminescent and magnetic properties of six lanthanide-organic frameworks：observation of slow magnetic relaxation behavior in the Dy^{III} compound. Dalton Trans，2013，42 (10)：3587-3596.

[8] Feng X，Wang J，Liu B，et al. From two-dimensional double decker architecture to three-Dimensional *pcu* Framework with One-Dimensional Tube：Syntheses，Structures，Luminescence，and magnetic studies. Cryst Growth Des，2012，12 (2)：927-938.

[9] Tian H，Wang X，Mei X，et al. Magnetic relaxation in Tb^{III} magnetic chains with nitronyl nitroxide radical bridges that undergo 3D antiferromagnetic ordering. Eur J Inorg Chem，2013，2013 (8)：1320-1325.

[10] Bernot K，Bogani L，Caneschi A，et al. A Family of Rare-Earth-Based Single Chain Magnets：Playing with Anisotropy. J Am Chem Soc，2006，128 (24)：7947-7956.

[11] Luscombe J H，Luban M，Reynolds J P，Finite-size scaling of the Glauber model of critical dynamics. Phys Rev E，1996，53 (6)：5852-5860.

[12] Liu R，Zhang C，Mei X，et al. Slow magnetic relaxation and antiferromagnetic ordering in a one dimensional nitronyl nitroxide—Tb (Ⅲ) chain. New J Chem，2012，36 (10)：2088-2093.

[13] Yi X，Bernot K，Cador O，et al. Influence of ferromagnetic connection of Ising-type Dy^{III}-based single ion magnets on their magnetic slow relaxation. Dalton Trans，2013，42 (19)：6728-6731.

[14] Miller J S，Magnetically ordered molecule-based materials. Chem Soc Rev，2011，40 (6)：3266-3296.

[15] Woodruff D N，Winpenny R E，Layfield R A. Lanthanide single-molecule magnets. Chem Rev，2013，113 (7)：5110-5148.

[16] Zheng Y Z，Lan Y，Wernsdorfer W，et al. Polymerisation of the dysprosium acetate dimer switches on single-chain magnetism. Chem Eur J，2009，15 (46)：12566-12570.

[17] Bogani L，Sangregorio C，Sessoli R，et al. Molecular engineering for single-chain-magnet behavior in a one-dimensional dysprosium—nitronyl nitroxide compound. Angew Chem Int Ed，2005，44 (36)：5817-5821.

[18] Bernot K，Bogani L，Sessoli R，et al. [Tm^{III} $(hfac)_3$ (NITPhOPh) $]_\infty$：A new member of a lanthanide-based Single Chain Magnets family. Inorg Chim Acta，2007，360 (13)：3807-3812.

[19] Liu R，Li L，Wang X，et al. Smooth transition between SMM and SCM-type slow relaxing dynamics for a 1D assemblage of {Dy $(nitronyl\ nitroxide)_2$} units. Chem Commun (Camb)，2010，46 (15)：2566-2568.

[20] Liu R，Ma Y，Yang P，et al. Dynamic magnetic behavior and magnetic ordering in one-dimensional Tb-nitronyl nitroxide radical chain. Dalton Trans，2010，39 (13)：3321-3325.

[21] Wang X，Bao X，Xu P，et al. From discrete molecule to one-dimension chain：two new nitronyl nitroxide-lanthanide complexes exhibiting slow magnetic relaxation. Eur J Inorg Chem，2011，2011 (24)：3586-3591.

[22] Hu P，Zhang C，Gao Y，et al. Lanthanide—radical linear chain compounds based on 2，4，4，5，5-pentamethylimidazoline-1-oxyl-3-oxide：Structure and magnetic properties. Inorg Chim Acta，2013，398：136-140.

[23] Hu P，Wang X，Ma Y，et al. A new family of Ln-radical chains (Ln = Nd，Sm，Gd，Tb and Dy)：synthesis，structure，and magnetic properties. Dalton Trans，2014，43 (5)：2234-2243.

[24] Han T，Shi W，Niu Z，et al. Magnetic blocking from exchange interactions：slow relaxation of the magnetization and hysteresis loop observed in a dysprosium-nitronyl nitroxide chain compound with an antiferromagnetic ground state. Chem Eur J，2013，19 (3)：994-1001.

[25] Demir S，Nippe M，Gonzalez M I，et al. Exchange coupling and magnetic blocking in dilanthanide complexes

bridged by the multi-electron redox-active ligand 2，3，5，6-tetra（2-pyridyl）pyrazine. Chem Sci，2014，5（12)：4701-4711.

[26] Demir S，Zadrozny J M，Nippe M，et al. Exchange Coupling and Magnetic Blocking in Bipyrimidyl Radical-Bridged Dilanthanide Complexes. J Am Chem Soc，2012，134（45)：18546-18549.

[27] Rinehart J D，Long J R，Exploiting single-ion anisotropy in the design of f-element single-molecule magnets. Chem Sci，2011，2（11)：2078-2085.

[28] Coulon C，Pianet V，Urdampilleta M，et al. Molecular Nanomagnets and Related Phenomena in Structure and Bonding Series.（Ed.：S. Gao)，Springer，Berlin，2015，164：143-184.

附 录

附表 1 本书所列主要稀土分子纳米磁体的基本信息

文中序号	分子式	中心金属	结构维度	章节
1	$[Dy(HMPA)_2(H_2O)_5]_2Br_6 \cdot 2HMPA \cdot 2H_2O$	Dy	零维	第 4 章
2	$[Dy(HMPA)_2(H_2O)_5]_2Cl_6 \cdot 2HMPA \cdot 2H_2O$	Dy	零维	第 4 章
3	$[Ho(HMPA)_2(H_2O)_5]_2Cl_6 \cdot 2HMPA \cdot 2H_2O$	Ho	零维	第 4 章
4	$[Ho(HMPA)_2(H_2O)_5]_2Br_3 \cdot 2HMPA$	Ho	零维	第 4 章
5	$[Gd(hfac)_3(NITPhCOOMe)_2]$	Gd	零维	第 5 章
6	$[Tb(hfac)_3(NITPhCOOMe)_2]$	Tb	零维	第 5 章
7	$[Dy(hfac)_3(NITPhCOOMe)_2]$	Dy	零维	第 5 章
8	$[Gd(hfac)_3(NITPhCOOMe)]$	Gd	一维	第 6 章
9	$[Tb(hfac)_3(NITPhCOOMe)]$	Tb	一维	第 6 章
10	$[Dy(hfac)_3(NITPhCOOMe)]$	Dy	一维	第 6 章
11	$[Gd(NB)_2(Phen)(\mu_2\text{-}OH)(\mu_2\text{-}H_2O)]_n$	Gd	一维	第 7 章
12	$[Tb(NB)_2(Phen)(\mu_2\text{-}OH)(\mu_2\text{-}H_2O)]_n$	Tb	一维	第 7 章
13	$[Dy(NB)_2(Phen)(\mu_2\text{-}OH)(\mu_2\text{-}H_2O)]_n$	Dy	一维	第 7 章